设计类研究生设计理论参考丛书

室内设计系统概论

Introduction to Interior Design System

刘树老　著

中国建筑工业出版社

图书在版编目（CIP）数据

室内设计系统概论 / 刘树老著 .—北京：中国建筑工业出版社，2013.4
(设计类研究生设计理论参考丛书)

ISBN 978-7-112-14852-3

Ⅰ. ①室… Ⅱ. ①刘… Ⅲ. ①室内装饰设计－概论 Ⅳ. ① TU238

中国版本图书馆 CIP 数据核字（2013）第 040735 号

责任编辑：吴　佳　李东禧
责任设计：陈　旭
责任校对：刘梦然　陈晶晶

设计类研究生设计理论参考丛书
室内设计系统概论
刘树老　著
*
中国建筑工业出版社出版、发行(北京西郊百万庄)
各地新华书店、建筑书店经销
北京嘉泰利德公司制版
北京云浩印刷有限责任公司印刷
*
开本:787×1092毫米　1/16　印张:$14^3/_4$　插页:4　字数:380千字
2013年4月第一版　2013年4月第一次印刷
定价:49.00元
ISBN 978-7-112-14852-3
(22920)

设计类研究生设计理论参考丛书编委会

序　言

美国洛杉矶艺术中心设计学院终身教授　王受之

中国的现代设计教育应该是从19世纪70年代末就开始了，到19世纪80年代初期，出现了比较有声有色的局面。我自己是1982年开始投身设计史论工作的，应该说是刚刚赶上需要史论研究的好机会，在需要的时候做了需要的工作，算是国内比较早的把西方现代设计史理清楚的人之一。我当时的工作，仅仅是两方面：第一是大声疾呼设计对国民经济发展的重要作用，美术学院里的工艺美术教育体制应该朝符合经济发展的设计教育转化；第二是用比较通俗的方法（包括在全国各个院校讲学和出版史论著作两方面），给国内设计界讲清楚现代设计是怎么一回事。因此我一直认为，自己其实并没有真正达到"史论研究"的层面，仅仅是做了史论普及的工作。

特别是在20世纪90年代末期以来，在国家"高等教育产业化"政策的引导下，在制造业迅速发展后对设计人才需求大增的就业市场驱动下，高等艺术设计教育迅速扩张。在进入21世纪后的今天，中国已经成为全球规模最大的高等艺术设计教育大国。据初步统计：中国目前设有设计专业（包括艺术设计、工业设计、建筑设计、服装设计等）的高校（包括高职高专）超过1000所，保守一点估计每年招生人数已达数10万人，设计类专业已经成为中国高校发展最热门的专业之一。说实话，如果中国这些设计毕业生都合格的话，世界上其他国家的设计学院都不用开了，全世界每年也用不了数10万个设计师啊。单从数字上看，中国设计教育在近10多年来的发展真够迅猛的。在中国的高等教育体系中，目前几乎所有的高校（无论是综合性大学、理工大学、农林大学、师范大学、甚至包括地质与财经大学）都纷纷开设了艺术设计专业，艺术设计一时突然成为国内的最热门专业之一。但是，与西方发达国家同类学院不同的是，中国的设计教育是在社会经济高速发展与转型的历史背景下发展起来的，面临的问题与困难非常具有中国特色。无论是生源、师资，还是教学设施或教学体系，中国的设计教育至今还是处于发展的初级阶段，远未真正成型与成熟。德国卡塞尔大学艺术学院教授盖尔哈特·马蒂亚斯（Prof. Gerhard Mathias），对中国设计教育的现状曾经很直率地批评说：中国的一个个艺术和设计院系已经蜕变为一家家营利企业，其产品就是一批又一批从有缺陷的教育流水线上培训出来的次品毕业生，每年达数十万人，可是这些被称之为“设计蚂蚁”的设计学生，刚出校门就已无法适应全球化经济浪潮对现代设计人员的要求，更遑论去担当设计教学之重任。在马蒂亚斯看来，这种“教育产业化”的改革，破坏性极大、持续性危害时间也会极长。

现在普遍存在的本科教育中专化，研究生教育本科化的状况。研究生和本科生一样愿意做设计项目赚钱，而不愿意做设计历史和理论研究。好多设计院校居然没有必要的现代艺术史、现代设计史课程，大部分学院不开设设计理论课程，有些省份就基本没有现代设计史论方面合格的老师。现代设计体系进入中国刚刚 30 年，这之前，设计仅仅基于工艺美术理论。到目前为止只有少数院校刚刚建立了现代概念的设计史论系。另外，设计行业浮躁，导致极少有人愿意从事设计史论研究，致使目前还没有系统的针对设计类研究生的设计史论丛书。

现代设计理论是在研究设计竞争规律和资源分布环境的设计活动中发展起来的，方便信息传递和分布资源继承利用以提高竞争力是研究的核心。设计理论的研究不是设计方法的研究，也不是设计方法的汇总研究，而是统帅整个设计过程基本规律的研究。另外，设计是一个由诸多要素构成的复杂过程，不能仅仅从某一个片段或方面去研究，因此设计理论体系要求系统性、完整性。

先后毕业于清华大学美术学院和中国美术学院建筑学院的江滨博士是我的学生，曾跟随我系统学习设计史论和研究方法，现任国家 211 重点大学华南师范大学教授，环境艺术设计系主任。最近他跟我联系商讨，由他担任主编，组织国内主要设计院校设计教育专家编写，并由中国建筑工业出版社出版的一套设计丛书：“设计类研究生设计理论参考丛书”。当时我在美国，看了他提供的资料，我首先表示支持并给予指导。

研究生终极教学方向是跟着导师研究项目走的，没有规定的“制式教材”，但是，研究生一、二年级的研究基础课教学是有参考教材的，而且必须提供大量的专业研究必读书目和专业研究参考书目给学生。这正是“设计类研究生设计理论参考丛书”策划推出的现实基础。另外，我们在策划设计本套丛书时，就考虑到他的研究型和普适性或资料性，也就是说，既要有研究深度，又要起码适合本专业的所有研究生阅读，比如《中国当代室内设计史》就适合所有环境艺术设计专业的研究生使用；《设计经济学》是属于最新研究成果，目前，还没有这方面的专著，但是它适合所有设计类专业的研究生使用；有些属于资料性工具书，比如《中外设计文献导读》，适合所有设计类研究生使用。

设计丛书在过去 30 多年中，曾经有多次的尝试，但是都不尽理想，而从来没有针对研究生的设计理论丛书。江滨这一次给我提供了一整套设计理论丛书的计划，并表示会在以后修订时不断补充、丰富内容和种类。对于作者们的这个努力和尝试，我认为很有创意。国内设计教育问题很多，但是，总要有人一点一滴的去做工作以图改善，这对国家的设计教育工作起到一个正面的促进。

我有幸参与了我国早期的现代设计教育改革，数数都快30年了。对国内的设计教育，我始终是有感情的，也有一种责任和义务感。这套丛书里面，有几个作者是我曾经教授过的学生，看到他们不断进步并对社会有所担当，深感欣慰，并有责任和义务继续对他们鼎力支持，也祝愿他们成功。真心希望我们的设计教育能够真正的进步，走上正轨。为国家的经济发展、文化发展服务。

2013年3月7日

摘 要

本书主要研究室内设计系统的理论基础，室内设计系统成立的外部条件、技术体系、运行方式和商务体系，以及室内设计系统的优化。

在室内设计已发展了几十年，并有许多成功或失败的室内设计和工程施工的实践基础上，笔者对室内设计系统的外部条件、操作方式等问题进行了实质性的研究，以系统的观点来全面、系统地审视室内设计的相关领域和相关问题，并提出了可行的解决方案，建立了一个以实践工作为依据的、切实可行的、运转顺畅的室内设计系统。

从整篇论著来说，共分四个部分，八个章节。依次为：

第一部分（第 1 章）是引言部分。以室内设计系统的研究背景和研究意义为出发点，指出对室内设计系统展开研究的必要性和重要性；在对国内外相关的理论研究工作进行简单的归类和概括的基础上，对课题研究的内容和范围作出明确规定，指出室内设计系统的理论架构、运行体系以及对系统的评价与优化为主要研究内容，进一步明确理论紧密结合实践，采用比较研究法和系统归纳法是论文拟采用的研究方法。

第二部分（第 2 章、第 3 章）是理论架构体系部分。由于目前我国室内设计系统的理论体系尚不够完善，因此，借助相关学科的理论知识，以形成室内设计系统的理论基础。根据与所研究内容的密切程度，其中就主要的一些理论基础知识，如系统论、设计方法论、经济学、人体工程学等方面的知识和研究成果进行了较为深入的阐述和分析，明确学术界在对这些学科的研究上所取得的成果，以及这些研究对社会发展所作出的贡献，从而为室内设计系统的确立奠定了系统的理论基石。

通过对室内设计概念的分析和论述，对室内设计的内容、目标、责任的阐述和探讨，对系统设计相关观点的分析和目前对室内设计系统的理解的分析，应用系统工程的观点和方法，将室内设计的内容、要素，相关的领域和环节以及室内设计的程序予以统一而形成一个框架体系，从而建立起一个综合的室内设计系统。从与其相关部分的关系和进行的程序来分析，从横向设计系统和纵向设计系统两方面对室内设计系统予以简略研究和讨论，对室内设计系统的特征进行简单阐述，从而形成研究的理论前提。

第三部分（第 4 章 ~ 第 7 章）是室内设计系统的运行部分。从室内设计系统成立和运行的外部条件、主要技术问题、运行轨迹和商务动作等方面着手，紧密结合具体的设计和工程实例，对室内设计系统在运行过程中所遇到的问题和采取的解决方法进行深入的剖析，从而找出室内设计系统中所出现的主要问题。针对室内设计系统在成立和运行过程中所牵涉的四个方面的问题分别进行了详细的论述：

首先，通过对室内设计系统存在和发展的外部条件进行分析，从室内设计与社会环境、经济因素、技术构成、人的参与和室外环境、建筑设计等方面的关系来进行探讨，使我们发现世间万物无一不是在长期的自然和社会发展过程中登上历史舞台的，它们都是应事物发展过程中的需要而出现的，都有着其存在的外部条件和内在机制。室内设计也不例外。室内设计系统的提出也是现有室内设计发展的结果，是在几十年的室内设计实践中所经历的失败和取得的成功的基础上所进行的总结和提炼。室内设计不是一件孤立的、单个的事情，受着各方面因素的影响和制约。室内设计系统也不是一个孤立的系统，它的存在和运行离不开创造它的社会环境，离不开一切相关的构成因素，离不开社会的发展、经济的繁荣、技术的进步、人才的涌现。我们在提出室内设计系统的时候不能忽视这些因素，只有在众多外部条件具备，而且能起综合协调作用时，才能促进室内设计的顺利进行，才能推进室内设计系统的顺利运行和发展。其中任何一个条件不具备或有所欠缺时，都会对室内设计的发展和成功造成一定的影响，也会阻碍室内设计系统的正常运行。

其次，通过对室内设计中所牵涉的细部处理、材料选择、光环境的设计与处理、声环境的设计与处理、水、电、风各专业的协调等问题的分析和讨论，对处理这些问题的成功或失败案例的分析，使我们明白了室内设计不仅是一个含有艺术性的活动,而且是一个具有相当技术含量的活动。技术的进步与发展，在某种程度上讲，是室内设计得以开展和实现的保障，是室内设计系统顺利运行的润滑剂，是展现室内设计效果的工具和手段。任何一个室内环境的设计和实现过程都离不开技术的贡献，如建筑的产生、空间的形成、构造的展示、物理环境的创造、细部的处理、材料的使用、水、电、风的处理、各专业的协调和室内设计的表达等问题的出现和解决过程中都会看到技术的影子。对于这些技术问题的处理的好坏，都会直接影响设计的成败，影响设计实施的顺利程度，影响室内设计系统的运行。只有对室内设计过程中的一些主要技术问题有一个明确的认识并提出有效的解决方案，才能保证室内设计的实现，促进室内设计系统能顺畅地运行。

再次，通过对室内设计系统在运行过程中所历经的项目立项与信息处理、概念设计与设计表达、方案实施与设计优化、后期陈设与设施选配、投入使用与设计评价等环节的细致分析与探讨，对室内设计系统在运行过程中所出现的问题和所采取的解决方案的阐述与比较，使我们可以进一步确认，室内设计不是一蹴而就的事情，室内设计系统是一个跨度大、历时长、环节多的复杂体。它的运行往往要经历长时间的构思、出图、修改、施工、后期等一系列的步骤，会牵涉业主、设计师、施工方等方面的合作与协调，会涉及家具、灯具、陈设和绿化等方面的因素，其间任何一个环节处理得不好，任何一方关系协调得不够，都有可能影响室内设计最终完成的效果，都有可能破坏室内设计系统运行的顺畅性和完整性。所以，要做好室内设计，运行好室内设计系统，就要对室内设计系统的运行轨迹有一个清晰的掌握，对其中的各个环节、各个节点予以重点关注，并且解决在这些环节中所牵涉的各种问题，协调好在这些环节中所出现的问题和与其他相关系统的关系。

最后，通过对室内设计系统在商务运行过程中所涉及的室内设计市场的概念、主体和运作的详细分析，对现行的有关建筑装饰工程的法规、室内设计的市场准入制度、职业资格注册制度的归类和总结，对室内设计的招、投标的内容，形式和程度的细致阐述，对室内设计市场目前所存在的问题及解决方法的深入剖析，使我们进一步认识到室内设计不仅是一项艺术性与技术性的活动，更是一项经济性的活动。室内设计的商务活动犹如舞台剧，必须在统一的指挥调度下，让导演、演员和各种舞台工作人员密切协作，演出一台有声有色的戏，当某个环节发生故障，戏就不能顺利上演。为了保持室内设计系统正常、有秩序地运行，就要求室内设计系统的商务能正常运作，要求每个商务参与者都必须严格遵守商务运作规则。

第四部分（第 8 章）主要是对整篇论著作结语，提出在分析研究过程中所得到的结论。从室内设计系统的理论基础，系统的确立，室内设计系统的外部条件、技术体系、运行轨迹和商务运作等方面进行总结，进一步明确室内设计系统的系统性、技术性、经济性和艺术性。

目　录

第1章 综　　述

1.1 研究背景和意义

1.1.1 研究背景

“从整个人类的营造历史来看，自从有了建筑活动，就有了室内装饰。”[①]只是室内装饰活动（也可认为是室内设计）一直是建筑设计中的一个部分，由建筑师或工匠同时完成。室内设计作为一个独立的专业，在20世纪50年代以后才在世界范围内真正确立。在独立出来的这几十年中，室内设计在实践上有了大量的成果，出现了大量的专业室内设计师，也有了许多理论性的研究。但同建筑相比，室内设计的年龄还很轻，相关的理论研究还不够成熟，尚未构成系统而完整的理论体系。

实践出真知。室内设计的大量实践应是对室内设计系统进行理论研究的前提，而具有指导意义的理论一定是来源于大量的实践，来自于对在大量实践的过程中所出现的问题、所经历的失败和所取得的成果的归纳和总结。但现在室内设计行业的一个现实是：工作在第一线的大量设计师，多是一个连着一个地埋头做项目，无暇顾及室内设计的理论性思考和探索，而大量从事理论教育和研究工作的相关人员又由于实践性局限而难以对室内设计的理论进行深入的研究，往往只能探讨设计中的文化问题、艺术问题，对室内设计工作在实际操作过程中所遇到的大量经济问题、工程施工问题、专业协调问题、设计程序和配合问题难以展开深刻的剖析，难以分析其中的关键环节，也就得不到真正的具有实践指导意义的理论性研究成果。也就是说，这对矛盾使室内设计的理论研究工作始终难以真正地在实践的基础上得以提炼和升华，不能真正有效地指导室内设计工作的顺利开展和完成。

在室内设计已发展了几十年，并有许多或成功、或失败的设计和工程施工实践的基础上，对室内设计工作的外部条件、操作方式进行实质性的研究，以系统工程的观点来全面、系统地审视室内设计的相关领域和相关问题，并提出可行的解决方案，建立一个以实践工作为依据的、运转顺畅的室内设计系统已是十分必要。在笔者十余年的室内设计学习和实际工作过程中不断遇到的问题以及对于这个行业在发展过程中的一些问题的思考，使作者认识到了提出并解决这个问题的迫切性。正是基于这样一个现状和需求，促使作者对“室内设计系统”这样一个庞大的课题展开研究，力求以实际工作中的大量案例、经历的挫折、吸取的教训和积累的经验为素材，结合其他同仁的实践成果和工作经验，以系统的观点对室内设计这样一个复杂的问题展开探索性的理论研究。

1.1.2 研究意义

在实践基础上对室内设计系统展开理论性的研究，主要有以下两个意义：

1. 理论意义

当前，室内设计专业尚没有一本真正立足于实践的关于室内设计从概念形成到最终完成过程中各环节、各方面的系统理论论著。通过对本课题的研究，可以全面、系统地梳理出室内设计系统的理论基础、设计方法和实践操作模式，从而为室内设计提供操作性强的理论技术支持。

2. 实际意义

本书是在大量的实践基础上编写的，因而具有很好的可借鉴性。通过对实际问题的研究和剖析所得出的方法和结论，能为后面进行的具体的室内设计项目提供经验性借鉴，为方兴未艾的室内设计事业提供方向性的理论指导。

1.2 国内外研究概况

近年来，由于室内设计专业的迅猛发展，使相关的书籍出版和研究工作有了一定程度的开展。“但纵观图书市场，此类书籍主要为以下几种类型：工程实例的照片资料，设计实例的工程图资料，不同设计门类的空间造型、图案样式、尺度构造资料、设计表现技法类资料等。”②对于室内设计的理论研究也往往是相对较泛泛的意识流研究、史论研究、风格研究，或是对于室内装修工程的工程管理等相关问题的专题研究。通过对近几年来国内外室内设计相关的专业书籍、杂志和研究生论文的检索和归类可得出，对室内设计的研究主要集中在以下几个方面：

1. 史论研究

对于这个发展历史不长的专业进行历史性的发展探寻是一个相对较大的课题，有相当多的专业人士曾经从建筑、家具、美术、装饰等方面来对室内设计的发展进行研究和探索，并逐步形成了系统性的研究成果。如霍维国和霍光在 2003 年出版了《中国室内设计史》一书，阐述了中国室内设计的主要历程、中国传统建筑室内设计的基本特征，分析了各主要历史时期中国室内设计的形成、发展、风格特点及有益的经验，为室内设计与建筑装饰专业提供了很好的专业指导。由约翰·派尔著，刘先觉等译著的《世界室内设计史》则是一部全面阐述室内设计史的专著，书中叙述了 6000 多年来有关个人空间和公共空间的内部史话，将构造、建筑艺术、工艺美术、技术和产品设计相互交织，对原始的穴居、神庙、哥特大教堂和文艺复兴府邸以及 19 世纪巨大的市政空间和现代摩天楼的精美内部，都予以综合分析和系统评述。这些史学方面的研究为室内设计专业的发展理清了脉络，明确了不同设计风格的特征，为大量室内设计人士从事设计工作提供了理论指导和文化根源。

2. 设计方法

从设计原理、思维模式到图形表达等方面展开研究是近几年开始逐步进行的一项工作。室内设计是一门实践性强的专业，以前的从业人员多是从建筑、美术等专业转过来的，所采取的工作方法和工作重点也各不相同。随着实践工作的不断积累和从事相关专业人员的逐步增多，也有一些理论性的工作方法作为指导方法来应不时之需。如由同济大学组织编著的《室内设计与建筑装饰专业教学丛书》（共 8 本）和由中央工艺美术学院（今清华大学美术学院）编著的《高校环境艺术设计专业教学丛书》（共 12 本）基本上阐述了室内设计基础知识和基本理论，介绍了许多优秀的设计实例，讲述了相关的设计表达方法和技巧。在美国出版的由雷·福克纳编著的《美国室内设计通用教材》则相对全面地从设计思想和历史、设计过程和要素、材料和构成部分等方面进行了介绍，对相关法规和专业实践也略有涉猎，但是它介绍的主要是美国的相关内容，与国内的状况仍有相当的差距。总体而言，这些理论研究工作在一定程度上促进了室内设计的发展，但随着室内设计的实践和社会条件的不断变化，这些理论性的研究工作还应有相应的发展。

3. 设计教育

从 1957 年中央工艺美术学院组建我国第一个“室内装饰系”到如今几百所院校设有“室内设计专业”，不过 50 来年的时间。在室内设计教育不断发展壮大的过程中，从事室内设计教学工作的大量教育人士也一直在探索和改进室内设计的教育方法，以期培养出适合于社会发展需求的专业人士。在《世界建筑》、《室内设计》、《装饰》、《室内设计与装修》、《中国建筑装饰装修》等学术期刊上也曾有相当多的专家、学者对室内设计教育的现状、弊端与改进措施提出了独到的见解。正是这些理论性研究工作的开展，使室内设计专业的教育工作得以逐步改善，使室内设计的专业理论研究工作得以日趋完善。

在大量的室内设计理论研究论文和专业著述中，只有极少数涉及对室内设计系统的研究，对室内设计系统和相关领域问题的研究存在着一定的忽视，对室内设计的实现过程缺少应有的关注。相对而言，对于室内设计系统这方面的理论研究工作做得较多的当属郑曙旸先生。在郑先生的《室内设计程序》与《室内设计思维与表达》两本书中，他对室内设计系统进行过一定程度的论述，对室内设计系统的内容和特征提出了一些独到的见解。[②]但是，郑先生所论述的室内设计系统关注的是室内设计方案的设计阶段所涉及的一些问题，如空间、界面、装饰等问题，主要是属于室内设计内容的部分，更多的是艺术性的问题，而对于室内设计在方案设计完成后需要实施和设计优化等问题以及室内设计在实施中可能会出现问题的环节和涉及的相关知识均未予提及，对室内设计过程中所涉及的重要技术问题、经济问题等也基本上没有展开讨论。

如果能在郑先生对室内设计系统所作研究的基础上，吸收相关学科理论研究所取得的成果，结合实际的室内设计工作和工程施工案例，对室内设计系统进行更为详尽、更为全面的研究，建立一个完备、全面、动态的室内设计系统，为大量在前进过程中摸索的室内设计从业者提供一个系统的理论指引，将有着重要的意义，这也是室内设计发展至今所要进行的一个非常必要的工作。

1.3 主要研究内容

笔者所理解的室内设计系统是一个综合性的设计系统，整个运作过程相当复杂，历经时间很长，有时可能长达一年甚至几年，而且期间需要处理众多设计要素和边缘系统的问题，是一个十分繁杂的体系。要想对这个系统中的所有环节都研究透彻，在短时间内是一件几乎不可能完成的任务，选好研究内容、找准研究目标将是使研究工作最终能有所收获的关键。在研究内容上，本书主要有以下几个方面：

（1）室内设计系统的理论架构（包括室内设计系统的理论基础和室内设计系统的确立）；

（2）室内设计系统的运行体系（包括室内设计系统的外部条件、主要技术问题、运行轨迹和商务运作）；

（3）室内设计系统的评价与优化（通过对室内设计系统在运行过程中出现的问题进行评析并提出解决方案）。

通过对室内设计系统成立的理论基础的综合与归纳，构筑出室内设计系统的理论框架；通过对室内设计系统确立和运行的外部条件、室内设计系统的主要技术问题的分析，架构出室内设计系统的构成体系；通过对室内设计过程的分析，勾勒出室内设计系统的运行轨迹；通过对围绕室内设计所产生的商务活动、法规、招投标和注册设计师等问题的分析，阐述室内设计系统的商务运作；通过对室内设计系统在确立和运行过程中所出现的问题和所遇到的难点的分析和比较，提出方向性的系统优化方法。

理论指导实践，又来源于实践。在对室内设计系统的相关内容进行分析和研究的过程中，始终抓住理论联系实际这一工作原则不变，以笔者近几年所参与的实践工作为素材，通过对室内设计系统在实际运行中涉及的主要环节、相关因素和所出现的问题进行具体的分析和解剖，提出室内设计系统的评价体系和优化方法，以创建一个更为理想、可行的室内设计系统。

1.4 拟采用研究方法

“实践是检验真理的唯一标准。”[3]对于室内设计这样一门实践性非常强的学科，要进行研究，最为可行的方法就是结合实践。任何一个室内设计，只有当其在施工完成、交付使用后由使用者来评判其好坏才能确定这个设计成功与否。判断一个室内设计系统成功与否，则不仅仅限于一个设计好不好，还应对这个项目从开始至完成所涉及的环节，对其中相关的多方面的因素予以综合评判。要创建一个室内设计系统，要对现在的室内设计系统进行优化，就一定离不开对大量具体的室内设计项目案例研究。通过对这些案例的外部成因、内在机制进行深入的剖析和探寻，对其中所涉及的设计和施工各个环节予以逐一分析，找出其中不合理的方面和原因，探索性地寻求系统的最佳组合和配置是本课题所主要采取的研究方略。

结合作者亲自参与和主持的室内设计和施工的案例，采访过的设计人士和设计公司所完成或正在进行的案例，和其他一些在媒体上发表过有代表意义的业界同仁的设计与施工案例，对其过程中出现的问题和解决方案进行研究，用系统的、动态的、全面的、联系的观点来对室内设计系统展开讨论是主要研究方式之一。将近几年所涉猎的主要室内设计和工程施工项目予以细化和分解，根据室内设计系统中不同的环节分别予以论证，从而使其紧密地结合到室内设计系统中去。

“失败乃成功之母”，本书对于室内设计系统的研究的出发点很大程度上是对设计过程中所出现的错误进行剖析以及在此基础上所作的调整，以研究出对室内设计系统造成破坏的原因。一个好的、成功的设计和设计过程确实能带给我们很多的启示，但一个失败的设计和设计过程却能给我们更多的思考和借鉴。

在论证方式上，本书主要采用比较研究法和系统归纳法，通过对选择的案例根据不同的系统环节展开比较研究，在此基础上予以系统归纳，从而得出切实可行的结论。

注释：

① 霍维国，霍光 . 中国室内设计史 [M]. 中国建筑工业出版社，2003：5.

② 郑曙旸 . 室内设计思维与方法 [M]. 中国建筑工业出版社，2003：2.

③ 黄亮宜 . 邓小平理论 [M]. 九州出版社，1999：154.

上篇　理论架构

第 2 章　室内设计系统的理论基础

由于目前我国室内设计系统的理论体系尚不够完善，因此，本书借助了相关学科的理论知识，以形成室内设计系统的理论基础。与室内设计系统相关的理论学科种类繁多，包括环境学、生态学、经济学、系统论、方法论、控制论、统筹学、管理学及有关室内设计的政策法规、标准规范等方面的内容。本章就其中主要的一些理论基础知识进行阐述和归纳，从系统论、设计方法论、经济学、人体工程学等方面对室内设计系统的主要理论基础予以细致的分析。

2.1　系统论知识

2.1.1　系统科学

一门新学科的形成与发展总是和总的科学技术背景相关的，系统科学作为现代科学技术体系中的一门综合的新兴学科，更是如此。20 世纪，由于生产力的巨大发展，出现了许多大型、复杂的工程技术和社会经济问题，要求从整体上加以优化解决，从而促进了系统科学的诞生。

科学家明确、直接地把系统作为研究对象，一般公认以奥地利生物学家贝塔朗菲（Lundwiig Von Bertalanffy）提出的“一般系统论”（General System Theory）的概念为标志。[①]它把所有可以称为系统的事物当作统一的研究对象进行处理，从系统形式、状态、结构、功能、行为一直探索到系统的可能组织、演化、生长或消亡，而不管这种系统究竟来自何种学科。

在 20 世纪 70 年代初，由于一般系统论与控制系统论的发展，开始形成我们今天所讲的系统科学。系统科学处于自然科学与社会科学交叉的边缘地带，是 20 世纪末信息论、运筹学、计算机科学、生命科学、思维科学、管理科学与科学技术高度发展的必然产物。系统科学，就是立足于“系统”的概念，按一定的系统方法建立起来的科学体系。

郑曙旸先生在《室内设计思维与表达》中对系统作了明确的解释：“按照一般系统的定义，多个矛盾要素的统一就叫做系统，这些要素也叫系统成分、成员、元素或子系统。要对一个系统进行分析，必须获得有关该系统的四个方面的指示：结构、功能、行为、环境。”[②]面对我们所处的世界，系统无处不在，地球是一个系统，同时又是太阳系的子系统；太阳系本身是一个更大的系统，但却是银河系这样一个巨大系统中的子系统。就室内设计而言，它也是一个复杂的系统，空间界面是室内设计的要素，空间界面本身又是由地面、墙面、顶棚、门窗、设备、装饰物等子系统所构成，它们又细分为形状、材质、色彩等。

2.1.2 控制论系统

就设计的实用概念而言，需要的是控制论系统。控制论的创始人是美国的维纳（N.Wiener），他把控制论定义为："关于在动物和机器中控制和通信的科学。"[③]控制论是在20世纪30～40年代蓬勃发展的自动控制技术和统计数学的背景下诞生的，它提炼出了包括生物系统和人工系统等极为广泛的几大类系统的共性和规律，它提炼出的基本概念，诸如目的、行为、通信、信息、输入、输出、反馈、控制以及在这些概念基础上的控制论系统模型，具有广泛的普适意义，并且紧密联系着基础理论和应用技术两端。

张启人在《通俗控制论》中提出：一个控制论系统要具备五个基本要素：

（1）可组织性：系统的空间结构不但有规律可循，而且可以按一定秩序组织起来。

（2）因果性：系统的功能在时间上有先后之分，即时间上有序，不能本末倒置。

（3）动态性：系统的任何特征总在变化之中。

（4）目的性：系统的行为受目的的支配。要控制系统朝某一方向或某一指标发展，目的或目标必须十分明确。

（5）环境适应性：系统会根据周边环境的变化而作相应的调整。[④]

由此我们可以看出，一个能进行有效控制的控制论系统，必须具备"可控制性"和"可观察性"。这就是说，控制论必须是受控的，系统受控的前提是有足够的信息反馈来保证。

在分析特定问题或描述指定事件时，控制系统论主张定性与定量的方法紧密结合，定性模型和定量模型相互参照、映证才能得出科学的结论。这是因为缺乏定量分析、没有数据支持的定性模型是不科学和不可靠的，缺乏定性模型、没有逻辑推理的定量模型是片面和不完善的。[⑤]

2.1.3 技术系统

技术，英文是"technology"，表示工艺、技术、工业技术；技术应用、应用科学等含义。[⑥]汉语"技"字有才艺、技能和工匠的意思；"术"字有办法、策略、主张等意思。[⑦]李喜先在《技术系统论》一书中提出："在普遍意义上，技术是在一定的自然和社会环境中，用于实现输入集和目标集之间有向转换的可操作程序。其中，程序指按时间先后的一系列有序工作指令；可操作指每一指令都是确定的和可实现的，并经有限指令后转换完成。实质上，技术是关于输入、转换、输出的知识。"[⑧]

同时，李喜先在《技术系统论》一书中又提出："技术系统是由相互作用的输入、运作、输出三个子系统结合成的特定结构，从而形成独自的功能并在自然和社会环境中进化的整体。"[9]技术系统是由输入子系统、运作子系统和输出子系统组成的整体。在这一复杂的系统中，输入子系统对其他两个子系统而言是他组织力，就是说，对于三维整体系统而言，起支配作用的外力转变而成的"序参量"仍是自组织力，因而技术系统是自组织系统。若将输入子系统作为外部他组织力或控制力，而另外两个子系统成为内部一维系统，内部系统就是自组织系统，这时，技术系统就变成了外部和内部构成的二维系统。

在复杂的技术系统中，既存在着他组织性，同时也存在着自组织性[10]，而且只有在系统内部形成他组织与自组织的结合，才能产生更高级的组织形态。一个具体的比较复杂的技术系统一旦被创造出来，便能自动地组织自己的运动，他组织作用要通过自组织力起作用。在整体上，他组织实质上要建立在自组织运动之上才能发展起来。因此，在本质上，技术系统是他组织与自组织系统相结合的系统。

技术系统作为一个独立而复杂的系统，其本身有着一些独特的特性：

1. 层次性

技术系统的层次性是一个系统本身的规定性，是系统的一种普遍特性。在多层次系统中，子系统是按层次划分的。"层次是从元素质到系统整体质的根本质变过程中呈现出来的部分质变序列中的各个阶梯，是一定的部分质变所对应的组织形态。"[11]技术系统具有多层次结构，这表明了其从简单向复杂、从低级向高级的发展状态。

2. 动态性

各类系统的动态特性或进化特性普遍存在着。同样地，技术系统也具有动态特性，即系统的状态随时间不断发生变化的特性。技术系统在进化中，层次性、复杂性都在不断地增加着，总体结构和功能也在递增着。技术系统进化的终极动因在于各元素、各子系统、各层次之间的相互作用，关键是非线性相互作用。"各种技术子系统之间的这种密切的相互关联绝不是偶然的……技术的系统性，即不同的子系统客观上是互相联系的，会造成现代技术的自我扩张，因为每一项革新都同时引起直接的预期后果和间接后果。"[12]技术系统与环境之间的相互作用形成了进化的外在动力，这主要表现为社会系统对技术产生的影响，制约技术发展的速度、规模和方向。

3. 整体性

系统都具有整体的特性，包含整体的结构、行为、功能等。技术系统也具有整体的特性，并具有整体突现性，即整体具有部分或部分总和所不具有的特性、高层次具有低层次所不具有的性质，或者说，整体具有非加和性，"整体不同于部分和"。[13]

2.1.4 工程系统

在现代文明用语中，“工程”这个概念是为数不多的被人们当作口头禅的概念之一。纵观被人们称作“工程”的一类人类活动的整体，可把工程划分为狭义工程和广义工程两大类。狭义工程定义为“以某组设想的目标为依据，应用有关的科学知识和技术手段，通过一群人的有组织活动将某些（某个）现有实体（自然的或人造的）转化为具有预期使用价值的物质产品的过程。”[14]“相应地，广义工程则定义为由一群人为达到某种目的在一个较长时间周期内进行协作活动的过程。”[15]以狭义工程为例，任何一项工程活动都毫无例外地包含着以下9个基本要素：用户、目标、资源、行动者、方法和技术、过程、时间、活动和环境。尽管在不同的工程中这9个基本要素有不同的表现形态，但是，它们几乎同时存在于一切被人们称作“工程”的人类活动中却是一个基本事实。这些基本内容同时隐含着工程的基本性质和特征。

值得注意的是，除环境要素外，工程的其余8个基本要素不仅共存于一个工程框架或边界之内，而且还相互紧密地联系和作用着，组成一个整体或全局。这个整体或全局可以并且应该被叫做工程系统。“根据组成工程系统的8个基本要素的相近性与差别性，同时根据工程理论家研究支配工程系统一般规律的需要，特别是根据工程行动者操作上的方便，可将工程系统分解并包装为如图2-1所示的6个子系统。”[16]6个系统的定义如下：

（1）工程对象系统：用户所期望的一种工程产品。

（2）工程过程系统：工程所经历的全部阶段或步骤及其全部活动的有序集合。

（3）工程技术系统：工程技术活动及其所使用的全部原理、方法和手段的有机集合。

（4）工程管理系统：工程管理活动及其所使用的全部原理、方法和手段的有机集合。

（5）工程组织系统：获取工程对象系统产品所涉及的所有组织、个人及其技能、知识结构、组织准则、道德水准和行为规范的有机集合。

（6）工程支持系统：为正常而有效地进行工程技术活动和工程管理活动提供保障的全部实体的有机集合。

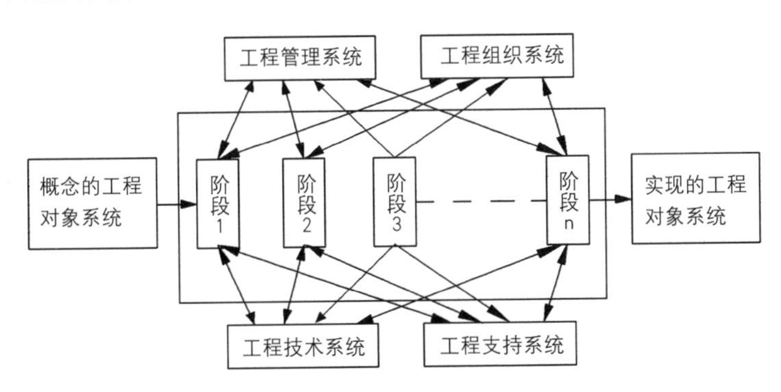

图2-1 工程系统构成因子关系图
（王连成．工程 工程系统 工程系统论与工程科学体系．中国工程科学，2001：15）

由其构成可见，工程系统是一类特殊的系统。按 P·切开兰德（P.Checkland）的系统分类法，工程系统是由人造物理系统、人造抽象系统和人类活动系统三大类系统（有时还应包括自然系统）组成的复合系统。[17]因此，它不仅具有这三大类系统各自单独具有的某些基本性质，而且它还必然具有自己作为一类特殊的复杂系统所单独具有的突现性质。

系统问题的有效解决依赖于系统理论和方法的正确运用。工程问题的系统性质要求使用系统的理论和方法。千百万次工程危机的出现呼唤着有效解决工程系统问题的理论的出现和支持。这种有效解决工程系统问题的理论正是工程系统论。工程系统论是“关于工程系统中的系统规律的理论，是一般系统论与工程实践相结合的产物”。[18]

工程系统论以各种各样的工程系统为其研究对象，并采用一般系统方法论力图寻找和概括所有工程系统中存在着的共同规律。为了能够这样做，首先，它需要将各种各样的具体工程抽象为相应的具体工程系统。这种具体工程系统的许多性质是与工程对象系统的特征相关联的。其次，它还需要进一步研究存在于所有具体工程系统中的系统同构性：成分同构、结构同构、过程同构、活动同构和现象同构。这些同构性意味着：可以将所有具体工程系统抽象为一个一般工程系统。这种一般工程系统只保留着所有工程系统共有的和区别于非工程系统的特征，而不再具有任何具体工程系统所单独具有的个别特征。

在整个工程科学体系中，工程系统论是一门具有“突现”性质的元学科，即能够站在其他工程学科之上足以谈论其他工程学科的学科。[19]或者说，它是任何一项工程要想取得成功都不可能摆脱其指导和约束的学科。由于工程系统论以一般工程系统为其研究对象，因此，迄今它所得到的概念、原理、方法和一般工程系统范式适用于所有工程系统，并且应该成为所有工程组织的基本理论基础，特别是应该成为那些在工程组织体系中居于支配地位的工程管理组织、工程技术总体组织及其组成人员的基本理论基础。当然，工程系统论是整个工程科学发展到一定阶段的产物，还是一门崭新的工程学科。但是，既然工程科学的发展推出了工程系统论，那么，工程科学的继续发展必将使工程系统论，同时也使整个工程科学体系本身完善和成熟起来。

郑曙旸先生在《室内设计程序》一书中还提到“系统工程”一词，并指出：“系统工程的主导思想是通过系统分析、系统设计、系统评价、系统综合达到物尽其用的目的。系统工程既是组织管理技术，也是创造性思维，又是现代科学技术的大总和，它与其他学科的联系非常紧密。”[20]

系统工程的实施包含三个步骤：第一是提出问题；第二是通过建立模型、优化目标，进行系统分析；第三是按一定的评价标准（价值准则）将不同的措施、方案加以解释评价，选择最优方案（图 2-2）。

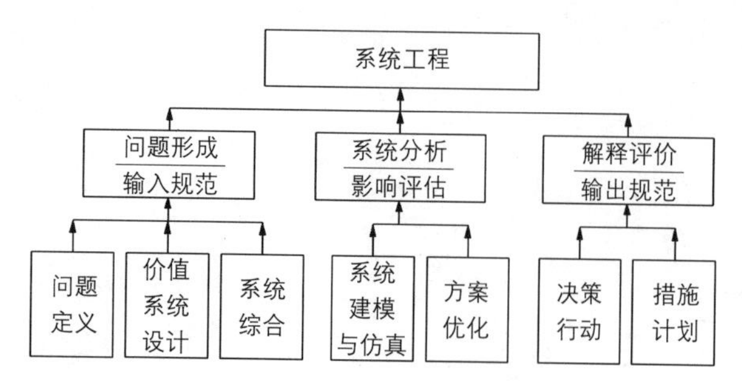

图 2-2　工程系统构成因子关系图

通过对系统科学、控制论系统、技术系统和工程系统的分析，我们不难看出“系统”概念对于室内设计所具有的重要意义。实际上，室内设计系统的运行必定是建立在系统科学和系统工程的理论基础之上的，缺乏系统概念指导的室内设计必定会在某个环节上出现漏洞，完成的项目也不会是一个很完整的室内设计。

2.2 设计方法论知识

在世界范围内，对设计方法及其理论的研究大致始于 20 世纪 50、60 年代，它最初是通过一系列有关会议和研究文献专集的出版而发展的。经过长时期的发展和进化，它逐渐从较单一的趋向走向多元的趋向，多种观点、多种流派的涌现使方法论的横向结构不断扩展；同时，它又从研究具体的“设计程序”逐渐走向对设计结构、设计主体及其认识能力、思维方式的思考，走向对设计的知识、理论、方法的哲学思考。深度和广度两个方向的不断发展使设计方法论逐渐成为一门专门的建筑理论学科，而且它像现代科学走向互相渗透、互相交叠一样，也在与越来越多的学科相互联系。

2.2.1 琼斯的系统设计方法

琼斯是第一批把系统论方法直接引入设计领域，提出设计过程的模式，试图以解决问题的新方法以及运筹学为基础，重新组织设计过程的研究者。他提出的系统设计方法主要是“一种把逻辑推理与想象活动用外在手段分开进行的方式”。[21]它的目的是：其一，使设计者的心智不受实际限制所束缚，不被分析推理步骤所混淆而自由产生想法、猜想、解答等；其二，给设计者提供一种记忆之外的对信息的系统记录，使设计者可专心于创造并随时给他提供所需要的帮助。

系统设计方法有如下阶段：

1. 分析阶段：这一阶段是把所有设计要求列表并且精简归类为完整的设计要求书。这一阶段分下列步骤：①设计因素罗列；②设计因素分类；③进一步收集信息；④分析设计因素的相互关系；⑤制定设计要求书（表 2-1）。

琼斯系统方法中的设计因素归类表　　表 2–1

设计因素	类　别					
	1	2	3	4	5	etc
1	•					
2		•				
3			•			
4		•				
5				•		
6	•					
……						

注：刘先觉．现代建筑理论．中国建筑工业出版社，1999：501.

2. 综合阶段：为每项性能说明找到解答，并将这些解答尽可能不折中地综合成一个总的解答。综合阶段主要有下列步骤：①创造性思维；②寻找部分答案；③部分解答的综合。

3. 评价阶段：评价所有设计解答满足设计要求的程度，并最后选定设计方案。在这里，传统的、凭经验判断的评价方法不适用于复杂的设计问题，要引入更为科学的方法，如统计学的方法、运筹学的方法以及一些新的手段，如模拟、模型、计算机技术等。

系统设计方法的提出，明确了把现代科学技术引入建筑领域的必要性和迫切性，它对建筑设计问题数学模型化、定量化的方法的探讨使建筑设计领域向前迈进了一步。它使设计师在设计程序、设计方法中注入理性分析、定量分析的成分，以便更好地处理设计问题。西萨•佩里就曾说："设计程序的第一步工作是分析，也就是分析最基本的给予条件——基地、法规、分区管制"[22]

2.2.2　亚历山大的模式设计方法

亚历山大是方法论研究中的风云人物，他对建筑有着自己独到的见解，并在理论上、实践中不倦地阐述他的观点。他在 60 年代后期到 70 年代逐渐形成其观点并集中表达在《模式语言》中的模式设计方法中。

在模式设计理论中，亚历山大将行为看成是活动倾向，而环境则可能妨碍、阻挠或便利于这些倾向。一个环境中若没有倾向间的互相冲突，便可称为"好的环境"，因为它不再需要设计；而设计问题之所以产生，是因为倾向的冲突。模式设计方法正是以此为前提的。

亚历山大认为，某一特定的行为系统和某一特定的物质环境的关系可被视为一种理想状态或终极，这种所谓的理想状态就是"模式"。[23]模式的确立主要是通过观察现存环境与人的相互关系。他在《模式语言》中说："这里的许多模式是原型，能深深地扎根于事物的本质之中，它似乎会成为人性的一部分，人的行为的一部分，五百年以后也和今天一样。"[24]

在《模式语言》中，亚历山大罗列了从城市一直到窗户形状等大小 253 条模式，每条模式由三个明确定义的部分组成：①问题"文脉"：也就是一个问题的环境状态；②问题：表明在复杂环境中反复出现的客观需要；③解答：表明用空间安排方法来解决问题。这些从大到小的模式之间又构成一种等级次序关系。每个模式包括在较高一级的模式中，与一些同一等级的模式相互联系，而它自身又包括了较低一级的模式。这样，所有模式的总和就可描述出一个完整的建筑环境。在具体运用中，设计从能够描述设计问题所有内容的模式开始，寻找出所有与设计问题有关的模式。

亚历山大把模式设计方法比喻为一种语言，模式就像语句中的词汇，它们在使用中获得次序与结构，而词汇的组织既可能是散文也可能是诗。至于如何组织，就像他所说："一旦你学会了应用模式，那么，把注意力集中于如何在最小的空间中浓缩尽可能多的模式，以创造出富有诗意的建筑与空间形态。”[25]

这种模式语言的设计方法使每个人都可以用它来为自己设计，也是一种公众参与的探讨。它在理论与实践上都有广泛、深远的影响，促进了建筑设计方法的发展。但是，它把人的行为与环境的关系简单地建立在一种“环境决定论”之上，对于现实问题来说太过理想化，而且它并没有说明在一个设计问题中组合浓缩各种模式的具体方法，无法成为设计者解决设计问题中普遍可用的灵丹妙药，也无法替代设计过程中设计者个人的独特想象力。

2.2.3 勃劳德彭特的设计方法

勃劳德彭特是设计方法论研究中的一个活跃分子，参与编辑了大量有关方法论研究的学术专题著作，并形成了自己的一种新的设计方法。勃劳德彭特的设计方法主要由一个环境的设计过程和建筑实体形式的创造过程两方面组成。前一方面是推理化的过程，可吸收应用各种新科学方法与新技术手段；而建筑的物质形式的创造则是建筑师区别于其他创造性活动进行者的独特方面。

1. 环境的设计过程

勃劳德彭特把设计过程归纳成一种协调三种系统的过程，这三种系统是：人的系统、环境系统及建筑系统，其主要因素如表 2-2 所示。他的环境设计可从其中任何一系统开始进行，但一般情况下从使用者和业主的要求开始，如需要什么样的空间以容纳某些活动。

环境、建筑、人三大系统的内容　　表 2–2

环境系统		建筑系统		人的系统	
文化文脉	物质文脉	建筑技术	内在环境	使用者要求	业主的动机
社会的	建筑场地特征	可取用的资料、资金、材料	结构体的可见的表面围合的空间	有机体的饥饿与口渴、排泄、活动、休息	调查内容、产权证明、声望、赢利
政治的	物质的特征、气候的特征、地理的特征、地形的特征	劳力 / 设备	感觉的环境、光照、声控、供热与通信	空间的、功能的、领域的、静态的、动态的	扩展或其他应变方式
经济的	其他约束、土地使用 现存建筑物的形式 交通模式、法定约束	结构的系统 各种结构形式		感觉、视线、听觉、热与冷、嗅觉、动觉、平衡	容纳特定活动以使使用者幸福、安宁等
科学的		空间分割系统		社会的、私密的、接触的	
技术的		各种分割形式			
历史的		服务系统、环境的、信息的、交通的			
审美的		设备系统、家具、设备			
……	……	……	……	……	……

注：本表转引自刘先觉 . 现代建筑理论 . 中国建筑工业出版社，1999：523.

这一步可从调查现有的建筑开始，以对所设计的空间将要容纳的种种活动作一大致了解，观察和询问业主与使用者有关的内容：①所需的物质空间状况；②环境要求；③与别的活动的关系；④对建筑结构产生的影响。对于这一推理过程，可以应用一些系统分析的方法与技巧，处理建筑所容纳的种种活动的相互关系，从而产生各种形式的流线图。在完成这一过程之后，还要考虑所给的基地或可供选择的基地，考虑它的环境特征、景观、方位、噪声、周围的建筑形体及所有将要影响该建筑的设计因素，然后再将这些特征约束在一个“环境母式”[26]中表达出来，而后就是把各种活动在环境母式内合适地安置下来。其基本准则是从有特殊的、关键的环境要求的活动开始安排。

2. 实体形式的设计方法

给一个环境设计过程的成果赋予实体形式的过程是一个设计师的独特能力应用的过程。勃劳德彭特认为，建筑师的独特能力是产生建筑的实体形式。他指出，在历史的长河中，建筑师在试图产生建筑的实体形式时所采用的方法可归纳为：

（1）实效性设计

实效性设计是通过反复实验的方式将可取用的材料进行组合，直到产生的形式能满足要求为止，是一种最古老的方法，但在某些情况下仍可用。

（2）象形性设计

象形性设计是在某种建筑形式确立后产生的，当某种建筑形式被长期沿用后，生活的模式与建筑的形式互相调整，使得在某一特定文化中的人共同具有了一种建筑应有的固定形象，在这种固定形象下对原有形式的重复使用就是一种象形性设计。

（3）类比性设计

类比性设计是指类比物被提取并吸收入设计者的设计解答之中的一种设计方法。这些类比物可能是视觉的，也可以是抽象的、概念的，别的建筑师的作品、民间建筑、自然界的形象都可作为设计的类比物。

（4）法则性设计

法则性设计是以一种抽象的几何比例系统如网格为基础或为参照对象的设计方法，它包含了一种对几何系统的权威的寻求，而这种寻求受到过古希腊几何学家毕达哥拉斯和哲学家柏拉图等人的巨大促进。

勃劳德彭特认为，以上四种方法构成了所有已经产生的建筑体形创造方法的基础，它们的综合运用仍将是我们当今进行形体设计的有效方法。

勃劳德彭特的设计方法是“一种对实际所用的设计方法的历史的评价、提取、发展和补充，是一种进化式的而非变革性的新方法，它又建立了新的设计程序框架，为在设计中吸收入理性化的方法提供了某些可能。”[27]因而它具有一定的实践意义，也有利于综合地解决设计问题。

2.2.4 对话性的设计方法

进入 20 世纪 70 年代，世界性的问题日益严重，设计中需要思考的问题也越来越复杂多样，设计方法研究也开始出现新的转向，按照技术合理性的原则思考、解决问题的设计方法，已经明显地越来越难以解决现实中存在的复杂的问题，设计主体通过对话推进设计的方式逐渐成为人们普遍关注的一个焦点，学术界也开始探索适合这一设计行为的设计方法。现代社会具有复杂性、不确定性、不安定性、价值观多样性等特性，在这样的社会中，设计中的问题设定往往是难以定义的棘手问题（没有最终的规则，不可能有解决问题的完整手法，对问题的解释往往依赖于解释者的世界观、价值观，但是还不能不负责任）。那么，如何才能解决这些问题呢？

按照琼斯的系统设计理论，几乎所有的设计方法模式中都含有“分析—综合—评价”这样的程序，但是，实际上“推测—评价”的过程起着非常重要的作用。假如我们将设计课题分别布置给科学系和建筑系的学生，他们会采取不同的工作方法。前者的方法是先分析条件，然后按照条件寻求满足它的解答方案；而后者是设计出若干个“解答”方案，看哪个“解答”更能满足设计条件。经常处理难以准确定义的问题的设计师，往往是采用先生成若干个解决方案的方法，其后按照对应的分析或反馈，选择满足这一状况的解答（就是说如果要求是 A 的话，设计师必须导出 B － A 的 B 来，而导出 B 的行为方法不是演绎和归纳，而往往是假说——推理的方法）。

此外，伴随设计师所需要考虑的问题越来越呈现出复杂化的状况，由设计师、工程师、施工者、业主、使用者、规划管理人员等许多不同的设计主体参与设计，形成意见统一的“协作设计方式”的情况越来越多。因此，作为新的设计方法论，与其说是让设计师做出一个“好”方案，不如说让他们做一些能够激发设计（策划）的对象。

这样，通过与不同的主体进行对话来推进设计的方法是以“通过对话进行设计”为特征的。实际上，在研究与实践的关系上，它提出了新的认识方法论。按照 D.A.Schon 的理论，从技术合理性的观点出发，与理论（知识）导出实践（行为）的状况不同，就像爵士乐的演奏家们互相听着对方的音乐进行演奏一样，优秀的设计者在实践中不断地认识新的情况，并作出调整。这种将知识与行为相互参考的方式被称为“行动中思考”，其特点在于关注“作出判断背后的规范和评价”，“固定的行为模式隐藏着战略和理论”，“设定问题框架的方法”，“其自身的作用”[28]等，将与设计主体有关的内容作为思考的对象。

通过关注“行动中思考”的实践状况，能够更好地理解与状况条件密不可分的设计行为的本质。特别是在以人为本的设计理念中，人与环境的关系将设计主体之间的对话变成设计语言的作用是非常重要的。作为设计词汇被广泛知晓的类型，将具有类似性的事物通过另外的事物来理解、暗喻，以及为表达某一特性的实例等都属于这类情况。实际上，运用了人工智能、知识工学的

CAD 的出现以及使用者参加设计的对话型设计方法都是与这些理论研究的积累分不开的。

一般认为科学方法论可以归纳为三种模式：其一是哲学的、具普遍意义的方法论；其二是横向的、综合性的方法论；其三是专业的、微观的方法论。从设计方法论研究的发展及其内容来看，它也有自己的研究层次：从最具体的设计新方法的探讨到设计方法的一般准则，再到设计方法的理论基础、方法论的哲学研究。在这三个层次上所取得的成果对设计实践活动都能产生影响，只是它们的作用范围、作用层次不同而已。无论是直接影响还是间接影响，不管影响的范围如何，对室内设计方法论的研究都有利于设计方法的改进和设计实践的操作，有利于室内设计的开展和室内设计系统的运行。

2.3　经济学知识

2.3.1　技术经济学原理

技术经济学是“一门提供方法和方法论的科学，尤其是为社会物质生产活动提供‘规范性知识’”。[29]技术经济学并不是工程技术与经济学的简单合并，而是两者的有机融合，它的研究对象包括技术的经济效果，技术和经济的相互作用、协调发展关系，技术进步促进经济增长的规律以及技术创新理论等。技术经济学的相关原理对技术和经济的相互促进和发展有着关键的指导作用。

1. 和谐原理

“根据技术经济的概念和特性，其和谐原理就是技术经济的两重性：自然属性和社会属性。”[30]所谓自然属性，是指技术经济的生产力、社会大生产、生态环境相联系的属性。技术经济的自然属性要求经济活动有助于合理组织生产力，发展生产力，根治环境污染，保护生态平衡，提高人们的生活水平。技术经济的社会属性是技术经济与生产关系、上层建筑相联系的属性，它要求维护现行的生产关系，维护生产资料所有者的利益并尽最大可能实现社会公正。

现代科学技术革命和现代生态学已开始注目与自然的协调与和谐统一。技术经济学作为一门综合性学科，其理论来源于实践又服务于实践，不仅要达到理论与实践的和谐，而且要遵照和谐的原理，保持技术、经济、社会、生态和文化之间的协调。大范围、多角度地考察和研究技术经济问题，进行多维整合思维，以系统的综合发展观把握人类同自然界的相互关系，并以此为基础实现技术经济学各方面、各层次、各环节的协调与和谐，争取最大的宏观效益、最长久的物质利益和最协调的综合经济。

2. 资源最优配置与要素替代原理

为提高综合效益，就要把有限的资源进行最优配置，合理利用。用有限的资源满足人类无限递增的需求，就要求人们对资源开发利用的布局、规模、结构和次序进行最优的筹划，巧妙组合，综合利用，以取得增产和节约。资源既包括自然资源（硬资源），又包括社会资源（软资源），既包括技术资源，又包括经济资源。

资源有限，但种类繁多，性能各异。因此，用种类繁多、性能各异的有限资源满足社会递增的需求和提供优质服务必须发生资源与生产要素的替代问题。为此，要根据弹性经济学原理，运用生产要素替代弹性方法，通过调整要素价格改变生产要素投入的组合比例或合理替代，以实现理想的经济增长。

3. 时间效应原理

时间不可逆，时间就是金钱，各种物质都有一定的寿命周期，凡此种种，都是时间效应。技术经济同样不能忽略或低估时间效应的作用。由于技术经济学涉及的各因素、各环节都随时间变化而变化，因此在技术经济建设和发展中，不仅要重视资金的时间价值，而且要了解技术经济随时间变化而呈现的“S”形变化规律，把握技术经济在“S”曲线上的位置及特点，以确定相应的发展战略和具体措施。

此外，决策的合理性包括两个方面：一是必须合目的，二是必须合条件。从时间效应的角度来讲，及时性是合理性的一个重要的时间条件。发现机会并抓住机会，及时作出决策，采取行动，就有可能达到预期目的。如果错失良机，则表明决策迟缓或决策不当。一个不合理的决策，其价值等于零；一个不及时的决策，其价值也等于零。

4. 综合效益原理

技术经济系统发展的和谐和协调原理自然会引发综合效益原理，而且，随着人类对客观世界认识由必然王国向自由王国的进化，考察处理技术经济问题仅仅考虑经济效益显然已与社会发展不“协调”、不“和谐”，取而代之的是经济效益、生态效益和社会效益的交集，即综合效益。

技术经济学研究的是包括技术、经济、社会、生态、文化的大系统，其研究对象绝不仅仅是技术和经济及其相互关系的问题，而是涉及上述五个方面及其相互协调的问题。由于自然是多维的，世界是多彩的，我们的技术经济学不能局限于技术和经济的二维平面上，而应置身于技术、经济、社会、生态和文化构成的五维空间之中。

技术经济学原理对室内设计的贡献不仅体现在室内设计对技术的发展和应用上，对经济的思考和调节，对社会的作用与贡献，也体现为设计界在进行设计时考虑到生态因素、文化作用、综合效益。在有限的资源条件下，合理配置和利用时间和资源，以最优化的方式创造最大的经济效益、生态效益和社会效益。

2.3.2 工程经济学

工程经济学是“研究工程经济运动规律的学科，它是以工程设计的经济活动及其规律为研究对象，研究工程设计领域的生产力和生产关系”。[31]要了解工程经济学，就要了解工程设计、产品生产、分配、流通和消费的全过程，了解工程设计、生产活动和各有关机构及其相互之间的关系，不仅要进行定性的分析，而且要进行定量的分析。

工程经济学是一门应用科学，它的目标往往是改善经济运行的过程和结果。在设计过程中，当你需用美学知识来看待造型问题时，你是一个艺术家；当你用经济分析来探寻设计结果时，你就要意识到，你已从一个设计者变成了决策者。工程经济学中有这么几个问题值得关注：

1. 设计的经济特征

"室内设计是艺术与技术的结合，这一经典的概括，不论在结果上还是在方法上均反映了室内设计的二元性。"[32]首先，在结果方面，对于设计来说，存在着两个不同的观察角度：一种是"作品观"，它侧重于设计的视觉表现和分类，如空间、形式、体量、尺度、比例、光影、质感等美学结构和风格形象方面的内容构成了设计评价；另一种观察角度是"产品观"，它侧重于技术经济的效果评价，如规模、使用面积、建设周期、投资效益、维护费用和成本等构成了设计作品作为一种产品生产的核算内容。其次，在方法方面，由于"作品观"和"产品观"反映了不同的侧重点。因此，设计被分为"显性设计"和"隐性设计"两种，显性设计是一种视觉设计，侧重于对文化、符号和风格的象征表现；而隐性设计是一种工程设计，它侧重于产品的功能、材料和技术的经济效果。

设计活动是一项包括大量现实的、历史的和经济因素的复杂建构。"一项复杂的社会工程实践，不同于自然科学的实验，不允许进行反复的试验和遭受失败，要求行动前的决策进行系统地考察内外因素，全面地衡量前因后果，准确地选择设计的方案。"[33]其实，设计是一种社会生产，方案设计是经济范畴中的一种思维，设计中的"艺术价值"不会因社会和经济因素的渗入而减少，设计的现实性和经济性已经拓展了设计师的工作范畴。

实际上，在室内设计中，无论是把设计看作艺术创作，还是把它看作社会生产，艺术性和经济性之间都不是不相容的，对其中每一方面的正确理解都将会揭示出它们的相互依赖关系。可以说，不论在知识结构方面，还是在设计思想方面，艺术与经济这两大范畴之间重建一种平衡意识的能力将是未来室内设计和方案决策的指向和基础。

2. 设计的市场特征

纵观全部的设计问题和设计类型，有一点是共同具有的，即"设计产品的形成既是一个艺术创造的结果，同时，它又是一个冗长而又昂贵的生产过程"。[34]从物质生产的角度看，用于生产建筑物产品的各种投入称为生产要素。与建筑的功能、形式、空间、材料、质感、光景组织以及艺术理论和美学知识等要素不同，建筑物产品的生产要素又被称为资源。其中，土地、资本、劳动和生产者的才能是最基本的生产要素或资源。

从经济学的角度来研究，工程设计是一个关乎资源配置的设计。设计活动与资源分配的关系有两方面要求：第一是理想目标，即要尽量保存或保护资源；第二是现实目标，即对资源的利用要尽量寻求最优化和最大化的使用方式。

设计有不同的结果，不同方案之间面临着取舍问题。作出取舍的依据多种多样，有政治上的因素，有市场上的因素，也有个人的偏好等。无论作出怎样的选择，有一点是共通的，那就是一旦作出选择，就意味着放弃其他可能性。室内设计有多种目的，设计过程也会涉及许多相互关联、相互制约或相互竞争的因素。从经济学的角度考虑这些，在很大程度上也并不意味着这些关系会像数学函数关系那样紧密和准确，而是呈现一种相互关联的趋势。

“在室内设计中，适用、经济、美观、环境质量与生态性等作为共同的目标群，它们之间显然存在着交替和相互竞争的关系。”[35]正是由于这种情况，设计经济学要求设计师在作出选择之前应比较可供选择的方案的成本与收益。

在很多情况下，设计方案的成本并不像投资核算那样明显，除了以货币的形式对方案进行成本计算以外，设计方案更多地以“代价”这个概念来表达，或用经济学中的“机会成本”[36]来体现。衡量机会成本的高低主要从这几个方面入手：价格、收入、预期、嗜好和心理作用等。在进行方案选择时，决策者要在这些关联因素中平衡诸多利益关系，意识到我们所放弃的东西是什么以及我们所得到的东西是否能抵偿其他方面的损失。

机会成本原理强调并澄清了一些基本思想，即效率、交替关系、机会成本和决策的前瞻性，为人们思考设计经济和设计决策中的风险和潜在的代价问题提供了一个简单的方法。

工程经济对于室内设计的指导作用，就在于明确了设计的经济性质，为室内设计的开展和实现所牵涉的经济问题和处理方式提供了理论上的指导，使室内设计在方案设计、方案选择、设计实现过程中产生的经济效益、技术经济、社会价值等方面的问题有了理论的支持，也为室内设计的综合评定提供了理论依据。

2.3.3 价值工程学原理

价值工程学是起源于20世纪40年代的一种新兴的经济方法，在70年代开始引入我国。它主要是对价值进行科学的研究，创立价值分析、价值定义和功能评价的方法，使其成为可以衡量的东西。

事物的价值作为实物与主体需要之间的一种关系，是事物的外在联系，严格说来，“价值是客体的功能与主体的需要之间的一种满足关系”。[37]由于“需要”一词很大程度上是一个心理学的概念，因此，为了把价值作为一个经济学问题来研究，通常把“需要”看做是资源的倒数，这一假定与现实并不矛盾。因为尽管从发展的角度看，需要或欲望是无限的，但是在某一阶段内它还是有限度的，构成这一集合的不是货币，而是可供生产产品和劳务的可用资源。每个人都想要更多的住房、更好的交通环境，但即使像美国那样富裕的国家也难以创造每人想要的一切。因此，经济学所研究的价值问题实质上是在限制条件下的最大化问题。

在工程领域和产品分析中，价值的含义是指产品的特定功能与获得该功能所消耗的全部成本之比，其数学表达式为：

$$V=F/C$$

式中，V——价值或价值系数；

F——功能、性能或效用；

C——经济寿命周期成本。

价值工程学研究的是用最少的成本支出来实现产品的必要功能，或以相同的成本如何提高实用价值。其定义可概括为：以提高产品使用价值为目的，以功能分析为核心，以开发集体智慧为动力，以定量计算为手段，研究用最少的代价来取得最合适的功能。

由 $V=F/C$ 关系式可知，提高价值只有五条基本途径，即：

（1）通过改进设备，在功能不变的基础上，使实现功能的成本有所下降；

（2）通过改进设计，维持成本不变，而使其有所提高；

（3）通过改进设计，虽然成本有所上升，但相应得到的功能大幅提升；

（4）通过适当降低产品功能中的某些非主要方面的指标，换取成本较大幅度的降低；

（5）理想的结果是，既可提高功能，又可降低成本，从而使价值大幅度提高。

在很多情况下，价值分析并不单纯追求降低成本，也不片面追求较高功能，而是要求提高 F/C 的比值，研究产品成本与功能之间的最佳匹配关系。因此，凡是有功能要求和付出代价的领域和环节，都可以应用到价值工程学原理。

价值工程学的核心是价值分析，因为任何产品都具备相应的价值，而这些价值的具备是产品存在的基石。“价值工程的目的是以最低的总成本获得产品的必要功能和相应价值。”[38]在十几种功能和价值具有相当大的主观性和特定性的基础上进行功能分析时，必须考虑到，在评估一件产品时不同的人和同一个人在不同的时间和环境下，所用的尺度是不一样的。

显然，这是一个复杂的领域。相反，在成本方面则显得易于比较，因为产品成本潜力通常表现为以下几方面：

（1）一些新产品的设计，急于完成后早日投产，早日占领市场，容易忽视功能成本的最佳匹配。

（2）现代科学技术发展很快，新材料和新工艺层出不穷，不及时地反映到生产上就得不到充分利用，有的工程项目本来可以利用标准设计却另搞一套，使成本增加。

（3）有些设计是分系统进行的，从某部分来看可能是经济的，但是另一部分却是浪费的，全面考虑就不合算了。

（4）有些设计未考虑产品的寿命周期成本。

以上是从实物产品的范畴来考虑的价值含义。在设计决策阶段，影响价值的因素会更多一些。刘月云认为：“设计决策有两大要求，一是合理性，一是及时性。其中合理性包括目的性和合条件性，即可行性。”[39]这样，决策的价值便与它的合目的程度、资源条件的耗费程度、可行性和及时性密切相关，即：

决策的价值 =（目的性 × 可行性 × 及时性）/（寿命周期成本 + 机会成本）

在室内设计领域，价值经济的相关理念会指导设计者在进行设计时从时间、可行性、目的性、成本等方面综合考虑，也会在设计过程中考虑项目完成后的经济效益、社会效益等更为广泛的理论性问题，从而为设计者在设计方案选择和设计实施过程中提供理论支撑。

2.4 人体工程学知识

人体工程学是20世纪40年代后期发展起来的一门技术科学。这门学科最初研究的是人—机器—环境系统中交互作用着的各组成部分（效率、健康、安全、舒适等）在工作条件下、在家庭中、在休假的环境里如何达到最优化的问题。时至今日，社会发展向后工业社会、信息社会过渡，重视“以人为本”，为人服务，人体工程学强调从人自身出发，在以人为主体的前提下研究人的衣、食、住、行及一切生产、生活活动中综合分析的新思路。

“人体工程学联系到室内设计，其含义为：以人为主体，运用人体计测、生理、心理计测等手段和方法，研究人体结构、功能、心理、力学等方面与室内环境之间的合理协调关系，以适应人的身心活动要求，取得最佳的使用效能，其目标应是安全、健康、高效能和舒适。”[40]

由此可以得知，人体工程学与室内设计相关的研究主要集中在以下几个方面：

（1）生理学：研究人的感觉系统、血液循环系统、活动系统等基本知识。

（2）环境心理学：研究人和环境的交互作用、刺激和效应，信息的传递与反馈，环境行为特征和规律等知识。

（3）人体测量学：研究人体特征，人体结构尺寸和功能尺寸及其在设计中的应用等知识。

人体工程学不仅是一门独立的学科，而且与医学、生理学、心理学、管理学、环境学、力学等学科有着密切的联系，对于人体工程学的研究，设计人员可以根据人在室内环境中与各类设施的相互关系来确定设计的原则，选择相应的尺度，从而更好地营造适合人们需要的室内环境。与有关学科及人体工程学中人、室内环境和设施的相互关系如图2-3、图2-4所示。

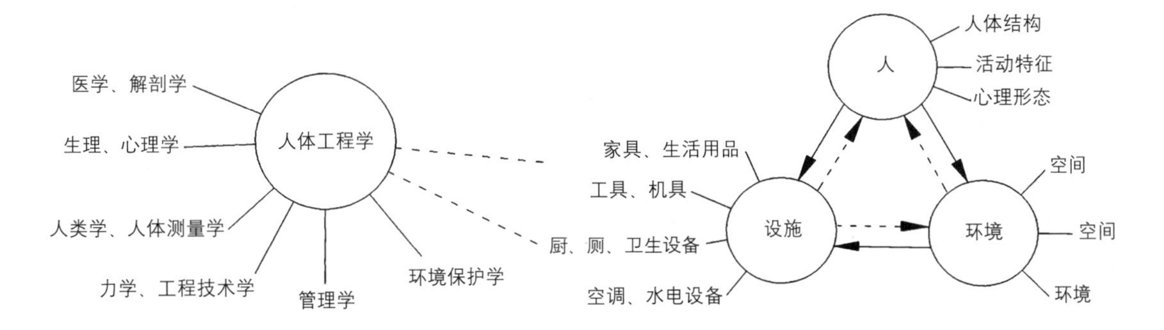

图2-3 人体工程学与相关学科的关系（左）
图2-4 人、环境、设施的相互关系（右）
（转引自来增祥．室内设计原理（上）．中国建筑工业出版社，1996：186）

2.4.1　人体生理学

与室内设计相关联的人体工程学首先要考虑的是人体生理方面基本的构造、尺度和动作等问题。

1. 人体构造

与人体工程学关系最为紧密的是运动系统中的骨骼、关节和肌肉，这三部分在神经系统的支配下，使人体各部分完成一系列的运动。骨骼由颅骨、躯干骨和四肢骨三部分组成，脊柱可完成多种运动，是人体的支柱，关节起骨间连接和活动的作用，肌肉中的骨骼肌在神经系统的指挥下收缩或舒张，使人体各部分协调动作。

2. 人体尺度

人体尺度是人体工程学研究的最基本的数据之一，是室内设计确定基本设计尺寸的依据，是室内设计的基础数据资料。

3. 人体动作域

人体运动系统的生理特点关系到人的姿势、人体的功能尺寸和人体活动的空间尺度，从而影响家具、设备、操作装置和支撑物的设计。“人们在室内各种工作和生活活动范围的大小，即动作域，是确定室内空间尺度的重要依据因素之一。”[41]室内设计中人体尺度具体数据的选用，应考虑在不同空间与围护的状态下，人们的动作与活动的安全以及对大多数人的适宜尺寸，并强调以安全为前提（图 2-5）。

图 2-5　人体动作域
（来增祥．室内设计原理（上）．中国建筑工业出版社，1996：189）

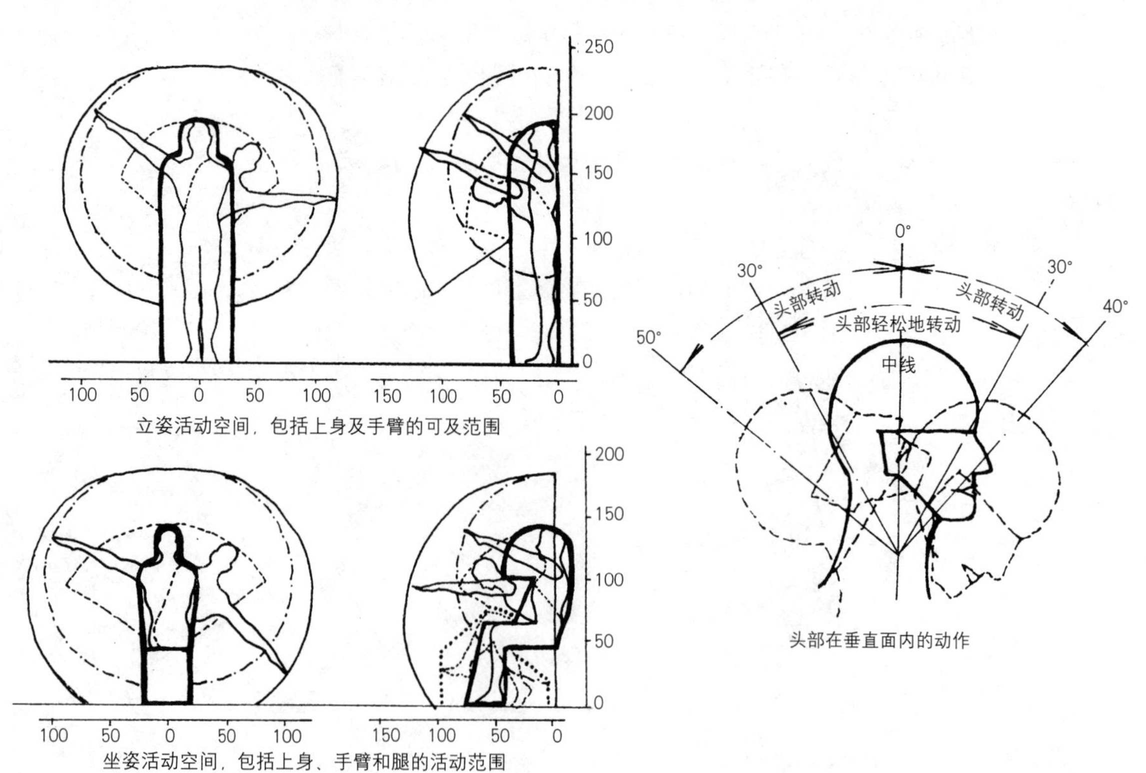

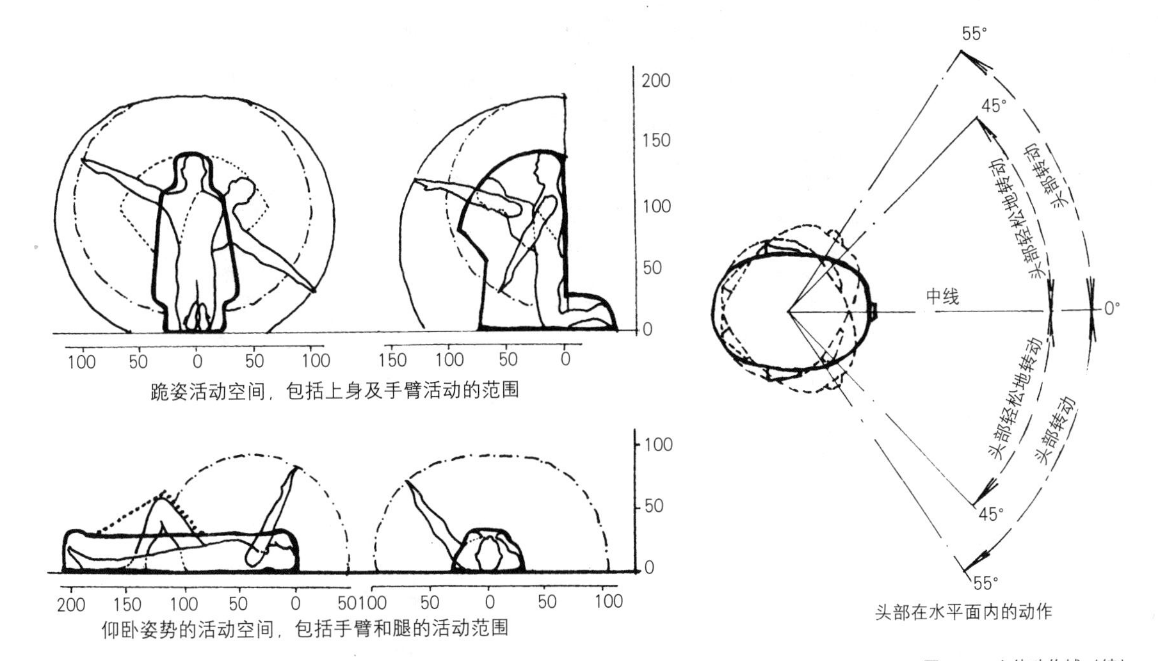

图 2-5 人体动作域（续）（来增祥．室内设计原理（上）．中国建筑工业出版社，1996：189）

2.4.2 环境心理学

环境心理学是“研究人与其周围物质的、精神的环境之间关系的学科，是从心理学研究中脱离出来而独立发展的一门学科”。[42]它主张利用科学手段，探讨解决存在于物质与精神之间的问题的方法，在复杂的环境系统中，从不同的水准、不同的方向，向更广阔的范围发展，从而形成跨学科的领域。如今的环境心理学所涉及的是人类生存的全面空间环境，它的任务是将大量的定性内容，通过各种现代化手段作定量化分析。环境心理学研究的主要过程就是通过对环境的认知分析，寻求最佳刺激，再根据心理需求，去调整、改善周围的环境。

环境心理学的主要研究任务首先是如何认知环境。因为对环境的认知随人的发展阶段不同或者环境创造方法的不同而迥异，还会与人的欲望有关，所以，在这种情况下，人的感觉属性是不可忽视的因素，这主要是以人的认知图形为前提，并加以各种心理因素的影响而形成的。其次是环境的空间属性，空间的利用与使用者的文化有关，同时还受着信息交流和感觉的影响，因此必须研究建筑环境中存在着什么样的空间环境问题以及在这些空间环境中人们的心理势态。再次，是如何感觉环境及对环境作出审美评价的问题。

环境心理学在室内设计中的应用非常广泛，主要有：

（1）室内环境设计应符合人们的行为模式和心理特征。例如现代大型商场的室内设计，顾客的购物行为已从单一的购物，发展为购物—游览—休闲—信息—服务等行为。购物者要求尽可能接近商品，亲手挑选比较，由此自选及开架布局的商场结合茶座、游乐、托儿等空间环境应运而生。

（2）认知环境和心理行为模式对组织室内空间有提示作用。从环境中接受初始刺激的是感觉器官，评价环境或作出相应行为反应判断的是大脑，因此“可以说对环境的认知是由感觉器官和大脑一起工作的”。[43]认知环境结合上述心理行为模式的种种表现，设计者比通常单纯从使用功能、人体尺度等起始的设计依据，多了组织空间、确定其尺度范围和形状、选择其光照和色调等更为深刻的提示。

（3）室内环境设计应考虑使用者的个性与环境的相互关系。环境心理学从整体上既肯定人们对外界环境的认知有相同或类似的反应，同时也十分重视作为使用者的人的个性对环境设计提出的要求，充分理解使用者的行为、个性，在塑造环境时予以充分尊重，但也可适当地动用环境对人的行为的“引导”，对个性的影响，甚至一定程度上的“制约”，在设计中辩证地掌握合理的分寸。

2.4.3　人体测量学

人体测量学是“通过测量人体各部位尺寸来确定个人之间和群体之间在人体尺寸上的差别的一门科学”。[44]人体测量学是一门新兴科学，同时又具有古老的渊源。早在公元前 1 世纪古罗马建筑师维特鲁威就已从建筑学的角度对人体尺度作了较全面的论述，他从人体各部位的关系中发现人体基本上以肚脐为中心。一个站立的男人，双手侧向平伸的长度恰好就是其高度，双足趾和双手指尖恰好在以肚脐为中心的圆周上。按照他对人体的描述，文艺复兴时期，Leonardo da vinci 创作了著名的人体比例图（图 2-6）。

人体测量的内容主要有四个方面：人体构造尺寸、人体功能尺寸、人体重量和人体的推拉力。这些测量出来的数据将在建筑设计和室内设计中以及人们的日常生活和工作中得到广泛的应用。人体测量的研究成果对提高建筑环境质量，合理确定建筑空间尺度，科学地从事家具和设备设计，节约材料和造价提供了科学的依据。具体地说，人体测量是工业产品设计、工业场所设计、室内空间设计的基础，这些设计正是室内设计的主要内容。

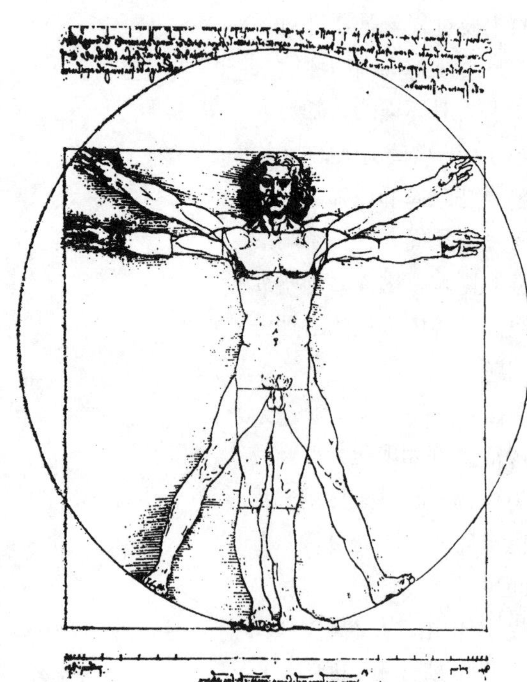

图 2-6　人体比例图
（刘盛璜．人体工程学与室内设计．中国建筑工业出版社，1999：22）

1. 工业产品设计

工业产品设计的内容极其广泛，小到一支笔、一块表、一副眼镜、一双鞋子等，要使这些产品符合人的使用要求，就要了解人的手型及其尺寸，头型及其尺寸，脚型及其尺寸等；中到一个电冰箱、一个橱柜、一组沙发或椅子、一张写字台等，要使产品更适用，就得了解人在开启电冰箱或拉开橱门时弯姿的舒适尺寸，坐着休息或写字时坐姿的舒适尺寸，就要了解人在日常卫生活动时的坐姿尺寸及范围；大到工厂里的一条生产流水线，要使机器正常运转，便于工人操作，就得了解人在操作机器时所允许的活动范围，从而确定机器控制台的位置和大小。

2. 工作场所设计

这种设计是同工业产品设计分不开的。如家庭的炊事活动，要使洗涤盆和煤气灶的高度适合人的操作，就要知道人在盥洗和烹饪时的姿势、活动范围和最佳的功能尺寸，进一步确定洗涤盆的大小、煤气灶的尺寸等，才能减少家庭主妇的疲劳。同样，要使人在写字时较省力，就要使台面和椅面的高度符合人的坐姿、活动范围和最佳的功能尺寸，进一步确定椅子和写字台的科学尺寸。

3. 室内空间设计

室内空间设计更离不开人的尺度要求。确定一扇门的高度和宽度，就要了解人在进入房间时的姿势和活动范围及其功能尺寸，才能最经济、最科学地确定门的大小。确定观众厅里走道的宽度，每排座椅的间距，就要了解人在通行时每股人流的最小宽度，了解坐着时人的臀部到膝盖的尺寸和座高，才能使观众舒适地坐着，既不影响他人的通行又不影响后排人的观看，使每排间距最经济，从而节约面积和空间高度。

从前面对人体工程学相关学科的分析，我们可以得出结论，人体工程学对室内设计有着非常重要的指导作用。综合起来主要体现在这几个方面：

(1) 它是确定人和人际在室内活动所需空间的主要依据。根据人体测量学中的有关计测数据，从人的尺度、动作域、心理空间以及人际交往的空间等方面来确定空间范围。

(2) 它是确定家具、设施的形体、尺度及其使用范围的主要依据。家具、设施为人所使用，它们的形体、尺度必须以人体尺度为主要依据，同时人们为了使用这些家具和设施，其周围必须留有活动和使用的最小余地，这些都要求人体工程学予以解决。

(3) 可提供适应人体的室内物理环境的最佳参数。室内物理环境主要有室内热环境、声环境、重力环境、辐射环境等，有了这些科学的参数后，在设计时就可能有正确的决策。

(4) 对视觉要素的计测可为室内视觉环境设计提供科学依据。人眼的视力、视野、光觉、色觉是视觉的要素，人体工程学测到的数据，可为室内光照设计、色彩设计、视觉最佳区域等问题提供科学依据。

(5) 对心理学的分析可为室内环境设计提供理论指导。人与环境存在相互影响的因素，环境心理学的研究可为室内设计在精神审美、心理倾向、综合效果等方面提供理论支持。

2.5 小 结

通过对系统论、设计方法论、经济学、人体工程学等方面的知识和研究成果的阐述和分析，我们明确了如今理论界在对这些学科的研究上所取得的成果以及这些研究对社会发展所作出的贡献和在室内设计中的应用，也明晰了它们为室内设计系统的确立所创造的理论基石。

注释：

① 贝塔朗菲 1937 年在芝加哥大学莫利斯主持的哲学讨论会上第一次提出一般系统论的概念（许国志 . 系统科学 . 上海科技教育出版社，2000 ：5.）
② 郑曙旸 . 室内设计思维与表达 [M]. 中国建筑工业出版社，2003 ：36.
③ 许国志 . 系统科学 [M]. 上海科技教育出版社，2000 ：6.
④ 张启人 . 通俗控制论 [M]. 中国建筑工业出版社，1992 ：54.
⑤ 郑曙旸 . 室内设计思维与表达 [M]. 中国建筑工业出版社，2003 ：23.
⑥ 陆谷孙 . 英汉大词典 . 上海译文出版社，1993.
⑦ 辞海编辑委员会 . 辞海 .1999 版普及本，上海辞书出版社，1999.
⑧ 李喜先等 . 技术系统论 [M]. 科学出版社，2005 ：13.
⑨ 李喜先等 . 技术系统论 [M]. 科学出版社，2005 ：13.
⑩ 苗东升认为 ：“就整个自然界及其发展史来看，自组织是基本的，他组织是在宇宙自创生后的发育进化中逐步出现的。当自然界沿着不断增加复杂性的方向进化到一定阶段，为对付不断增加的复杂性，需要分出不同层次，或分为中心部分与非中心部分，便产生了他组织。高层次对低层次，中心部分对非中心部分，必有某种他组织作用。”（苗东升 . 系统科学精要 [M]. 中国人民大学出版社，1998 ：167.）
⑪ 苗东升 . 系统科学精要 [M]. 中国人民大学出版社，1998 ：36.
⑫ F · 拉普 . 技术哲学导论 [M]. 刘武等译 . 辽宁科学技术出版社，1986 ：117 － 119.
⑬ 这一命题表明了整体突现性，在数学上则蕴涵着一种整体性的形式特性，即描述系统各元素按某种方式相互联系而产生强相互作用形成整体的数学方程是非线性的，其解不等于解的叠加。（李喜先等 . 技术系统论 [M]. 科学出版社，2005 ：21.）
⑭ 王连成 . 工程系统论——一门工程元学科 [J]. 系统工程与电子技术，19/1997 ：38.
⑮ 王连成 . 工程　工程系统　工程系统论与工程科学体系 [J]. 中国工程科学，6/2001 ：15.
⑯ 王连成 . 总体部的历史经验与工程系统论 [N]. 中国航天报，09/1998 ：30.
⑰ P · 切开兰德（Checkland，P）认为，可以从人造与自然、物理与抽象等方面对系统在层次性方面作出归类。（苗东升 . 系统科学精要 [M]. 中国人民大学出版社，1998 ：87.）
⑱ 王连成 . 工程　工程系统　工程系统论与工程科学体系 [J]. 中国工程科学，6/2001 ：17.
⑲ 王连成 . 工程　工程系统　工程系统论与工程科学体系 [J]. 中国工程科学，6/2001：1.
⑳ 郑曙旸 . 室内设计程序 [M]. 中国建筑工业出版社，1999 ：37.
㉑ 刘先觉 . 现代建筑理论 [M]. 中国建筑工业出版社，1999 ：502.
㉒ 伊东忠彦 . 美国第三代建筑师与方法论 [M]. 蔡柏锋译 . 台北尚林出版社，1978 ：20.
㉓ 按照亚历山大的理想，“模式”是某种原型的东西，具有不变的性质，它们包括了对某一设计问题的所有可能的解答方式的共同特征。（刘先觉 . 现代建筑理论 [M]. 中国建筑工业出版社，1999 ：508）

㉔ C.Alexander 等 .A pattern Language.Oxford University Press，1977：102.

㉕ C.Alexander 等 .A pattern Language.Oxford University Press，1977：76.

㉖ 所谓环境母式，就是一个有关基地的模型，它可以是三向度的图、任何材料做成的物质模型或计算机程序等。（刘先觉 . 现代建筑理论 [M]. 中国建筑工业出版社，1999：513.）

㉗ 刘先觉 . 现代建筑理论 [M]. 中国建筑工业出版社，1999：517.

㉘ 白林 . 设计方法论 [J]. 中国建筑装饰装修，9/2003：35.

㉙ 所谓的规范性知识，是指人在其活动领域中应该以它作为评价行为、选择行为的依据或价值准则。（刘月云 . 建筑经济 [M]. 中国建筑工业出版社，2004：61.）

㉚ 刘月云 . 建筑经济 [M]. 中国建筑工业出版社，2004：61.

㉛ 虞和锡 . 工程经济学 [M]. 中国计划出版社，1999：1.

㉜ 刘月云 . 建筑经济 [M]. 中国建筑工业出版社，2004：34.

㉝ 邓卫 . 建筑工程经济 [M]. 清华大学出版社，2000：56.

㉞ 刘月云 . 建筑经济 [M]. 中国建筑工业出版社，2004：39.

㉟ 刘月云 . 建筑经济 [M]. 中国建筑工业出版社，2004：45.

㊱ 经济学家认为，在选择中，一种结果的机会成本就是为了得到这个结果所必须放弃的其他可能性。（王小波 . 投入产出分析 [M]. 中国统计出版社，1998：53.）

㊲ 刘月云 . 建筑经济 [M]. 中国建筑工业出版社，2004：73.

㊳ 邓卫 . 建筑工程经济 [M]. 清华大学出版社，2000：87.

㊴ 刘月云 . 建筑经济 [M]. 中国建筑工业出版社，2004：76.

㊵ 来增祥 . 室内设计原理（上）[M]. 中国建筑工业出版社，1996：186.

㊶ 来增祥 . 室内设计原理（上）[M]. 中国建筑工业出版社，1996：189 .

㊷ 刘先觉 . 现代建筑理论 [M]. 中国建筑工业出版社，1999：169.

㊸ （日）相马一郎，佐古顺彦 . 环境心理学 [M]. 周畅译 . 中国建筑工业出版社，1979：42.

㊹ 刘盛璜 . 人体工程学与室内设计 [M]. 中国建筑工业出版社，1999：21.

第 3 章　室内设计系统的确立

要想对室内设计系统展开研究，就必须明确所要研究的内容，建立起室内设计系统，从实践出发确立对室内设计系统的认识，洞悉其中的关键因子和运行机制，从而确立一个以实践为依托的室内设计系统。

3.1　室内设计

3.1.1　室内设计的内涵

室内设计专业从成立至今已有五十余年的时间，但是国人甚至业界人士对室内设计的精确含义都没有准确把握，对其使用的名称与概念也是五花八门，有时甚至到了让人无法辨别地步。但总体来说，对其涵义的理解呈现出的是一个由含混到明晰，由肤浅到深刻的过程。在这里，首先要将一些有关室内专业的名词及其工作范围按国际通行标准作解释。

(1) 室内装修："在土建施工完成后的空间内，对顶棚、墙面、地面各界面和结构部件以至照明与通风设备、材料与构造等进行工程技术的综合处理，用以达到室内造型上取得浑然一体的效果。"①这是目前大多数室内设计工作的主要工作。

(2) 室内装饰："为了满足视觉艺术要求而进行的一种附加的艺术装修。"②如不同部件和界面的细部纹样装饰以及壁画、雕塑等的设置等。它除了注意审美价值外，亦需保持技术和材料的合理性，与空间构图和色调等协调。

(3) 室内陈设："家具、窗幔、各种摆设、日用器皿和观赏植物等的陈设布置，用以满足生活要求与美化环境需要。"③

(4) 室内装潢：室内装修、装饰、陈设的综合设计，它包含两方面的内容："一是新建工程的土建完成后，继续对该工程进行特别的艺术深化装修；二是已建工程改变用途，进行改装时的特别的艺术深化装修。"④

(5) 室内设计：综合考虑室内环境因素的一项包括生活环境质量、空间艺术效果与科学技术水平的综合性设计。张青萍教授曾指出："室内设计的工作是根据建筑设计的构思进行室内空间的组合、修改、创新，并运用设备、装修、装饰、陈设、照明、音响、绿化等手段，从人的角度出发，结合人体工程、行为科学、视觉艺术心理，从生态学的角度对室内的环境作综合性的功能布置及艺术处理，以取得具有完善的物质生活及精神生活的室内环境艺术效果。”[⑤]由此，我们可以知道，室内设计既包括视觉环境和工程技术方面的问题，也包括声、光、热等物理环境以及氛围、意境等心理环境和文化内涵等内容。

由于专业背景不同，人们对室内设计的涵义有着不同的理解。从建筑系统出来的人往往会以设计对象和范围来认识室内设计的涵义，以为室内设计就是针对于室内空间，包括顶棚、地面、墙面等方面的设计，格外强调它的空间和功能性。从艺术学院出来的人则多从美术学的角度来认识室内设计的涵义，认为室内设计就是调动色彩、线条、图案、形体等美术形式要素对室内空间进行装潢，特别重视其装饰性和艺术性。确实，这些认识都有其合理性的一面，但作为对室内设计涵义的准确把握，它们还是就事论事的、片面的。要全面、深刻地把握室内设计的涵义，我们在解读其定义时，必须站在更高的理论层面上，联系更广阔的背景，更系统地对待这个问题。

“从历史来看，室内设计作为一个独立的设计领域，是逐步演化而来的。有建筑就有室内，建筑的根本目的是营造室内空间。”[⑥]因此，室内实际上是随着建筑的兴起而产生的，两者具有不可分离的伴生性。基于此，在过去相当长的历史时期内，建筑设计和施工是不分内外的，不仅设计涵盖了室内外，而且施工也连带解决了建筑的内外问题。然而，随着生活水平的提高，人们对室内的使用功能和精神功能要求越来越高，使室内越来越具备了自身的独特性，传统的设计和施工已难包容所有的室内问题。在这种情况下，由于现代社会分工逐步细致，室内设计和施工就从建筑的设计和施工母体中分离出来而成为了相对独立的工作领域。因此，我们明白室内设计具自身独立性，它是一个功能性与艺术性统一的设计领域。英国艺术理论家荷边兹说：“每一件个别的物体，不论是出于自然还是艺术，其各部分是否适合于形成整个物体的目的，是首先必须考虑到的问题 。”[⑦]从功能性与艺术性的统一出发，建立整体的室内观点，就可以深入地理解室内设计的涵义以及在设计实践中和谐地处理相关问题。

尽管室内设计具有独立性，并且这种独立性随着生活的发展和分工的细致日益加强，但是室内设计毕竟是建筑设计的继续和延伸，它与建筑始终是密不可分的。有史以来，建筑的表里内外就是统一的，人们为了获得满意的室内空间，才不断兴建和发展建筑，也只有建筑的水平提高了，建筑的室内空间才得以完善。从历史上保留下来的优秀古典建筑中我们可以鲜明地看到这种趋同性或一致性。然而，由于室内设计的相对独立以及建筑设计、施工的由外而内，加之众多的室内设计过分强调设计的个性与出彩，逐步淡漠了人们的统一观念，造成了建筑内外风格的日益偏离，使室内设计走入了与外隔绝的误区，降低了室内设计应有的整体意识和艺术品位。美国著名华裔设计大师贝聿铭说：“我们希望有一个属于我们时代的建筑，另一方面，我们又希望有一个可以成为另一个时代的建筑物的好邻居的建筑物。”[⑧]建筑物之间尚且应当有统一和谐的风格，建筑物的内外更应当使风格统一起来。

室内设计不是单纯的装潢，它是一种极富有创造性的工作，它不仅需要丰富的艺术修养，而且要求设计师战胜各种羁绊，在理性思维的引导下充分发挥形式、逻辑、情感等创造性形象思维能力，创造出出神入化的艺术氛围。但是，在强调创意、强调艺术、强调思维的作用时，我们绝不能忘了社会现实给设计师所设定的限制性条件，绝不能忘了我们进行室内设计时所具有的现实情况，不能忽视在现有生产力水平下的施工能力和物质条件，不能忽视人们对生活环境提出的务实的需要。室内设计是一件创造性的活动，但它是一个有限制性的创造性活动，这种创造性活动与一般创造性活动是有区别的。张青萍教授对室内设计有这样一段形象的描述："用形象化的语言来说，可用'戴镣铐的舞蹈'来概括其特点。所谓'戴镣铐'是针对室内设计的受制约性而言的。由于室内本身实用和环境的原因，使得室内设计不能像其他艺术创意那样天马行空，而要受到来自实体和艺术方面的诸多限制。所谓'舞蹈'是针对室内设计的创造性而言的。"[⑨]我们的许多设计师经常抱怨自己的室内设计方案始终难以全面实现，有时甚至到最后自己都不认识。这个现象实际上也是由于设计师在进行设计创作时脱离了社会现实，所创作的设计作品经不起实践的检验，也就称不上是好的设计了，至少不是一个成熟的设计。

所以说，我们今天所讲的室内设计属于综合的、具有实践意义的设计范畴，它是综合了建筑设计与艺术设计的设计，是一个融时间艺术与空间艺术的表现形式为一体的四维空间艺术，是一个在现实条件下为人们创造生活的工作。

3.1.2　室内设计的内容

室内设计是一个复杂的创作过程，它涉及众多的内容，需要设计师精心考虑，并着手解决。归纳起来，室内设计主要进行以下几方面的工作：

1. 空间二次设计

空间二次设计是"对建筑设计完成的一次空间根据具体的使用功能和视觉美感要求而进行的空间三度向量的设计，包括空间的比例尺度、空间与空间的衔接与过渡、对比与统一等问题，以使空间形态和空间布局更加合理。"[⑩]这是室内设计首先要考虑的问题，它要解决空间与功能之间的关系问题，根据使用功能要求调整空间布局和空间形态，根据精神功能要求调整空间形态；要解决空间与实体之间的关系问题，确定以什么样的方式去划分空间和联系空间；要解决空间的利用与开发问题，考虑如何充分利用舒适区的空间领域，将其作为人的学习、工作、生活、娱乐的最佳区域，而对于非舒适区域或不可使用的空间，则考虑用来作储藏或其他之用。

2. 界面形态设计

一个空间的构成并不表示空间的完善，还必须通过对墙、地、顶几个界面的处理，才能使室内空间的效果达到一定的品格。因此，对界面的形态设计是室内设计的又一内容。它要考虑界面的结构形态，决定是用一些附加的装饰材料来表达界面的形态还是利用界面的结构体现其结构美；考虑界面的材质效果，从外部环境条件、使用功能和视觉美感等方面出发来确定选用何种材料；考虑界面的层次变化，通过层次的变化来强调室内空间的领域感、方向感；考虑界面的图案装饰效果和光影效果，从而突出室内空间的装饰性；考虑界面的几何形体造型和界面的过渡，通过适当的处理使室内空间界面融为一体。

3. 家具与陈设配置设计

家具与陈设配置是室内设计的构成要素之一，任何一个室内空间，只要是为人所用的就不会空无一物，都要配置相应的若干家具以满足人的使用要求。家具和陈设又因其造型、色彩、质感等而具美学价值，对满足人的精神需求也有着举足轻重的作用。要考虑家具选用的种类和数量，确定家具适度的体量、款式以适应现代的生活方式，考虑家具的布置方式，使家具布置融入室内环境气氛；要考虑选择适当的陈设品，控制陈设品的数量并对其进行合理的配置；处理好家具与陈设之间的关系、与界面之间的关系以及与室内空间之间的关系。

4. 室内环境艺术设计

在满足人使用舒适的前提下，追求艺术感觉也是室内设计的一个重要内容，它涉及空间、界面、家具、陈设、色彩、材料等所有室内构成要素如何在视觉美学的原则下，经整合设计后达到形、色、光、质的最佳匹配效果，从而创造出具有表现力和感染力的室内个性，创造出具有文化内涵的环境气氛。

5. 室内物理环境设计

为提高人在室内环境中的生活质量，设计师只关注硬质环境是不够的，高质量的室内环境品质在很大程度上取决于若干室内物理环境因素。在空调、暖通、电气、给水排水等先进的技术设备可应用到室内空间中来解决室内温度、湿度、通风、采光、照明、声音等物理环境问题的条件下，室内设计要考虑的是如何使设备既能正常发挥功能效应、保证安全运行，又能从美学意义上达到与室内其他构成要素的和谐统一。在统一设计的前提下，考虑保证室内热舒适度的措施，考虑创造适宜的室内光环境条件，考虑减少噪声干扰的室内声环境处理，考虑室内空气质量满足卫生要求等方面的问题。

综合起来，可以这样理解，在室内设计中，空间是核，界面是皮，物品是衣，艺术效果是追求，物理环境是保障，这几者之间相辅相成、相得益彰，是室内设计的主要工作和内容。

3.1.3 室内设计的目标和责任

1. 室内设计的目标

“任何设计都不应该是简单的、重复的图形制作运动，它必须建立在新思维的基础之上，其最大目标在于改善人类的生活。”[11]室内设计也不例外。在室内设计中，考虑问题的出发点和最终目的都是为人服务，满足人们生活、生产活动的需要，为人们创造理想的室内空间环境，使人们感到生活在其中，受到关怀和尊重。

室内设计的目标是运用现有技术材料给人们创造一个舒适、实用、安全、健康和具有审美价值的室内生活环境。设计室内空间是善意地、有目标地努力对人与物、物与物、人与人之间的关系重新统筹定位，在常规生活模式中寻找扩展新空间形式的过程。

室内设计的目标同人的行为是互制互动的，符合情感对应的，设计语言丰富的，它不在于多么奢华或多么简洁，也不在于通过什么方式来实现，设计的空间能使人有种依赖，有种寄托，为人创建的生活环境就有了新的存在层面和内涵。

室内设计的目标中，“人”是室内设计的主角，一切物化形式都是它的陪衬与依托。在这里，安全是路径、合理是追求、便捷是保障、秩序是拓展、个性是区别、环境是依托、品质是目标，而人是主角。

2. 室内设计的责任

室内设计所牵涉的对象主要有三个：使用者、投资者、环境及社会。设计可以说是此三者之间的沟通者，而室内设计师对每一个对象均有其必须担负的责任。当然，有的时候使用者与投资者是一体的，如住宅、办公类等建筑，但大部分情况下使用者与投资者是两个主体，如商场、餐厅等商业类建筑。

（1）对使用者的责任

使用者是设计的主要对象之一，设计必须能满足其需求，不只是基本的生理功能需求，还包含了心理、精神方面的需求等。

（2）对投资者的责任

投资者是设计必须负责任的另一个对象，投资者的主要目的是要在有限的投资内创造尽可能多的利润，因此室内设计师必须考虑所有可行的方法以满足其需求。

（3）对环境及社会的责任

除了对消费使用者及投资者的责任外，设计所创造出来的建筑与室内，影响了整个的环境及社会。为了让人类能长久地生存在良好的环境中，设计也必须考虑其创造的室内空间对环境及社会所造成的影响。

3.2　系统设计

自 1948 年美籍奥地利裔生物学家 L · V · 贝塔朗菲创建系统论以来，作为 20 世纪中叶的重大科学成果之一，系统论在半个世纪的时间内对整个社会的各方面发展起到了巨大的推动作用。1979 年 11 月 10 日，我国著名科学家钱学森在《光明日报》上发表了《大力发展系统工程，尽早建立起系统科学的体系》，推动了系统科学在中国的研究与应用热潮。社会上对系统普遍有了一定的较为明确的认识。在此基础上，系统在系统工程领域进行了长期的、卓有成效的研究与运用，推动了系统论在中国的开展，也带动了系统设计的研究工作。

对于系统设计，理论界有着不同的理解和观点。其中占主导地位的观点认为“系统设计是指把产品的开发设计、生产制造、市场销售三个方面作为一个统一的整体考虑，并运用系统工程的方法进行系统分析和系统综合，从而使产品的设计工作更有效、更合理地推进和发展。”[12]这就是一般意义上讲的系统设计。

第二种观点认为："系统设计是产品设计的方法之一。强调设计中各种要素在整个设计中的地位与作用，以及在整个设计环节所关联的要素。一般分为三个阶段：规划调查、确定方案阶段；开发立案、设计构思开展阶段和详细决定、实施、投产和投放市场阶段。”[13]具体地讲，细分为：

（1）前期准备；

（2）确定概念:市场调查和分析，产品构思及开发定位，产品概念和企划，设计概念，产品企划定案；

（3）造型设计：造型研究，色彩研究，造型设计与人体工学；

（4）设计定案：评价过程，评价模型；

（5）商品化；

（6）设计与生产转化：模型制作；

（7）实现产品造型的生产技术；

（8）进入市场。

第三种观点是由日本质量管理专家田口玄一博士基于“全面质量管理”角度提出的质量设计技术——三次设计。所谓三次设计，是指“产品设计过程中的三个阶段，即系统设计阶段、参数设计阶段和容量设计阶段。这里的系统设计阶段也称为一次设计，它主要是应用专业知识和技术进行产品的功能和结构设计。它强调充分利用产品或系统中存在的非线性效用，以取得高质量、低成本的综合效果。”[14]

第四种观点认为："系统设计就是把系统工程的基本原理应用于工程设计，通过系统分析、系统综合等一系列步骤，去寻求合理技术系统的方案。”[15]基本步骤包括：

（1）明确系统的整体功能目标和约定条件；

（2）零部件功能结构的合成；

（3）找出每个功能因素的局部；

（4）将相融的局部组成整体方案；

（5）评价并选出最佳方案；

（6）方案定型。

虽然系统论在设计领域运用后，系统设计有了多种观点的解释，但主要集中为以上四种观点。其中第一种、第三种和第四种观点强调系统设计是一项系统工程设计，是站在系统工程角度谈设计，所以在这里系统设计还是一种试验方法，而第二种观点讲的是设计程序，只是系统设计的一个方面，根本不能成为完整意义上的系统设计。

我们要讨论的系统设计是建立在一个充分的外界条件下的，含有多个因素的，有着规律性的运行轨迹的系统，是一个既强调技术性，又强调艺术性和经济性，具备工业设计特色的系统。它不仅包括设计各因子之间的相互关系，而且涉及设计的程序和方法。

3.3　室内设计系统

室内设计不是一件一蹴而就的事情，往往要经历长时间的构思、出图、修改、施工、后期等一系列的步骤，其间任何一个环节处理得不好都难以称得上是一个好的设计，而且在设计的每一个阶段都会出现一系列的问题，对于这些环节的处理是确保室内设计顺利完成的先决条件。为了更加清晰、系统地研究室内设计中所存在的问题，以系统工程的观点来建立室内设计系统是一个可取的选择方略。

对于室内设计系统,郑曙旸先生作过一定程度的研究并取得了一定的成果。在郑先生所著的《室内设计程序》一书中，他对室内设计系统的内容展开了系统的阐述，并从设计系统的内容分类、空间构造与环境系统、空间形象与尺度系统三个方面对室内设计系统的内容要素展开了细致的分析；在他所著的《室内设计思维与方法》一书中，郑先生对室内设计系统的特征作了专门的论述，从时空系统、设计系统的要素和行为心理的要素三个方面展开了详细的探讨和分析，形成了郑先生所说的室内设计系统。

客观地说，郑先生对室内设计系统的研究可谓开了业内人士对室内设计系统进行研究的先河，而且他所提出的室内设计系统的内容和特征都具有相当独到的见解，为我们进一步开展相关领域的研究提供了理论基础和方向指引。但是，郑先生所论述的室内设计系统关注的仅是室内设计的方案设计阶段所涉及的一些问题，如空间、界面、装饰等问题，主要是室内设计内容的部分，更多的是室内设计的艺术性和设计方法的问题，而对于室内设计在方案设计完成后需要实施和设计优化等方面的问题，以及室内设计在实施中可能会出现问题的环节和涉及的相关知识均未作深入的探讨，对室内设计过程中所涉及的重要的技术问题、经济问题等也基本没有展开讨论。

通过前面对室内设计的内涵、内容、目标和责任的阐述和探讨，对系统设计的相关观点的分析，和对目前对室内设计系统的理解的分析，我们可以对室内设计系统下一个定义：室内设计系统是指应用系统的观点和方法，将室内设计的内容、要素，相关的领域和环节，以及室内设计的程序予以统筹而形成的一个框架体系。从与其相关部分的关系和进行的程序来分析，可理解为有横向设计系统和纵向设计系统两个方面。横向系统设计表现为在设计过程中所涉及的如生理学、心理学、行为科学、人体工程学、材料学、声学、光学、经济学等诸多因素；纵向系统设计表现为对设计实现过程中所有历程的考虑。概括而言，横向系统设计强调相关与联系；纵向系统设计强调过程与变化。

3.3.1 横向设计系统

横向设计系统强调设计因子的关联性。张青萍教授在她的博士论文中指出："室内设计是一门多种因素综合交叉的学科，它不仅是艺术与技术的结合，而且还涉及生理学、心理学、行为科学、人体工程学、材料学、声学、光学等诸多学科。"[16]恰是由于这一点，才使得室内设计包含诸多相互制约的因素，仅从视觉要素方面它就包含了空间形式、界面、光、色、材质、家具及各种陈设、绿化等，此外，还有建筑物理、音响系统、标识系统等方面的因素要予以考虑。一般而言，对于室内设计系统，其横向系统要考虑的系统因子，以单个设计项目来说，主要牵涉环境系统、建筑系统、结构系统、照明系统、HVAC 系统、给水排水系统、消防系统、交通系统、标识系统和陈设艺术系统等（表 3-1）。

室内设计横向设计系统主要系统因子　　表 3–1

专业系统	有关要素
环境系统	①外部环境的整体氛围 ②外部环境的气候特征 ③室内外的连通性
建筑系统	①建筑功能对室内空间的功能要求 ②空间形体的修正和完善 ③空间气氛和意境的创造
结构系统	①室内墙面及顶棚中外露结构部件的利用 ②吊顶标高与结构标高的关系 ③室内悬挂物与结构构件固定的方式 ④地面开洞处承重结构的可能性分析
照明系统	①室内顶面设计与灯具布置、照度要求的关系 ②室内墙面设计与灯具布置、照明方式的关系 ③室内墙面设计与配电箱的布置 ④室内地面设计与脚灯的布置
通风空调系统	①室内顶面设计与空调送风口的布置 ②室内墙面设计与空调回风口的布置 ③室内陈设与各类独立设置的空调设备的关系 ④出入口装修设计与冷风幕设备布置的关系
供暖系统	①室内墙面设计与供暖设备的布置 ②室内顶面布置与供热风系统的布置 ③出入口装修设计与热风幕设备布置的关系
给水排水系统	①卫生间设计与各类卫生洁具的布置与选型 ②室内喷水池、瀑布设计与循环水系统的设置
消防系统	①室内顶面设计与烟感报警器的布置 ②室内顶面设计与喷淋头、水幕的布置 ③室内墙面设计与消火栓箱布置的关系 ④起装饰部件作用的轻便灭火器的选用与布置
交通系统	①室内墙面设计与电梯门洞的装修处理 ②室内地面及墙面设计与自动步道的装修处理 ③室内墙面设计与自动扶梯的装修处理 ④室内坡道等无障碍设施的装修处理
广播电视系统	①室内顶面设计与扬声器的位置 ②室内闭路电视和各种信息播放系统的布置方式的确定

续表

专业系统	有关要素
标志广告系统	①室内空间中标志或标志灯箱的造型与布置 ②室内空间中广告或广告灯箱、广告物件的造型与布置
陈设艺术系统	①家具、地毯的配置和造型、风格、样式的确定 ②室内绿化的配置方式和品种确定 ③室内特殊音响效果、气味效果等的设置方式 ④室内环境艺术作品的选用和布置 ⑤其他室内物件的配置
……	……

注：本表主要参考郑曙旸 . 室内设计程序 . 中国建筑工业出版社，1999：78.

在设计过程中，要对这个横向系统中的各个因子予以统筹考虑，关注其间的相互冲突和影响，在以室内设计效果为首要目标的前提下，综合考虑多方面的问题，注重各子系统相互间的合作与配合。

3.3.2　纵向设计系统

纵向设计系统强调设计系统的过程性。室内设计的目的很明确，即在各种条件的限制下，通过协调各横向系统间的关系来创造适合于人工作和生活的艺术性空间，以使其设计结果能够影响和改变人的生活状态。这种目的的达到，最根本的条件是设计的概念来源，即原始的创作动力是什么，它是否适应甲方的要求并且能够解决问题以及这个概念的实现。整个设计的实现过程是一个循序渐进和自然而然的孵化过程，也就是我们所说的纵向设计系统。简单地说，这个系统的组成主要有这么几个关键环节，见图 3-1。

1. 项目立项

一个设计系统的开展，首先要具备的条件是要有项目存在。一个项目的存在与否，关键在于甲方和乙方的相关关系。通俗地说，设计师所接到的室内设计项目必定是在甲方对其信任的基础上委托或进行招投标的结果，设计方往往会根据业主的委托书和任务书开始考虑方案。在大体确立合作关系，接到任务的基础上，设计单位所要做的首先就是进行项目立项，研究设计任务书，明确所要设计的项目的相关内容、条件、标准和时间要求等重要问题。这个环节是任何一个室内设计系统成立的基础。

2. 信息处理

设计的根本首先是资料的占有率，信息收集与处理的程度。完善的调查，横向的比较，大量的资料搜索、归纳整理，寻找欠缺，发现问题，进而加以分

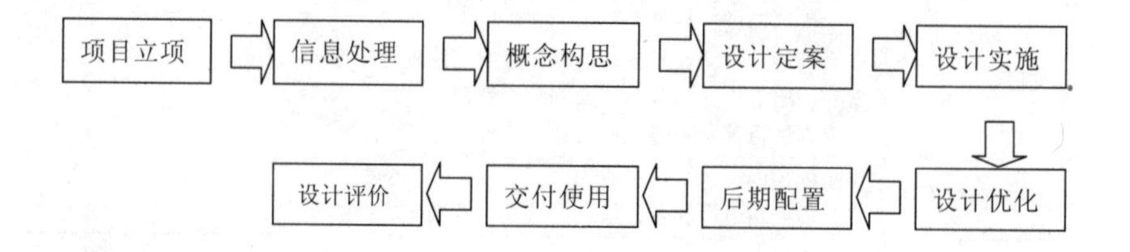

图 3-1　室内设计纵向设计系统构成图

析和补充，这样的反复过程是使设计在模糊和无从下手当中渐渐清晰起来的良方。任何一个室内设计师都不可能对所有的室内空间类型中出现的问题了如指掌，在一个项目开始时，必要的信息资料的掌握是需要的。只有将这些问题搞清楚，设计才有一个明确的方向与标准。

3. 概念构思

在占有了各种不同的设计信息资源之后，开始进行项目的概念设计，应该说是水到渠成。面对一个具体的设计项目，头脑中总要先有一个基本的构思，经过酝酿，产生方案发展的总的方向，这就是正式动笔前的概念设计。确立什么样的概念，对整体设计的成败有着极大的影响。如果一开始就没有正确的设计概念指导，意图不明，在后来的设计上出现问题的话就很难补救。

4. 设计定案

方案的确定应该建立在明确的概念基础上，在项目实施的程序中确定方案会出现不同的模式。理想的模式是已与甲方签订正式设计合同，可以就设计的概念与甲方进行深入的探讨，确定方案顶多是一个图面作业的反复过程。但在现阶段，由于市场经济的竞争机制，由甲方直接委托设计的可能性越来越小，而招标竞标成为了确定设计方案的主要模式，在这里，探讨方案的可能性不大，只能寄希望于中标后根据具体情况作一些调整。

从社会的角度来讲确定方案的过程，绝不只是一个纯学术的技术与美学讨论，社会环境的政治、经济、人际关系，人工环境的构造、设备、功能关系，都将对确定方案的决策过程产生重大影响。所以说，一个具体的项目工程，其方案确定必是各种因素高度统一的结果。抛开别的因素不谈，仅指审美因素，也是以当时当地社会公众的一般审美情趣为主要依据的。

5. 设计实施

施工图绘制完成，标志着室内设计项目图纸阶段主体任务的结束。接下来的工作主要是设计的具体项目的施工问题，对于设计者而言，与业主、工程施工方的具体协调与指导管理，材料选择与施工监理是设计实施阶段的主要工作。

设计实施是室内设计系统中非常重要的一个环节，这个阶段工作的好坏会直接影响设计的成果。这个环节也是笔者要特意强调的环节，因为好多设计能否称得上是成功的设计都有赖于设计方案在这一阶段的实现程度。只有经过这一阶段的实践的检验，能处理好装饰与水、电、风、音响的终端和设备管线的协调，能处理好各相关单位的矛盾与冲突，能在最低的成本内创造出最好的效果，能够促使项目施工以最快的速度完成，一个设计才可称之为好的设计。这个室内设计系统才有可能达到比较理想的状态。

6. 设计优化

任何一个设计项目，无论前面的工作做得有多具体、多完善，所出的图纸多完整，所表达的设计多细致，到具体的施工过程中都会出现或多或少的问题。对于这些问题，作为一名有责任心的设计师，必须予以足够的重视并积极采取相应的措施，提出合理的修改。还有就是，随着工程的不断进行，设计师的更好、更新的想法可能会不断涌现，出于要创造更为理想的室内环境的目的，在不会太多地超出预算的前提下作适当的设计变更是可以理解的，也是应该的。这个工作和过程可理解为室内设计的优化。设计优化作为原设计的修正、补充和延续，是一个系统的室内设计的必然环节。

7. 后期配置

“房子就是房子本身，没有那么多的道理。”[17]说到底，室内设计，实际上，关键不在于界面的装饰，而是在于房子本身的空间，在于对房子的后期处理，在于后期的陈设配置。中国古代几乎所有的建筑形制都是相似的，它们的空间性质、建筑功能、环境氛围的差异在于布置于其内的内含物，在于家具、灯具、装饰、陈设、绿化甚至人的不同。当所有的室内空间、界面装饰工作完成之后，后期的家具、灯具、装饰、陈设、绿化的工作就走上了活动的舞台。这是室内设计中非常重要的一环，它不仅会影响室内空间的功能和性质，而且会因所选的产品影响室内空间的整体氛围。如果这个环节控制得不好，前面的许多工作都会受到影响，室内设计系统的收尾工作就没法做好。

8. 交付使用

一个完整的室内设计项目的设计系统应包括在所有设计实施完成后，交到业主手中付诸使用并在使用过程中针对使用者对原设计提出的意见和要求采取相应的措施。

9. 设计评价

设计师在项目完成后继续进行跟踪检查以核实设计方案取得的实际效果是以后进行更好的设计的前提。这种对用户满意度和用户－环境适合度的测定，给了设计师根据需要作出调整或修改的机会，由此可对项目作出改进并为未来的项目设计增进和积累专业知识。

当横向系统与纵向系统结合在一起时就形成了室内设计系统。由于两者之间有着犬牙交错的关系，笔者所采取的是在理清思路的情况下，以纵向系统为脉络，让横向系统贯穿其中的方法，来展开讨论。

3.4　室内设计系统的特征

作为一个庞大而历时性长的系统，室内设计系统内部各要素和运行的各环节有着相互影响和相互制约的关系，它们之间的相互作用使得室内设计系统有一定的特征。对于室内设计系统而言，它主要有这样一些特性：

1. 整体性

室内设计系统的整体性是指室内设计系统中各元素有机地联系和综合在一起。“一方面，系统是由各要素组成，没有要素的系统只是一种空系统，从而也就不是现实存在的系统；另一方面，要素是系统的要素，不存在完全脱离系统的要素。”[18]

系统的整体性特征是：系统的整体具有系统中的部分所不具有的性质，系统整体不同于系统的部分的简单相加，系统整体的性质不可能完全归结为系统要素的性质。系统是由要素组成的，整体是由部分组成的，要素一旦组合成系统，部分一旦组合成整体，就会反过来制约要素，制约部分。室内设计系统总是在系统和要素、整体和部分的对立统一之中来把握系统的整体性质，例如：设计一个办公大楼的员工食堂，在设计定位时，这个餐饮空间是整个办公空间系统的一个元素，必须体现办公系统的特性；而如果把它孤立考虑，设计成酒店餐厅的形式，那么此空间就失去了它本质的属性，丧失了其整体性。

2．目的性

室内设计系统的目的性是："系统在内部各要素以及与外部环境的相互作用过程中，具有趋向于某种预先确定状态的特性。"[19]目的性是事物间相互联系和相互作用的运动结果，它是以其他事物为参照，将两者的运动差异性缩小为零的一种运动状态。系统目的性指的是组织系统在与环境的相互作用中，在一定的范围内其发展变化不受或少受条件变化的影响，坚持表现出某种预先确定的状态的特性。系统的目的性是系统发展变化的阶段性与系统发展变化的规律性的统一。

要控制系统朝某一方向或某一指标发展，目的或目标应该十分明确。在自然界，地球的自转和公转是漫无目的的；地球的地壳变迁、冷热变化，也是漫无目的的。但可控制的室内设计系统的一切都是有目的的，系统的形成、环境的建设、产业的发展，都是有目的的，正是这种目的性决定着室内设计系统及其子系统的基本作用和功能。室内设计系统目的的具体化就是目标，目标可以分解，并且有高、低界限之分，但室内设计系统的目的本身始终保持不变。

3．开放性

系统的开放性指的是"系统具有不断地与外界环境进行物质、能量、信息交换的性质和功能"。[20]系统向环境开放是系统得以不断发展的前提，也是系统得以稳定存在的条件。我们所面对的世界是一个开放的世界，形形色色的各种系统，无论它是物理的、化学的，还是生物的，乃至是社会的，都处在开放之中。

室内设计系统也是如此，室内设计与外部环境也有双向的物质、能量、信息交换，有相应的输入和输出及量的增减，室内设计就建立在这种开放性基础上。首先，室内设计与人和社会的多种不同关系影响室内设计形态的构成。形态是由材料、结构、外观组成的整体，室内设计与经营管理者、使用者、维修者的各种关系，涉及设计、使用、维修、安全等性能要求，它们都会成为设计时确定室内设计造型的因素。其次，室内设计与其他艺术设计共处同一空间区域，在设计中要考虑到艺术与设计在性能、形体、色彩、声音等方面的关系以及它们给人造成的情绪状态。再次，设计与自然的关系，一方面使设计注意了气候、地理等条件，另一方面，开拓了仿生学设计。最后，室内设计又与时代、民族、地区特点相关，法律、伦理、管理、风俗、习惯、礼仪、价值观、生活准则、审美思潮等因素，对艺术设计造型都有影响。正是因开放性的特征，使室内设计系统能了解这些因素，并积极吸收这些外界因子提供的信息和能量，使室内设计系统能在一定的条件下得以自我完善和更新。

4. 环境适应性

我们这里所说的环境包括自然环境和人工环境。自然环境的元素包含了地貌、水文和气候，虽然室内的发展对以上诸元素具有选择性，但不是排他的。首先，气候、温差、温度变化稳定对木质装饰比较有利，却不是所有的木质装饰都分布在这样的地区。其次是空间，不同形的室内空间，对室内相关的尺度有不同的要求。室内作为一个系统，必须能适应外界环境的变化。任何系统都处在一定的物质环境中，且与外界环境发生物质、能量和信息的交换，因而外界环境的变化必然要引起系统内部各单元之间的变化。只有掌握了环境变化的因素和规律，才能使室内设计系统经常与外部环境保持最佳的适应状态。不能适应环境的系统是不具有生命力的。室内设计系统不仅要适应环境的变化，而且还要对环境起积极的推动作用,以使外部环境与室内设计系统本身取得协调，进而使环境改变。

5. 因果性

系统的功能在时间上有先后之分，即时间上有序，不能本末倒置。室内设计系统诸方向都具有因果性。生活需求改变在前，室内环境丰富在后；人们生活状况改变在前，室内新空间产生在后……这些都是室内设计系统中明显的因果关系。

6. 相关性

室内设计系统内部各单元之间总存在着相互依存、相互作用和相互制约的内在联系。某一部件的变化会影响其他部件的变化。如果说集合性确定系统的单元组成，相关性则说明这些单元之间的关系。如果只有组成关系，而单元间没有相互关系，还不能构成系统。

7. 动态性

“动态是指系统总是处在不断地变化之中，而不是静止的。”[21]室内的功能系统会发生变化，这种变化有材料使用寿命增减的自然变化，也有功能置换的机械变化。所以，进行室内空间描述时，总是强调有某一特色的室内空间，是居住空间、商业空间，或是娱乐空间、办公空间。此外，室内设计系统的其他子系统和元素也在不停地发生变化，室内空间成形后的格调、造型、功能配置、饰面色彩在任何时间都不是静止的。

3.5 小　　结

本章主要通过对室内设计概念的分析和论述，对室内设计内容、目标、责任的阐述和探讨，对系统设计的概念和范畴的介绍，联系前一章节所讨论的室内设计系统的理论基础，从室内设计的内容和室内设计的程序等方面出发，建立起一个综合的室内设计系统，并从横向设计系统和纵向设计系统两方面对室内设计系统予以简略研究和讨论，对室内设计系统的特征进行简单阐述。

注释：

① 来增祥 . 室内设计原理（上）[M]. 中国建筑工业出版社，1996：2.
② 朱钟炎等 . 室内环境设计原理 [M]. 同济大学出版社，2003：2.
③ 张青萍 . 解读 20 世纪中国室内设计的发展 [D]. 南京林业大学博士论文，2004：2.
④ 朱钟炎等 . 室内环境设计原理 [M]. 同济大学出版社，2003：2.
⑤ 张青萍 . 解读 20 世纪中国室内设计的发展 [D]. 南京林业大学博士论文，2004：2.
⑥ 王大勇 . 室内设计的涵义与意义新探 [N]. 内蒙古民族师范学院学报，5/2004：91.
⑦ （英）荷边兹 . 西方美学家论美和美感 [M]. 商务印书馆，1980：154.
⑧ 金长铭 . 阅读贝聿铭 [M]. 田园城市出版社，1992：112.
⑨ 张青萍 . 解读 20 世纪中国室内设计的发展 [D]. 南京林业大学博士论文，2004：24.
⑩ 黎志涛 . 室内设计方法入门 [M]. 中国建筑工业出版社，2004：14.
⑪ 张青萍 . 解读 20 世纪中国室内设计的发展 [D]. 南京林业大学博士论文，2004：150.
⑫ 张卓明，康荣平 . 系统方法 [M]. 辽宁人民出版社，1987：15.
⑬ 张卓明，康荣平 . 系统方法 [M]. 辽宁人民出版社，1987：23.
⑭ 田口玄一 . 设计方法论 [M]. 戚昌滋译 . 中国建筑工业出版社，1995：13.
⑮ 马立成 . 控制方法论 [M]. 辽宁人民出版社，1987：24.
⑯ 张青萍 . 解读 20 世纪中国室内设计的发展 [D]. 南京林业大学博士论文，2004：8.
⑰ 吴家骅 .2004 年南京室内设计论坛 [J]. 室内设计与装修，11/2004：98.
⑱ 许国志等 . 系统科学 [M]. 上海科技教育出版社，2000：21.
⑲ 许国志等 . 系统科学 [M]. 上海科技教育出版社，2000：25.
⑳ 许国志等 . 系统科学 [M]. 上海科技教育出版社，2000：25.
㉑ 李喜先等 . 技术系统论 [M]. 科学出版社，2005：21.

下篇　系统运行

第 4 章　室内设计系统的外部条件

芸芸众生，世间万物，无一不是在长期的自然和社会发展过程中登上历史舞台的，无一不是一个庞大的体系中的一个较小的体系，无一不是一个更小的子系统的母系统，他们的存在都是应事物发展过程中所提出的需要而出现的，都有着其存在的外部条件和内在机制。室内设计也不例外，室内设计系统的提出也是现有室内设计的发展的结果，是在几十年的室内设计实践所经历的失败和取得的成功的基础上所进行的总结和提炼。室内设计系统的存在和运行离不开创造它的社会环境，离不开一切相关的构成因子，离不开社会的发展、经济的繁荣、技术的进步、人才的涌现。我们在提出室内设计系统的时候不能忽视这些因素，唯有对室内设计系统的这些外在条件认识清楚，并予以充分利用，才能构筑出一个健康的、完整的室内设计系统，才能保障室内设计系统顺畅地运行。

4.1　室内设计系统的社会因素

室内设计是一项创造性的活动，它的产生与发展离不开社会的需求，离不开人们的需要的提出。所以，我们可以这样说，室内设计的存在和发展有不容忽视的社会因素。

4.1.1　从历史发展来看

从历史发展来看，室内设计作为一个独立的设计领域是逐步演化而来的。自古以来，有建筑就有室内，室内实际上是随着建筑的兴起而产生的，两者具有不可分离的伴生性。基于此，在过去相当长的历史时期，不仅建筑设计涵盖了室内外，而且施工也连带解决了建筑的内外问题。[①]然而，随着生活水平的提高，人们对室内的使用功能和人文精神的要求也越来越高，室内越来越具备了自身的独特性，传统的设计和施工已难于包容所有的室内问题。在这种情况下，由于现代社会分工细致的作用，室内设计和施工就从传统的设计与施工母体中分离出来而成为了相对独立的工作领域。从世界范围来看，西方在第二次世界大战后兴起了独立的室内设计研究和实践，随即产生了大量的设计理论和流派，导演了西方室内设计万花筒般的变迁。我国的室内设计从新中国成立十周年庆典北京兴建的“十大建筑”[②]的室内设计起步，至 80 年代开始兴盛，在改革的浪潮中以强劲的势头迅速蔓延到商场、饭店、学校乃至民居等各个室内领域。室内设计成为独立的设计领域是由室内本身的功能性与艺术性要求所决定的，有其历史必然性。

4.1.2 从意识形态来看

从意识形态领域来看，以国家、群体、个人作为意识形态领域的三个不同层面，都直接或间接地影响着室内设计的发展。首先，在国家的层面上，国家通过制定路线、方针、政策控制着各项社会活动的展开及发展方向，并且通过专政机关及法律监督着个人的行为。总的来说，路线、方针、政策是比较宏观的，但有些则完全是针对文艺甚至建筑及室内创作活动的。在这样的政治背景下，建筑与室内设计是不可能不受影响和制约的。这种影响在任何时代、任何地区都广泛存在，但在中国表现得尤为强烈。《春秋谷梁传·庄公二十三年》记载："楹：天子丹，诸侯黝，大夫苍，士黄。"[③]意思是：柱子的颜色，只有皇帝才可用红色，诸侯用黑色，大夫用青色，普通的知识分子只能用土黄色。作为中国木结构建筑室内最重要的装饰手段之一的彩绘，其种类有很多，但如何应用、应用在哪里，也受到种种限制。设计师并没有绝对的自由，如果选择不当，就有可能引来"杀身之祸"。其实，国家制定路线、方针、政策来指导各行业的发展是非常重要的，也是非常必要的。正确的路线、方针、政策以及对其全面深刻的理解，能够促进各行业的健康有序发展。但是，不完善甚至错误的路线、方针、政策以及对其片面肤浅的理解，也能制约各行业的前进。室内设计当然也不例外。同时，国家也通过制定具体的规范与法规来控制行业的发展，它的水平高低也具有明显的两面性。其次，在群体的层面上，大到一个民族，小至一个社团，甚至几个人组成的集体，都会形成较统一的价值观念及审美趣味等。它不同于国家层面的约定，也区别于个人层面的思维，是一种群体意识的表现，或多或少地融入到室内设计之中。再次，在个人的层面上，又存在着领导者、业主、设计师个体三方面的因素。每个人由于成长背景、学识水平、生活环境、社交阶层的不同，在意识形态领域中的观念和追求等也有所差别。这必然也会在室内设计中反映出来，它的正确与否对室内设计系统的开展同样具有两方面的意义。

4.1.3 从物质形态来看

在物质形态领域中，生产力、科学技术及市场的发展水平最直接地影响着室内设计行业的进步。首先，生产力的发展是国家经济实力增强的原动力，是室内设计发展的外在环境。只有大力提高生产力，才能真正改善人们的物质生活水平，古人"仓廪足，知礼节"[④]就是很好的证明。物质文明的建设是精神文明建设的基础，人们只有在物质生活得到满足的前提下，才有可能追求舒适与精神层面的享受。室内设计就是人们希望改善自己的生存环境，提升自己的生活质量，到达自己的理想境界的产物。其次，科学技术的进步是室内设计得以发展的重要保证。建筑与室内设计行业的发展离不开结构、材料、设备、工具、工艺及管理等方面的进步。这些都依赖于科学技术发展水平的提高。对于现代主义建筑的诞生，新材料与新结构形式的应用就是其最主要的标志之一。再次，市场的规模也是影响室内设计行业发展的重要内容。所谓市场，就是社会对相关产业的需求量。这个需求量是被多种因素决定并控制着的，与室内设计行业相关的市场，涉及材料、工程施工、设计三个大的方面。这三个方面的市场都对室内设计行业的整体提高和发展、对室内设计系统的完善起着关联的作用。

4.1.4 从文化形态来看

文化是指人类社会历史实践过程中所创造的物质财富和精神财富的总和。它的内容极其广泛，表达方式也多种多样。就人类社会中的每个成员而言，他都需要生产、生活在特定的文化环境背景之下，离开这个背景，他将很难，甚至无法生存。这种特定的文化环境背景使人们能够找到精神上的归宿感和物质上的满足感，同时也限制和制约着人们的思维方式和行为方式。马克思和恩格斯指出："历史不外是各个世代的依次交替。每一代都利用以前各代遗留下来的材料、资金和生产力。由于这个缘故，每一代一方面在完全改变了的条件下继续从事先辈的活动，另一方面又通过完全改变了的活动来改变旧的条件。"[⑤]

所以，和人类生产、生活密切相关的建筑与室内设计行业是不可能摆脱来自文化形态领域的影响的。总的说来，文化具有时代性、地域性、连续性、互动性、优劣性等多项特征。在文化形态领域中，只有认真地继承与借鉴历史的与外国的优秀文化传统与经验，我们室内设计行业的发展才能步入一个新的高度。一个设计师也只有在室内设计活动中艺术地实现了文化传承的作用，他的设计才能成为杰作而被人喜爱。日本设计师黑川纪章说："只有对传统中看不见的东西有真正的理解，才能把其中最有特色的部分（言语）作为符号分解抽象出来，把这种符号运用到新符号系统之中，形成现代风格。"[⑥]室内设计作为一种创造活动，就离不开古今中外的生生不息地发展和存在着的文化，设计的创作和实现都摆脱不了文化的影响。更为理想的方式是，在对文化的吸收和传承中把继承与创新结合起来，"古为今用，洋为中用"，善于变通。

案例 4-1-1 在筹备 1959 年中华人民共和国建国 10 周年庆典活动时，政府决定在北京兴建人民大会堂等十余项大型建筑项目，简称十大建筑。在人民大会堂的室内设计上，首次聘请了装饰设计专家和画家、雕塑家配合建筑师进行"室内装饰"设计、家具设计及艺术品的设计与制作。在万人大会堂内也配置了各种较为现代的设备，其建筑空间和造型艺术处理，无论是"水天一色"的顶棚设计，还是门头、檐口等重要部位的设计，都花费了极大的精力。对于这个项目的室内设计，那时是一项政治任务，是在强有力的政治领导下，选择相关设计人员完成的，体现了明显的国家意志，也是社会发展的需要。在庆祝

图 4-1　人民大会堂外景及万人大礼堂内景（张绮缦．室内设计经典集）

国庆十周年后，周总理决定将人民大会堂近 30 个厅分给各省市人民政府，由他们结合各自省市自治区的特点、民族风情做出各接见厅的室内、家具设计，并负责施工制作完成。这一决定也启动了全国各省市对室内设计的重视，推动了中国的室内设计及其民族化、地方化的发展（图 4-1）。

案例 4-1-2 上海科技城 APEC 主会场室内设计是应 2002APEC 首脑会议而进行的一个室内设计项目，是上海科技馆室内设计项目的一个临时性的组成部分。它的典型特征就是为了这样一个国际性的重要首脑会议而设，在会议结束后还要拆除以恢复上海科技馆原来的功能。这就要求这个室内设计不仅规格高，达到国际领先水平，体现中国社会主义市场经济的发展和中国的综合国力，又要具有经济性，能够在任务结束后方便地拆除和尽量减少无谓的消耗。

APEC 首脑会议场馆内容包括主会场、首脑餐厅、接见厅、双边会晤室、休息大厅、VIP 休息室等，涉及面积约 15000m^2。设计包括会议功能的总体布局规划、室内装饰设计、设备配套设计及室内环境艺术布置等方面。这是一个高度体现政治性而功能要求必须落实精确到位，并含有高技术要求的项目。要求场馆要展示出飞速发展的上海大都市形象，展示出上海人民适应时代发展的高素养。APEC 首脑会议室内设计在设计指导思想上抓住了 APEC 首脑会议在上海科技城这个特定地点召开的特征，在风格上体现了最高层次的正式会议的性质，又能与科技城建筑现代、科技的形象融为一体。在技术上，采用了先进的技术手段，解决了如会议功能空间是在原科技城室内空间中再生与原室内空间设备条件限制的矛盾（图 4-2）。

图 4-2　上海科技城外景及室内现场照片

4.2　室内设计系统的经济因素

室内设计中常用的一句话就是“实用、经济、美观”。从这个“六字宣言”中我们看出了功能性、经济性、艺术性的重要性，对于室内设计来说，满足功能要求是立足之本，有一定的艺术效果是提神之笔，而具备一定的经济性则是室内设计存在的先决条件。在这里，对于经济性可以从三个方面来理解：一是室内设计开始前具备的经济基础，也就是说甲方有多少钱，准备花多少钱来展开一项设计项目；二是室内设计过程中的成本控制，在甲方的预算范围内如何使用这些钱，怎样合理地分配；三是室内设计在投入使用后带来的经济效益，是否能为甲方在运行过程中得到投资后应有的回报，回报率是多少。这也是我们在近几年工作和学习过程中时常要考虑的问题，怎样开始设计，如何做设计，都有一个相当重要的经济问题等着设计师去思量。下面将就经济性的相关问题作一个深层次的探讨。

4.2.1　室内设计的经济基础

从宏观角度上来说，室内设计的经济性应从整个社会的发展背景入手。经济基础是一切社会发展的动力，室内设计是上层建筑的内容，是在生产力快速发展的基础上进行的精神文明的建设。室内设计的开展是社会生产力进步的表现，更是我国经济持续高速发展，综合国力和人民生活水平不断提高，现代化进程不断加快的具体写照。“室内设计的目的就是为人们提供一个实用、美观的生产和生活空间。”⑦只有当社会的经济基础达到一定的水平，人们才能享受较好的生活，才能想到要有舒适、优美的居住环境。

从宏观角度上看，室内设计的发展离不开经济的发展。回顾历史，我们就容易弄清这一点，室内设计这个行业的发展在世界范围内也就是在 20 世纪 50 年代的事。第二次世界大战后，世界各国在经济有了一定的复苏后才开始做一些室内设计，开始只是一些比较重要的工程才进行室内设计与装修，如中国的人民大会堂。可以这么认为，从包括人民大会堂在内的国庆十周年的一批公共建筑的装饰工程起，我国才开始具有独立的室内设计与建筑装饰专业的设计人员，并在大中专院校中设立相应的专业，在一些大型的、重点的建筑工程中，建筑装饰施工也逐渐与土建施工分离开来。在改革开放后，经济得到快速发展，人民的生活水平有了一定的改善时，人们才开始在一些旅游性建筑中进行室内装修，开始讲究生活的质量与品位，室内设计也开始逐步盛行起来。在室内设计与装修方面，引进先进技术、采用新颖的装饰材料，首先是在全国各大城市兴建的一批宾馆建筑中实施的。80 年代初期，随着对外实行开放政策和特区的建立，一大批高级宾馆落成，如北京的香山饭店、长城饭店，广州的白天鹅宾馆、东方宾馆，上海的龙柏饭店、华亭宾馆，南京的金陵饭店，乌鲁木齐的友谊宾馆，深圳的南海酒店等。这时以江浙等地为代表的从事建筑装饰的能工巧匠活跃在全国各地，以广东、深圳为先导的装饰公司借助国外最新材料和高新技术引领了中国现代室内装饰的新潮流，“室内装修”已成为这个时期的常用语。到了90年代，国力日趋强盛，经济的发展促进了商业类建筑和办公类建筑的大量兴建，使得建筑装饰行业的发展增长点从楼堂馆所的装饰装修转向了商业、办公建筑的装饰装修；从90年代中期开始，作为建筑装饰行业的一个分支，家庭装饰业逐渐走向社会，走进千家万户。如果说80年代的建筑装饰是间接地为人民服务，那么90年代的建筑装饰则是直接为人民服务了。到了21世纪，室内设计与装修已成了每个人心中的一个常有名词，几乎所有的业主在拿到房子之后都要搞一下设计和装修，甚至还出现了地产商直接设计和装修好，业主付完钱就可以直接住进去的全装修房和所谓的菜单式装修。这时的室内设计与装饰行业已经成为我国国民经济和社会发展中的主导行业，反过来对国民经济增长起到重要作用。“在建立和完善市场经济体制的新形势下，建筑装饰行业进入了加速发展的新阶段，不论是发展速度，还是设计标准、工程规模、资金投入，都远远超过了20世纪，我国的建筑装饰业达到了前所未有的辉煌时期。”[⑧]

从微观角度上来说，室内设计的经济性反映在甲方的经济基础上。不得不说的是，尽管整个社会的经济发展情况非常喜人，人民的整体生活水平在不断提高，人们对于室内设计的重视程度也在日益加强，但就设计面对的单个业主来说，则是各不相同的，有的是亿万富翁，有的是中产阶级，有的是平民百姓。设计师在进行设计时不可能不受到业主的经济情况的影响。单就家庭装修的室内设计来说，就有人们常说的豪华、高档、中档、低档的标准。这些标准从何而来？就来自于业主的经济实力，有钱的想住得好一些，环境有品位一些，就会多投入一部分成本去搞室内设计与装修；有的穷一些，能有一个住的就不错，当然会考虑在省钱的基础上作一下装修的可行性。对于室内设计师来说，了解业主的经济实力，清楚甲方预计投入的成本是做好一个设计的前提，至于做到什么标准，并不是评定一个设计师成功与否的标准，也不是评价一个设计好坏的标准。室内设计是一个服务性行业，做出一个符合甲方经济水平，满足相应的实用功能和一定的艺术性的设计就算成功。

案例 4-2-1 在进行江中会所室内设计时，设计师所面临的业主是一个上市企业，经济实力雄厚，希望能通过新的接待场所来体现企业的实力，要求这个项目的室内设计体现出高规格、高品位。在这个经济条件下，设计师在进行室内设计时就有着极好的自由度，在选择装饰材料时可根据需要选择较好的规格，从而也能相应地提高整个项目的装饰效果。经济实力的保障也可确保工程施工的顺利进行，使室内设计得以实现。在这种经济条件下，设计方和业主密切配合，最后也完成了一个令甲方和设计方都满意的作品（图 4-3）。

案例 4-2-2 在开始进行宛西制药博士后工作站室内设计时，由于甲方经济条件的变化，造成了室内设计实行的困难。在项目开始之初，甲方希望出资1500万做出一个有一定品位的企业接待中心，设计师就在这个标准内开展设

图 4-3　江中会所室内平面与内景

计，选用材料，确定工艺，设计和选配家具与陈设。后来由于甲方遇到了一定的经济困难，希望能在 600 万内解决，设计师只好重来一次。在方案及施工图完成后，甲方又希望能用 300 万就将这个项目做完，而后设计方又是一番折腾，对原来的设计进行大幅度的调整。像这种情况，就会对室内设计造成一定的限制，从而影响室内设计的实现乃至室内设计系统的运行（图 4-4）。

4.2.2 室内设计的经济构成

图 4-4 宛西博士后工作站内景

抛开甲方的经济问题不谈，设计师在设计时也需从经济角度出发，思量如何合理地利用有限的资金创造出好的室内环境。“一个室内设计项目一经决策确定后，设计对造价的影响程度达 75% 以上，是工程建设和控制工程造价的关键。”⑨方案设计基本上决定了工程项目的规模、标准及使用功能，形成了设计概算，确定了投资的最高限额；而施工图设计完成后编制出的施工图预算可较准确地计算出工程造价。

一份好的设计方案不仅要取得良好的社会效益，还应具有经济的合理性。具体地说，在确保设计整体效果的同时，一定程度地控制工程造价可从以下几个方面着手：

（1）实行设计方案招投标制度。通过设计招投标来选择优秀的设计单位，从而保证设计的先进性、合理性、准确性，避免因设计质量问题而出现工程事故。选择到优秀的设计方案，可使其既有良好的社会效益，又有良好的经济效益。

（2）增强设计标准和标准设计意识。工程设计标准规范和标准设计来源于工程实践经验和科研成果，是工程建设必须遵循的科学依据。将大量成熟的、行之有效的实践经验和科技成果纳入标准规范和标准设计，加以实施就能在工程建设活动中得到最普遍有效的推广使用，有利于降低建设投资，有利于缩短工期、保障安全、提高经济效益。

（3）实行限额设计。方案设计阶段，根据方案图纸和说明书作出有关专业的详尽的造价估算书；初步设计阶段，根据初步设计图纸和说明书及概算定额编制初步设计总概算，概算一经批准，即为控制拟建项目工程造价的最高限额；施工图设计阶段，根据施工图纸和说明书及预算定额编制施工图预算，用以核实施工图阶段造价是否超过批准的初步设计概算。各阶段的造价控制是一个有机联系的整体，各阶段的估算、概算、预算相互制约、相互补充，要用前者作为目标来控制后者，反过来后者又是前者的补充，它们共同组成工程造价的控制系统。

（4）开展价值工程的应用。价值工程是用来分析产品功能和成本关系的，力求以最低的产品寿命周期成本实现产品的必要功能。运用价值工程原理在科学分析的基础上，对方案施行科学决策，选择技术上可行、经济上合理的设计方案，使设计做到功能与造价统一，在满足功能要求的前提下尽量降低成本。

（5）加强图纸会审工作，将工程变更的发生尽量控制在施工前。由于设计阶段毕竟是纸上谈兵，工程项目还没有开始施工，因此无论是克服设计缺陷还是调整、改动，都比较容易，所花费的代价最小，取得的效果最好，而在施工阶段改起来就比较麻烦。合理和必要的图纸会审能提高设计质量，避免因设计考虑不周或失误给施工带来阻碍，造成经济损失。

案例 4-2-3 在进行南阳总部室内设计时，由于总体经济成本的控制，设计师采用突出重点、顾及其他的资金分配方法来合理地控制设计，对不同功能、不同规格的部分采用不同的设计手法。对于营销楼的三个大厅、楼梯厅、接待室、会议室和老总办公室的界面装饰和家具选配都按高标准来操作，以形成一个一级写字楼的气派，而对于普通办公室则以极简单的设计来处理，地面采用地板漆，墙面、顶面以白色乳胶漆喷涂来解决问题。这样就使整个项目既有重点部分以装点门面，又有一般空间以降低造价（图 4-5）。

图 4-5　南阳总部室内设计一层平面及大厅效果

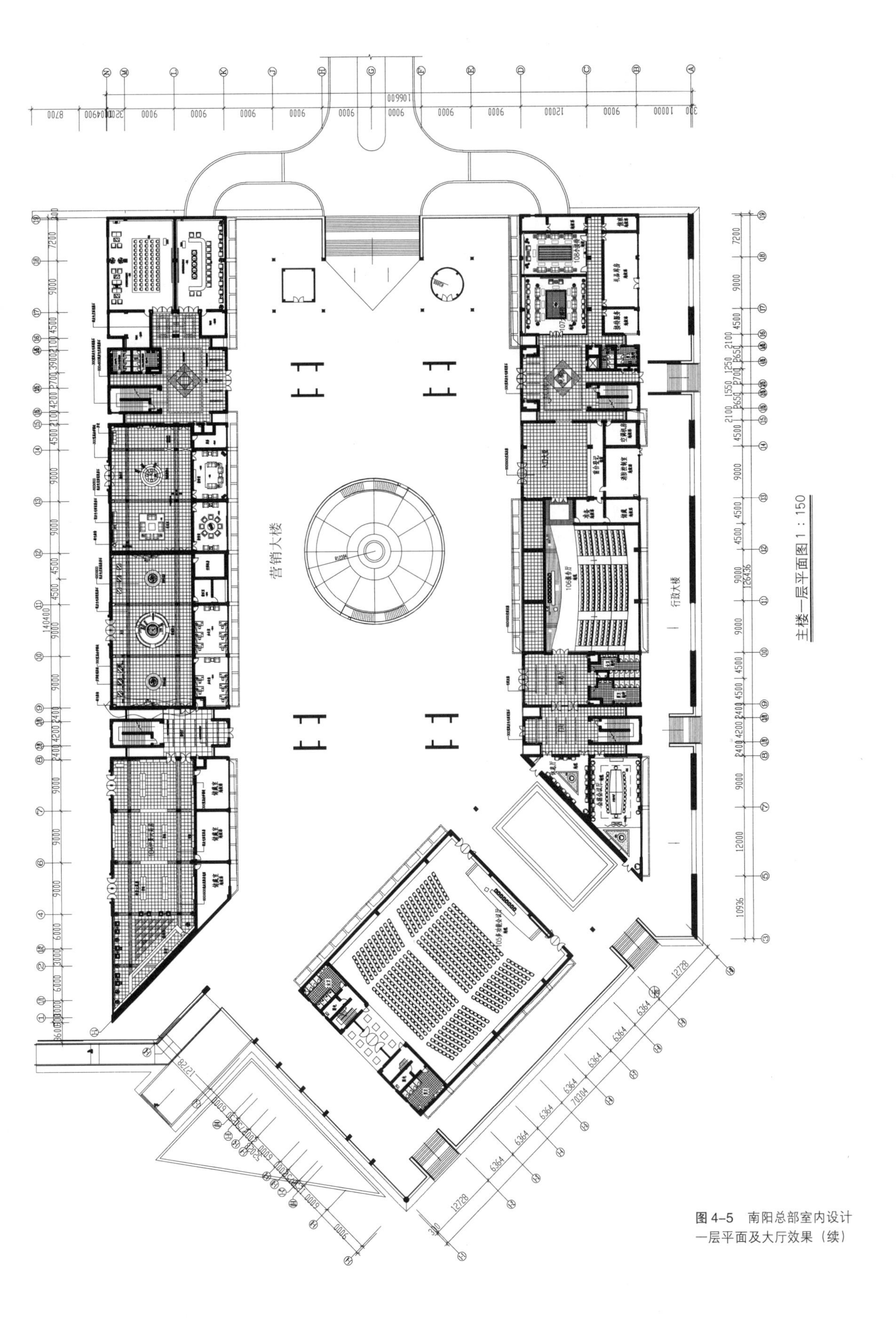

图 4-5　南阳总部室内设计一层平面及大厅效果（续）

4.2.3　室内设计的经济效益

谈到室内设计的经济性问题，也应讨论一下室内设计在完成后的使用过程中给业主带来的经济影响。现在，各类商业、娱乐、酒店乃至办公、文教建筑都会投入大量资金进行室内装修，对于这样一个现象，我们是否要分析一下这些业主这样做的出发点是什么？难道仅仅是为了好看？是否还有其他的目的？

我们经常听到人们说，哪边开了一个饭店，听说装修不错，要去看一下，或是哪个酒吧气氛不错，想去坐坐，或哪个商场不错，想去逛逛之类的话。我们从中不难发现，良好的室内环境在一定程度上起到了促销的作用。一个流线好、功能全、设施新、有个性、有品位的室内空间会给来宾留下一个好的印象，使其产生身心的愉悦，也就会促使他们长时间地逗留、进一步地消费以致再次光临。一个不好的室内空间，则会使人生厌，甚至有逃离的想法，就更谈不上再次光顾了。

同时，室内设计也可以改进某个企业或产业的形象，提升企业的品牌效应。一个有着良好的室内环境的公司，不仅会提高员工的自豪感，而且会给来访的客人留下一个极佳的印象，增加其对公司实力的认可程度，也就会促进业务的顺利开展和合作。拿房地产行业来说，现在的房地产都会花大力气来做样板房和售楼处，其用意就在于给潜在的买主展示一个好的形象，让买主对将来的住所有一个美好的展望，从而萌发购房的念头。

另外，室内设计中某些问题的考虑也会起到促进经济效益的作用，如在商场中设置一些休息椅或休息区，可让顾客在逛累了之后歇息一下，其间也许会有继续购物的想法产生，这就直接促进了营业额的增长。在办公空间室内设计中，仔细考虑一下照明设计和室内景观的应用，在提高环境舒适度的基础上会大大提高员工的工作效率。在餐馆的室内设计中，促进食欲的颜色和照明的采用也会激励消费者扩大消费。

室内设计的实施，要耗费大量人力、物力及财力，对于一个长期从事室内设计的专业人员来说，为社会、为业主、为自身创造一个经济性良好的生存环境是职业操守的体现，也是设计人员所应追求的目标。《中国建筑装饰》主编黄白先生说："只有具备商业意识和价值意识的室内设计师，才可能成为我国不断完善的市场经济所要求的室内设计师。"[10]只有立足于一定的、实际的经济基础之上的室内设计，才有可行性，才会产生社会效益和经济效益，才能保证室内设计系统的顺利进行。

案例 4-2-4 虹桥上海城是由香港人士投资兴建的一座集办公、商场、休闲为一体的综合性商务楼，室内设计的主要部分是裙楼的商场和部分娱乐场所。在这次设计进行之前，相关部分已进行过一次室内设计和工程施工，只是由于质量不高而使其经营状况一直不佳。在设计中，设计方以现代的设计手法、简练的造型、明快的色彩、多变的氛围营造出了一个个不同的空间类型，使商场、

图 4-6 虹桥上海城室内设计现场照片

餐饮、娱乐部分在整体风格统一的基础上又突出了自身的特色。在施工完成投入使用后，这个项目在经营上取得了很好的效果（图 4-6）。

4.3 室内设计系统的技术因素

室内设计是依靠一定的物质技术手段所进行的创造性活动。在室内设计过程中，经常会出现这样或那样的技术问题，通过对这些问题的解决，可以使作品得以实现，甚至达到更加理想的艺术效果。例如，室内设计的任何一个施工环节都是在一定的施工技术条件下完成的，做吊顶就必须要有相应的材料如吊杆、吊筋、纸面石膏板或夹板等，要有懂得施工的技术工人，要有相应的配套设施，要协调相关的水、电、风等系统设备问题。

在一些学生和刚出道的设计师的作品中，有些创意构思很有新意，形式感也强，但由于头脑中没有技术意识，所设计的东西往往由于缺乏技术和材料的支持而无法实现。如果一个设计方案没有相应的技术措施作保障，不能成为现实，就没有价值。“技术在室内设计和施工技术之间存在着某种内在契合的关联。”[11]好作品必然有好的技巧，境界很高的艺术作品，在表现技巧上也必定是出类拔萃的，它们之间是相互照应、相互融合的。同时，技术在室内设计中的应用不仅仅体现于施工过程中，在室内设计过程中就已有技术的参与，也正是技术的发展改变了设计的方式和效率。所以，笔者认为，技术的发展与进步是室内设计得以发展的必要条件，是室内设计系统得以运行的保障。对于技术与室内设计的关系，有必要作一探讨。

4.3.1 室内设计的表达有赖于技术的发展

无论是最初的手绘表现，还是后来的计算机辅助设计的应用，或是如今的动画制作，都融合了技术的因素。回想一下室内设计表现的发展过程，就能体会到技术带给设计的变化。最初计算机技术没有出现时，设计师为完成一套图纸，往往要通宵达旦地埋着头在图板前一条线一条线地描，万一不小心有一滴墨水滴到图纸上或是设计要更改时，又要重来一遍，这种费时费工又费力的工作方法不仅严重影响了设计速度，也限制了人的设计思路。后来，随着计算机技术的应用和发展，出现了一些专门为设计人员开发的应用软件，如AutoCAD，3DSMAX，Sketchup，Photoshop 等，使人们摆脱了繁重的手工劳动所带来的痛苦。人们对于设计图纸的表达也有了新的思路，能够比较清晰、准确地表达出想要的东西，而且修改和再利用起来也较方便，极大地提高了设计的速度和效率。设计师能模拟出一个室内空间在施工完成后的真实效果，使甲方能够比较具象地了解和选择，从而大大提高了设计的效率。为了更好地表达设计的意图和改善设计效果，电脑表现方法也进一步发展，开发了能模拟人在其中走动的空间过程的新的软件，这就是电脑动画的出现，也给我们设计师提供了一种新的方法和选择。设计毕竟是一个融时间和空间于一体的四维空间，设计的感觉往往会随着时间的变化而变化，在设计开始实施之前就能感觉到完成后的多方面的真实的效果是一件令人兴奋的事。

4.3.2 室内设计的实施有赖于技术的发展

任何一个设计构思在实现过程中必然会转化为材料、构造、设备等技术的构成，反过来，技术使用的可能性也将影响构思的成形。可以说，在实践中，技术是室内设计实现的保障，任何一个项目，从施工的全过程直到每一个细部的实现，都离不开技术的支持。技术的进步对室内设计的发展的促进作用是全方位的。“有个形象的比喻，技术为我们开启了一道道进步的门。”[12]在室内设计中，这里的门就是材料、设备、构造、施工等要素。

首先是材料技术的发展。各种材料的物理性能、美学性质存在多种可能性，各种材料做法也存在多种可能性。任何一个设计的实施都离不开材料的这些可能性的外在表现。只有存在玻璃，才能表达透明的空间效果；只有出现了钢结构，才能构筑轻型建筑空间与体量。设计活动中的一个重要现象是：每一次新材料的出现，都会引发一次新的设计运动，形成设计文化发展的推动力。人类在发掘和认识新材料的过程中提高了设计的进取意识，而且材料又为设计师的创造提供了丰富的灵感。人们就是在不断地发现新材料、利用新材料的过程中，推动了设计思维的进化，带来了设计观念的更新。同时，新材料的产生又需要新的加工技术来进行生产，推动了技术的革新。由此可见，新材料的产生或改进，会给艺术设计和加工技术带来一系列的变化和提高。

构造技术多是研究材料之间的连接方式，以期达到良好的使用性能和优美的外观效果。室内构造技术是室内设计中最具特色的技术环节，它与设计完成的最终形式直接相关。由于新材料、新技术的发展，建筑构造类型也不断增加。从总体上看，它大致有三个发展方向：首先是性能的提高。材料本身性能的不断加强，材料间组合方式的改造，连接材料的手法的推陈出新是建筑构造的性能提高的原因。其次是与艺术效果的高度结合。构造不仅可以在建造中将各种材料的相互关系明确表达出来，通过材料的合理组合、对比来表现节奏、韵律、比例等设计效果，设计精巧的构造还能结合艺术构思将其效果发展到令人惊异的程度。[13]第三是施工的简化。新的组合方法、连接技术，如工厂制造、现场装配化的方法使室内设计的实施更为简化和方便。

设备是现代建筑中发展最快的专业。它不仅支持了高层、大空间等建筑类型的发展，而且使建筑室内空间的环境与人的需求相适应，也使室内空间的舒适度与利用率的关系越来越大。除了传统的交通、水电、暖通设备外，信息时代对信息传送设备也提出了新要求，智能化的现代设备以先进的科技、管理、空调、照明、电梯以及防灾防盗等系统与信息时代相适应，也推动了室内环境的不断推陈出新。虽说这类问题基本上由其他专门技术工种来解决，但是，对于大体的来龙去脉与基本的设备、管道的空间要求，室内设计师也必须做到心中有数，这些方面技术的发展也会给室内设计带来新的选择。

与室内设计相关的还有施工技术。施工技术关系到室内设计方案实施的可能性以及经济性等方面的问题，各种现代的施工技术为建造提供了无限的空间。有一点要明确的是，施工工人的技术水平对于室内设计的完成效果有着重要的影响。就国内现状而言，现在的施工队伍基本上都是从农村出来的以前的手工业者，在这些年，经过长时间的施工工作的锻炼，逐渐掌握了相应的室内装饰工程的施工技术。但不同区域的施工人员在技术水平上还是有着相当大的差别，对室内设计的实现程度也带来了不同的影响。这也是目前室内装修选择施工单位时所要考虑的问题。

当然，我们所说的施工技术在这里不仅指具体施工工人的技术水平，而且涉及多方面的施工技术的发展。其中，最引人注目的是室内装饰中的工业化装配趋势，“即把装饰表面的构成元素，通过预先设计和工业化生产加工，最后进行现场安装”。[14]建筑装饰中的工业化装配趋势，是在多元文化影响下，人们主观审美的选择，是人类由低级手工劳动向高级工业化安装的进步。这种方法可大大提高室内装饰的施工精确水平，缩短施工周期，减低施工噪声，实现手工劳动所不能达到的功能要求和艺术表现，使室内装饰可以灵活安装、更换、重组，满足人们不断发展的需要，增强室内环境的生命力，也是避免由于施工工人技术水平的差异而影响设计效果的最好方法。英国建筑设计大师罗杰斯这样指出：“从社会学和生态学的角度来讲，一项具有良好灵活性的设计延展了社会生活的可持续性；同时，更大的灵活性也不可避免地使现代建筑远离既定的完美形式……但是如果一个社会需要的是能够适应变化的建筑，我们就必须找寻新的形式来表达变异的力量和灵活性……僵化的建筑扼杀新的观念，并从而阻碍了社会发展的进度。”“每一个部件都是独立的、清晰的装配关系，使得各个部分只在节点上相接。如同音乐中，音符间的休止体现出音乐的品格。”[15]工业化生产、装配使建筑装饰兼具传统的美学渊源和时代的艺术风貌。如今，发达的工业国家已把建筑装饰中的工业化生产元件，从简单的装饰纹样、柱头、灯具、五金等扩展到建筑内外装饰所涵盖的诸多方面，比如玻璃幕墙、铝板装饰、石材干挂以及标准化门窗等已成为室内设计与施工中常用的设计思路与施工策略。

总之，室内空间的创作所面临的技术问题，随着社会的发展日趋复杂，设计师的技术知识积累就不容忽视地成了自身的职业修养。

图 4–7　中医学院留学生楼建筑与室内照片

案例 4–3–1 江西中医学院留学生楼的室内设计是一个不大的室内设计项目，但室内设计的要求较高，是想做成一个学校的标志性精品，从室内外装饰、材料选择、构造处理到水电风等专业的处理，都想营造一个良好的空间氛围。但由于所处地点的各方面技术条件都有所欠缺，钢结构的处理、水电风的处理方式都较为落后，给设计的实施带来了极大的难度。特别是施工单位的水平低下，许多设计上考虑的施工方案和细节处理都难以完成，就连最基本的大理石干挂法对石材的密缝都不能做到，在很大程度上造成了对设计的破坏。针对这种情况，设计师采取了一种装配化安装的施工方案，对其中一些关键部分的零配件采取在后场制作、现场安装的方法，从而在一定程度上确保了一些关键环节的整体效果（图 4-7）。

案例 4–3–2 上海科技馆大球体部分室内设计

上海科技馆是一个兼具展示教育、科研交流、收藏与制作、休闲与旅游功能的新型科技展示中心。展示新的科学技术是这个项目室内设计的重点，也是有赖于最新的科学技术、材料、设施设备的应用，使整个室内环境呈现出一种现代、科技的特色。其中有一个长轴为 67m、短轴为 51m、高为 41.6m 的巨型椭球体，该球整体由金属和玻璃构成，用铝合金和玻璃，塑造出了一个通透、开放的现代空间。设计采用了单层网壳铝钛材料结构，在这个设计方案中，把现代预应力技术应用到网壳结构中，以提高整个结构的刚度，减小结构挠度，改善内力分布及压低应力峰值，从而降低材料用量。在结构设计中，结构材料全部选用了高性能铝合金圆盘节点与工字梁，依靠不锈钢螺栓锁紧连接，从而达到结构轻巧、简洁明快、空透性好的空间效果（图 4-8）。

大球的室内设计重点之一是其中寓意“蛋黄”的小球及其支撑体。为造成小球的悬浮效果，支撑筒体包以半透明玻璃，由磨砂玻璃及蚀刻通明玻璃构成。外挂楼梯采用玻璃踏步板，形成了空中天桥，令空间充实多变。小球体外表面采用略带金属光泽的微粒／微孔吸声材料，争取连续无缝的表面效果（图 4-9）。

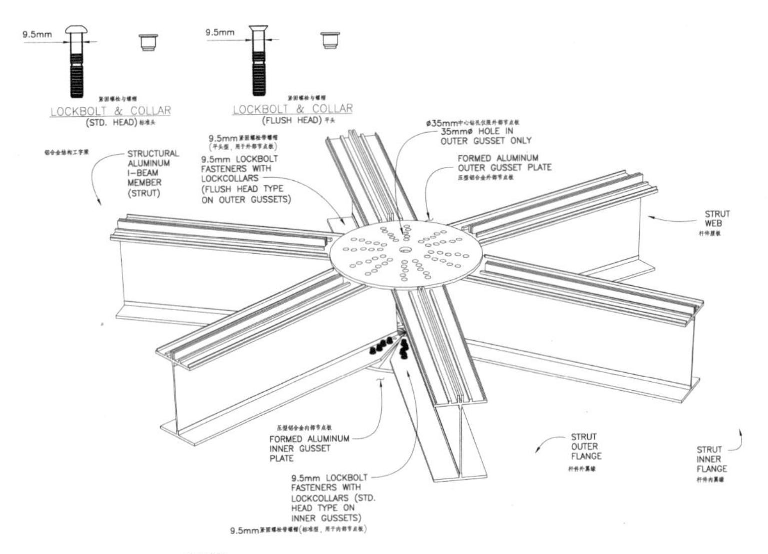

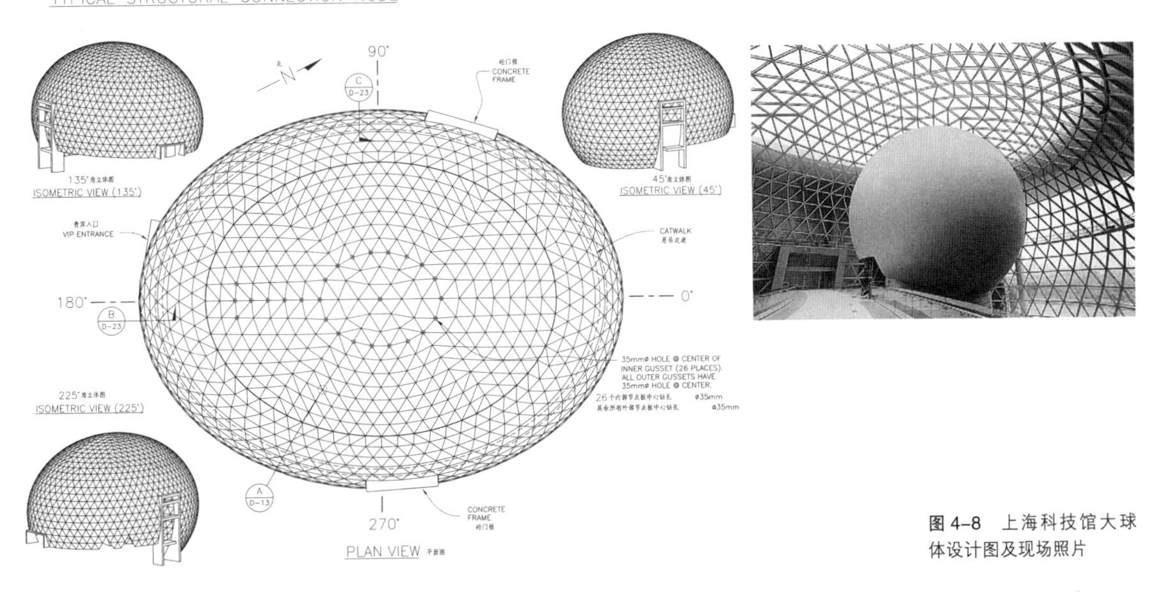

图 4-8 上海科技馆大球体设计图及现场照片

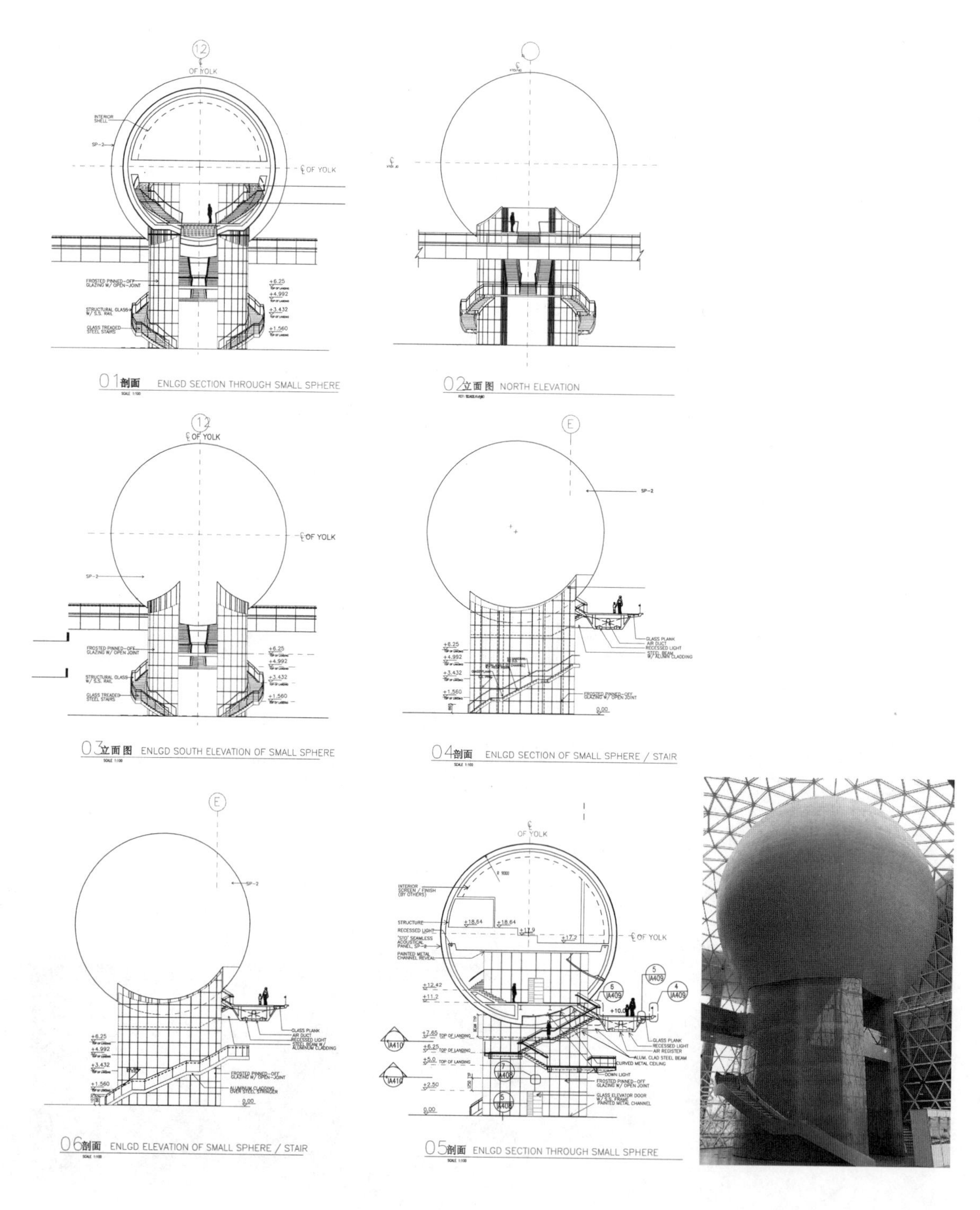

图 4–9　上海科技馆小球体设计图及现场照片

大球的地面是室内设计的另一重点，是整个建筑内地面惟一采用装饰图案、最具表现力之处。地面图案配合大球体设计构思及形式特征，采用环状扩散形式，自大球中心点向周围由浅至深地渐变。为达到大面积连续及细部丰富的表现效果，图案由现场磨制聚酯磨石工艺，以黑灰白为基调，混合多种骨料制成，并以锌条镶嵌抽象图案（图 4-10）。

4.4 室内设计系统的人文因素

室内设计是一项创造性的活动，这个活动的主体就是从事室内设计的人或集体，客体是设计师所要面对的甲方或（和）使用者。只有设计师不断地创造与思考，才有室内设计的推陈出新，才有业界水平的提升；只有甲方支持和选择，室内设计才能得以实现；只有考虑到了使用者的实际需求，室内设计才具有实际的应用价值。这三者综合到一起，促成了室内设计的实现，促进了室内设计系统的运行。

图 4-10 上海科技馆大球体地面现场照片

4.4.1 室内设计的主体

室内设计的主体就是进行室内设计工作的设计人员。室内设计的好坏在相当程度上取决于室内设计人员的水平和室内设计人员投入的程度，室内设计系统能否顺畅运行也有赖于设计人员各方面的素质和投入程度。

由于室内设计的门槛不高，从事室内设计的人员构成也较复杂，除了专业的室内设计师外，还有建筑师、工业设计师、装饰师或其他各类专业人员或非专业人员。我们不得不承认这样一个现象，由于室内设计人员的良莠不齐，造成了目前室内设计市场的发展不平衡，影响了室内设计的提高，也使室内设计师的地位和作用并不受到重视。要想室内设计有一个好的发展，要想形成一个好的室内设计行业，就要对室内设计的主创人员提出一些基本的要求，打好扎实的人才基础。也就是说，设计人员本身应具备一定的设计能力和相关的知识和素质。根据多年来的工作经历和相关的研究和探讨，笔者认为，一个好的设计师，在日常工作和设计过程中应体现出这么几个特点：

1. 扎实的专业基础

设计师专业基础的扎实与否，是设计过程中各个环节的基本保障。一提到设计师的基础，首先要提出的问题是设计师的手头绘画基本功问题。室内设计要求设计者有良好的形象思维和形象表现能力，能快速和清晰地表现所构想的空间内容以及有良好的空间意识和尺度概念。吴家骅先生在《环境艺术设计大全》一书中就说："室内设计师的手头功夫与绘画能力有密切的关系，只是室内设计师的绘画所表现的内容主要是与空间尺度、人的行为以及相关的工业产品有关。"[16]在实际设计活动中，体现设计师创作水平的最终还是处理技术问题的能力和创造空间艺术形象的技巧。室内设计师的绘画基本功的运用主要以辅助设计、表现设计意图为基本目的。有了一定的表现技能之后，就得分析设计本身了，首当其冲的是构成室内空间的技术问题。其中最主要的则是对建筑结构知识的了解、对建筑力学知识的掌握以及对构造技术的熟悉。

2. 空间造型的艺术修养

室内设计师业务修养的另一个重要部分是空间造型的艺术修养问题。室内空间艺术形态的审美内容不能简单地用形态、色彩、肌理等一般美术语汇来加以概括。空间艺术作品的质量主要取决于空间关系的处理。人们在某种特定的空间中所从事的特定活动制约着空间的构成关系，例如连续性动作或者近似的动作要求空间的连续或排比关系，间断性或私密性活动则要求空间的隔离或封闭关系，现代工业化生产方式提出了模数化空间组织原则，室内空间的综合性功能要求提出了空间组合的主从关系等。因此，从事室内设计就必须掌握一套描述各种空间关系、适应人类活动要求的空间形态的设计语汇，而这种职业语言既是技术性的、功能性的，也是空间艺术性的。“解决根本性的空间组合问题对于做室内设计来讲，犹如画画定了大形、铺了个大调子，犹如做雕塑，有了基本框架或大体轮廓，要进一步完善作品尚需有做“收拾”工作的能力。”[17]做设计进入了收拾阶段，主要矛盾就转移到空间关系的进一步调整和深入的细部设计中去了。空间联系是靠许多构件来完成的，这些构件之间的联系又得靠许多的节点来体现，这些节点的艺术处理在深入设计阶段时就变成了很敏感的空间的造型艺术问题。

3. 清醒的头脑

所谓清醒的头脑，是指“面对激烈竞争的室内设计市场和较高的室内设计要求，室内设计人员要有理性的分析能力，设计要有明确的目的。”[18]如果说品位是提高感觉的感性要素的话，那么“保持清醒的头脑”，“用头脑进行设计”则是非常理智的理性要素，这也正是设计师与艺术家的不同之处。艺术家可以完全根据自己的兴趣和感情来表现自己的主张和观点，强调自己的个性，而设计师就不能那样浪漫，必须冷静地分析市场，研究自己的目标消费群，分析消费心理和人们的价值取向。设计是在此基础上进行的，并时时受这些因素的制约。可见，作为设计师，光有艺术家一样的品位和感觉是不够的，还应具备企业家一样的理性的头脑。

4. 设计的独创性

许多设计师往往把“独创性”理解为“前无古人,后无来者”,还有人把“独创性”与“前卫性”划等号。其实,室内设计上的独创性是指在某一历史阶段，被目标消费群接受的，区别于同类建筑空间的富有新鲜感和时代感的因素。从组成这个设计的因素上看，其色彩、造型并不见得前所未有，其使用的材料也并非都是新问世的高科技产品,其制作方式也不见得都是前无古人的发明创造，只是把大家都普遍使用的设计因素以自己的方式巧妙组合，创造出一种全新的设计感觉。这种感觉是当时的同类建筑空间所不具备的，而这种感觉回应了当时的目标消费群的追求，产生强烈的共鸣。

5. 良好的团体意识

设计是个由于人的创造而诞生的行业，而人是社会中的一个小个体，要完成一个好的设计，离不开与这个社会中的其他的设计师或业主或其他相关人员的合作。设计师之间的合作与交流是设计师应具备的基本素质。在一个大企业中，设计师往往不止一位，有总设计师、首席设计师、设计师和助理设计师等几个层次，这些设计师各自负责一部分工作任务，经常是一个或两个设计师负责一个方案的总体设计。这就要求设计师之间必须是一种良好的协作和合作关系，相互支持、相互尊重、相互帮助，而不能相互瞧不起、相互拆台、勾心斗角。不能与人合作的设计师，在哪个单位也干不长，经常"跳槽"者，恐怕其中必有此类。企业内部的设计师之间是如此，企业之间的设计师也应相互尊重、相互学习。室内设计师之间的互相交流和学习是设计师成长的基本环节之一，这也是目前中国室内设计学会时常召开一些年会和开设设计论坛和沙龙的原因。

从上面提出的对设计人员的要求可以看出，要培养一个合格的设计师，不是一件简单的事，这就要从我们的专业教育和学习过程说起。设计人员综合素质的不健全，很大程度上是因为所受教育本身就存在着一定的问题。[19]由于室内设计教育的发展历史还较短，总归有一些尚待完善的地方。总体而言，现在室内设计教学中专业设置和专业覆盖面较窄，对社会需求的适应性不够；知识老化，内容陈旧，设计内容与实际脱节，专业与基础脱节；所采取的教学方式仍是老师讲、学生听的灌输式，以传授技能为主的师傅带徒弟式，缺乏启发式，缺乏对话研讨，不重视对学生创新能力和自学能力的培养；资源贫乏，专业书籍缺乏，计算机及现代多媒体设备不足，不能适应现代教学、科研的需要。还有一个重要的问题，就是师资队伍建设有待加强。由于设计学科发展快，师资缺乏，学历层次、知识结构不合理，部分教师由绘画、美术、材料、机械等专业改行而来，留校教师比例大等问题都制约着师资队伍的建设。不少专业教师缺乏市场、工程等知识和实践经验，还有部分教师流动性大，热衷于创收，教学已成第二职业，敬业精神、职业道德和自我提高意识淡薄。这些问题都严重影响整体教学水平的提高，从而制约着室内设计教育的改善。

目前我国的室内设计教育还有很大的缺陷，培养出来的室内设计专业的学生的知识体系根本就不够全面和深入，很难在短时间内达到社会对他们提出的要求。从我们自身的经历和曾经与我们一起工作的一群工作人员在工作过程中出现的问题来分析就可以得出清晰的答案。

案例 4-4-1 身边部分工作人员的工作状况

对于大学四年的学习，现在的学校和学生都会将提高学生的综合素质与能力作为教学发展的方向，在外语和计算机等方面的课程上消耗了大量的时间和精力。从长远来看，这样有助于学生综合素质的提高，但对于一个从事设计专业的人来说，专业知识的掌握和基本功的训练也是相当重要的。有的学校一、二年级都是基础课、专业基础课，直到三年级才开始蜻蜓点水地上一些专业课，让学生做一些小型的设计作业。到了大四，迫于工作或升学的压力，很多学生都开始为工作奔波或准备考研，对于学校开设的较深入的专业课程根本就没心思或没时间去学习，直到课程结束时才临时拼凑一下作业或应付考试，然后就是准备毕业，踏入社会。我们经常听到有些公司的老总或设计师抱怨现在毕业生的专业技能的缺乏，难以迅速进入工作状态。每次企业要招入新的设计师时，都不得不给他一定的时间以熟悉和学习基本的设计甚至制图方面的知识。有些刚毕业的学生，AutoCAD 玩得不错，但是连基本的制图方面的常识都不懂，不知道在一张设计图纸中文字标注和尺寸标注的格式和规律，不知道控制图纸的比例关系，不知道如何根据一个平面图来画顶面图和立面图，连三视图的基本原理都不懂。给他们一个小小的房间，将平面、顶面、立面图和节点的草图都画给他们，让他们搬到电脑中去，都会经常出错，改两三次是很正常的现象。更有甚者，一个大堂服务台的大样，在提供设计草图和样品的基础上，历经不断的解说和修改，花了三天时间才勉强完成。当然，并不是所有学校毕业的学生都是这样，但从中我们也可以想象出现在的室内设计教育的现状，培养出来的学生的设计能力和其他专业知识的匮乏。

刚毕业的学生，大部分基本上就不会做设计，充其量就能做一个绘图员，当时感觉可以做的就是比较简单的、要求不高的家庭装修。按照当时盛行的方式，出一张平面图，把家具布置一下，一张顶面图，放上几个灯具的符号，再加上几个认为是有必要的立面图就行了。至于什么电气、开关、插座系统图，根本就不知道是怎么回事。对于施工工艺、节点构造、工程造价之类的东西，基本上不懂。在画第一套公共室内空间的施工图时，都不知道要表现哪些东西，如何表现。一些简单的节点图都是照着书搬上来的，至于与水、电、风等设备专业的配合，也不知如何处理，更谈不上什么工程概算之类的事情。后来，随着时间的推移和不断地向别人、书本和实践学习，才知道一些相关的知识和设计的方法以及设计与施工的协调等真正算是设计的工作。客观地说，虽然在这几年中做了不少的设计项目，好多知识都是在学习过程中完成的，还有太多的缺陷和不足之处。甚至几年后，都还算不上是一个知识全面的、能顺利地协调好室内设计系统内各环节的、真正掌控好室内设计系统全过程的成熟的设计师。对建筑构造、功能分区、空间概念等观念的淡漠，对材料、色彩、质感、照明的设计与选择的一知半解，对家具、装饰织物、室内绿化、陈设品的设计与选配的犹豫与彷徨，对给水排水系统、电器系统、HVAC 系统、音响系统、信息系统的半懂不懂，对艺术感觉、风格、空间氛围的营造手法的生涩，对施工工艺、节点处理、工程造价的处理的边做边学，在与甲方、施工方、监理方进行沟通时的磕磕碰碰等一系列的问题足可说明在专业知识方面的火候不够。

面对这样一种社会现状，新世纪的室内设计教育应根据社会对设计师提出的素质要求，探索新的教育方式，从以下几个方面展开也许是不错的选择：

（1）建立适应时代发展的教育理念

着眼于培养能适应社会发展需求的现代化专业人才，培养学生的创造能力，调动学生的主观能动性，通过构思创意、实践动手，使学生获得有价值的各种技能，具备良好的适应能力和广阔的发展空间。[20]

（2）强化素质教育

建立素质教育的目标、实施办法和实施内容，采用各种形式进行有效的德育教育，培养学生健全的人格和道德素养；建立相应的素质教育的评价体系、奖惩条例。鼓励学生深入社会、了解社会，培养团队精神，树立一颗爱心。

（3）建立适应时代发展的教育模式

改革招生制度，建立一套科学合理的考试选拔办法，将考试由技能选拔转向考核学生的全面素质；优化办学模式、调整课程体系、更新教学内容，将基础教学课程、设计理论课程和专业设计教程有机结合，逐步形成适合国情的设计教学课程体系，以培养会设计、有思想、有文化、懂市场的高素质、复合型人才；注重室内与建筑的结合，文科与理科的结合，工科与艺术的结合，历史文化与艺术传统的结合，交叉融合，博采众长；建立教学、研究、创造三位一体的教育模式，使教学为研究和创造服务，研究为教学和创造提供理论指导，创造为教学和研究提供试验基地，同时为现代设计教育提供一定的经济资助。

（4）加强师资队伍建设，搞好继续教育

利用现有办学条件较好的院校建立一些具现代化设施和能进行多学科培训的综合性师资研修中心，建立轮流进修制度，使教师不断进行知识更新；与相关单位建立联合培养基地，聘任资深设计师担任兼职教师，提升师资队伍的理论水平、研究能力和实际工作经验；大力发展职业教育和继续教育，提升和更新从业设计人员的专业知识技能和综合素质。

（5）加强实践教学

重视课堂教学与教学实习、社会实践的关系，使学生能参与一些设计项目和工程施工的实践活动，将课堂所学与实际工作相联系，缩短从学校到社会的距离，增强其社会适应能力。

（6）加强多媒体教学及网络学习交流

使学生通过网络交流设计作品，集思广益；展开优秀作品评比、设计沙龙等活动，使学生在生动的教学和各类评比中增长知识，陶冶情操，提高设计鉴赏能力和表现能力；加强学生高效获取信息的能力的培养，使其能通过信息高速公路接收最新的设计理论和行业动态，及时了解新材料、新技术、新思想，及时调整和充实自己。

4.4.2 室内设计的客体

室内设计又是一门服务性行业，是以为业主创造良好的环境为目的的行业。[21]室内设计的客体就是设计人员所面对的业主。室内设计首先要面对的对象是业主，在设计开始立项到施工完成、交付使用的过程中都离不开业主的参与和支持。要想做成一个好的室内设计作品，既要有设计师的良好的创造力和构思，又离不开业主的支持与配合。所以说，一个室内设计系统的成立，少不了业主的因素。

有句话叫做“顾客就是上帝”，甲方就是设计方的“上帝”，是设计师的“衣食父母”。只有甲方提供项目，设计师才有施展才华的机会；只有明确甲方想要什么，才能做出令甲方满意的设计，才能拿到设计费。但不同的业主有不同的情况，有不同的想法和要求，设计人员不能以自己的感觉来衡量别人，不能认为我们所想的就是甲方所想的。要想做一个好的、符合甲方要求的设计，室内设计师在设计之初，必须先深入了解业主的相关情况，包括经济情况、管理班子、行业范畴、文化背景、地域位置、负责人的爱好乃至工作方法，才能确定设计方向，以求设计符合业主的需求，达到改善业主工作和生活环境的目的。很明显，如果设计师所做的方案不符合甲方的思路，是不可能深入下去的，也就谈不到设计费的问题，更谈不上设计的实现问题。

一般情况下，设计人员在与业主打交道的过程中既有合作，也有冲突，既有设计者自身的原因，也有业主的因素。根据我们和相关人员的经历，归纳出目前设计人员所面对的甲方常有的这几种类型，而我们要想做好设计就应根据不同情况予以区别对待：

1. 有比较高的预算，又有较强的主观见解

这一类型的业主通常是社会上较有名望的经济实体或个人，有较高的素质和经济基础，接触面广，有品位，能有条理地表达他的需求以及对色彩、材料、造型的喜好，而且也能辨别设计水准。但因为他们的主观性较强，因此与他们配合的设计师也会受到被尊重与不被尊重的两种极端待遇。一般而言，与这种业主合作完成的设计成品大多是可以称道的。

2. 有财富但缺乏见解

这一类型的业主，他们有足够的财富，但却缺乏这方面的知识或有力的相关的部门来协调，只知道他的房子需要装修，需要请设计师，但却不知如何提供资料给设计师参考，只能以“高档”、“中档”或“一般装修”等含混的话来表达他们的想法。更有甚者，带着设计师东一家、西一家地到处看，然后说“我就是要这样的”，没过几天，看到更满意的，又要更改。对于这种甲方，设计师最重要的一点就是如果认为自己的设计是好的，就不要根据甲方的意愿随便改动。吴家骅先生曾说“如果不坚持自己的设计和原则，被甲方牵着鼻子走，结果往往是出来的东西俗不可耐或四不像，而且最后还有可能拿不到设计费。”[22]这样的情况在现今的设计市场，特别是家庭装修中非常多。

3. 预算不多但有见解

这一类型的业主通常文化素质不低，收入中等。他们对生活品质颇为重视，也深懂社会分工，能尊重设计师的意见，而且也能详细地提供资料及预算，让设计师能有效地调度设计开支，并运用专业知识技能，其结果也往往是造就一个经济、美观、合理又富有情趣的室内空间。

4. 没有足够预算也没有见解

这一类型的业主往往只知道房子需要“装修”，却不知如何下手，请来了设计师，却说不出自己的需求，便交给设计师全权处理。若是像国外那样真的交给设计师来处理，那也没什么不好，但经常发生的情况是在进行设计施工时，业主冷不防地来个这里要改、那里要修，当由于他们额外提出的想法造成施工造价超出预算时，他们又说是设计不好，造成了大量的浪费，到了设计收费时，又认为设计免费。碰到这样的甲方，设计方通常面临的结果是设计作品质量低劣和设计费泡汤，更别提什么补充设计费和设计配合费了。

从对以上四个类型的业主的分析中，我们可以看出：有的业主不知尊重设计师的意见；有的业主不知如何说明自己的需求；有的业主没有给设计师付费的概念。作为为业主服务的设计人员，本不该对甲方过多批判。我们在这里只是说明，由于甲方的原因，有时也会造成对设计系统的破坏。

事实上，动脑的是设计师，使用的是业主本身，室内设计是以客户的需求为经，以设计师的专业知识技能为纬，只有业主与设计师密切合作，经纬交织，才能创造出一个合理、舒适、美观的室内空间，才能在设计师的努力下，为业主提供一个好的服务和作品。

那么业主应该如何与设计师合作呢？从设计师的角度来考虑，笔者认为有这么几个因素需要考虑：

（1）业主应充分信任设计师，设计师应以业主的利益为先导

所谓“术业有专攻”，设计师总归是室内设计行业的专职人员，大多数是经过几年正规教育或有着多年工作经验的专业人士，平时所做的、所想的都是与室内设计相关的事情。室内设计是一个创造性和技术性相结合的行业，设计师要做出一个好的作品，有的时候需要一个好的心态。试想，如果甲方在设计人员做方案时就用充满着挑剔与怀疑的眼光来审视他和他的设计，能让设计人员觉得舒心吗？这时他们会认真地做设计吗？结果，要么就拿一大堆漂亮但不切实际的效果图来挡架，要么就抱着成不了拉倒的心态来对待。从格式塔心理学中可以知道，人除了有生存的需要、生理的需要外，还要有心理的、被尊重的需要，设计人员在为业主提供服务的同时也需要业主所给予的信任和尊重。只有这样，设计人员才会全心全意地为业主服务，利用自己的专业技能为业主提供业主想要的好的作品。特别是在后期施工开始后，当现场出现这样或那样的问题，又有事不关己的人在旁边说三道四的时候，甲方更应该相信自己的选择，更应信任和尊重设计人员。有一点要提及的是，现在好多施工工程都是通过招投标得到的，为了得到一个工程，投标单位都会拼命地压低投标价格，而一旦中标进入施工现场之后，施工单位都会对用于招标的设计图纸提出一连串的问题，指出设计上的许多不足，要求设计作出更改或补充图纸，而后根据这些后来增加或修改的图纸来要求增加造价。不可否认，再完善的施工图纸都会有与现场不符的地方，都会出现一些或大或小的毛病，少量的更改也在所难免。如果甲方因此而不信任设计，按施工方提出的意见要求设计方不断地修改，不断地出图，甚至是同一个问题要反反复复多次，必然会引起设计方的反感。最后可能是设计方也失去了耐心，采取一副反正是你出钱，你要怎样就怎样的态度，敷衍塞责、马虎了事。当然，设计人员以这样的态度对待自己的本职工作不可取，但也是非常常见的现象。最好的解决方式应是业主与设计方都尊重对方的想法和劳动，在充分理解的基础上以良好的合作方式共同完成一项与大家

都有关的设计作品。

（2）业主应与设计师充分沟通

室内设计是一个创造性的活动，但它又是一个在一定限制条件下的创造活动，它受到建筑、功能和甲方的需求等方面的限制。设计师要想做出一个好的、符合甲方要求的、切实可行的设计，就必须要对已有条件、功能需求、甲方喜好、装修等级、预定投资数额有一个清晰的了解。要做到这一点，就有赖于业主与设计师的充分沟通和交流。对于小型工程来说，可能双方见见面，大致沟通一下就可以了。对于大中型项目来说，由于涉及的环节非常多，所要考虑的相关因素也会更加复杂。在这种情况下，业主出具一份详细的、明确的设计任务书给设计方是较好的选择。当然，设计方也应以对项目负责的精神提出建设性意见供甲方参考。有时，出于需要，设计方也可以在和甲方在交流沟通的基础上帮助甲方拟定设计任务书，作为后续工作的具有法律效力的依据。不管采取什么形式，想要实现一个好的设计作品，避免在设计后期出现各种各样的矛盾和问题，最重要的就是甲方一定要知道设计方能做什么，设计方要知道甲方想要什么，以什么样的方式去做能符合或超出甲方的意愿。还有一点要强调的是，设计人员在实际的设计工作中，有好多时候是帮甲方想他们没有想到的问题，这时与他们沟通，让他们明白自己在做什么、从什么角度考虑、对项目的顺利完成有什么益处，也是很有必要的。目前在实际工作中所造成的大量的浪费在很大程度上就是由于沟通不够或不够及时所引起的。比如有些室内设计在土建尚未完成时就已开始，这时好多土建要做的东西（如有的隔墙）会在室内设计中根据设计要求拆除。如果在设计方案开始或初步成型时，及时与甲方沟通，提出设计方的想法和对原建筑设计的部分修改，对于这样一些后期要拆除的工作前面就不做，就这个单项来说，就可以省两次无谓的浪费。

（3）业主应按时按量地支付设计方的设计费

前面就已说过，室内设计是一个服务性的行业，而服务行业应对其提供的服务收取相应的报酬。这是一个很容易理解的事情，但实施起来就非常困难。很多业主认为设计师无非是动动脑子，最终出来的也就是那么几张图，不应该收那么高的设计费用，所以，他们就拼命压低设计费用，而且也不按时支付。现在国家对室内设计工作的收费标准有明确的规定："室内设计费用按项目总造价的 5% ～ 8% 或按 60 ～ 100 元 /m^2 收取，而设计配合费基本上是工程总造价的 1% ～ 3%，如果设计因甲方原因造成两次修改以上还应加收相应的费用。"[23]可是，我国目前的室内设计收费现状是什么呢？大量的事实可以告诉我们，现在我国室内设计行业的收费普遍没有达到国家规定的水准，有的远远低于国家标准，甚至有的室内设计项目根本没有设计费。面对这样一种情形，设计人员该如何生存，又如何能做出好的设计？有这样一个现象，有些比较知名的设计师承接项目相对容易一些，因此可能会在较低的价格基础上承接大量的设计项目，但他自己没有时间或者不愿做这些效益极低的事情，就将项目转包给另外一些设计师，从中赚取一部分费用，而另外一些设计师可能会以更低的价格转给“三传手”，“三传手”又可能会以按图纸张数算钱的办法转给社会上的更小的设计群体或个人（就是业界常称的“枪手”）。从挣钱的角度出发，这些人就会在最短的时间内出尽量多的图纸，根本不会去管什么设计质量或者是设计。我曾见过一天能出30张施工图的一位“枪手”，根据调查得知，他是抱着“不管什么设计，不管什么差别，尽量套用以前的图纸，做完完事”的态度来处理这些设计任务的。这样，由那些知名设计师负责的项目却是出自一些为了拼图纸数量而画图的人之手，最终成稿交图时他们可能连看都没有看一眼，试问如何能保证设计质量？也许这不是普遍现象，但也从一方面反映了设计师对于设计费收费低时的心态，至少是对待设计的态度不那么积极。再看看国外和港台地区的室内设计师，他们经常可以收取高达工程总造价8%～12%的设计费甚至更高，因此他们得以从容而细致地进行设计和跟进工程进度。

还有一种情况，就是甲方经常拖欠设计费，根本不按设计合同履行应尽的职责。特别是在后期由于现场一些原因导致设计方作了较多的更改，造成造价的上升后，他们更是找理由不付尚未支付的设计费。对于本来就收费不高的设计方来说，这更是雪上加霜，有时还要垫钱以完成正在进行的工作。不难想象，在这样一种生存环境下，设计人员很难全心全意地从设计出发，处处为甲方着想。

当然，应该注意的是，设计本来就不是获取暴利的行业，设计师是出于个人兴趣和对创造美的追求而选择了这个职业，应该本着敬业、爱业的精神，踏实地工作。要相信一分努力一分回报，当最后的效果呈现在眼前时，业主的满意就是对设计师的回报。如果每个设计师都能勤奋地做好设计工作及相关的设计服务工作，一个良好的、运转正常的设计系统也会成立。

案例 4-4-2 有一个业主是一个上市企业，经济实力雄厚，有能力也愿意去做一些好的作品来提升企业自身的形象。这个企业的老总是一个见多识广、很有水准也愿意出资搞建筑的人。他对乙方的设计非常欣赏，同时他自己又亲自参与到设计中来。他们所有的项目包括厂区规划、建筑设计、室内设计甚至家具和陈设的选配，都有他的参与，并不时提出一些好的建议。在他的参与中，乙方对项目的室内设计经过了一轮又一轮的修改，其中既牵涉到功能分区的调整、材质的选择、家具的选择，也有其他各方的事情。这其间乙方有争执与冲突的地方，也有意见统一的地方。当然，大家的目的只有一个，就是想把事情做好，想在不惜成本的基础上做出一个好的作品。最后施工完成后，因为甲方经济方面的支持和他们基建处的协调与配合，完成的作品基本上符合设计方的最初构想，也得到了甲方的认同。实际上，同这样的甲方打交道，既顺利又不顺利，既轻松又有压力。如果设计方的方案能打动他们，符合甚至超出他们的期望值，后面的事情会顺利得多，他们会充分尊重设计师的想法和技术，而且，以后的工程也基本上会由相同的设计师来承担（图4-11）。

图 4-11　江中会所室内外现场照片

案例 4-4-3 在进行南阳总部室内设计时，设计方碰到的是一个在经济条件和专业交流上都不是很理想的业主。总体而言，业主最初对设计方还是十分信任的，希望设计方在最短的时间内做出这个项目的室内设计，只是由于业主方没有相关专业的人员与设计方作交流，给设计方在进行室内设计时带来了一定的困难。在这种条件下，设计方在 20 天的时间做出了方案设计并出具施工图，以利业主准备工程招标。只是由于时间紧迫，所出的图纸并不十分完善，所完成的图纸也免不了会出现或这或那的问题。在室内设计的实施过程中，由于现场情况与设计进行时甲方所提供的条件有较大的出入，设

图 4-12 南阳总部室外效果及现场照片

计师根据现场情况对原设计提出了一定的调整，而且按甲方的新的要求对原来不打算装修的部分也进行了补充设计。在这种情况下，增加工程量和工程造价是一个必然现象，但甲方认为他们与施工方是按一口价签订的合同，不想增加任何工程费用。施工方为了一定的利润，开始想方设法地偷工减料，其结果是工作热情的明显低落和工程质量的显著下降，到最后所完成的也就是一个不成功的设计成品。这时甲方又反过来说都是设计的原因造成这样那样的局面，是设计做得不好，最终设计师面临的状况是连一点微薄的设计费都拿不到（图 4-12）。

4.4.3 室内设计的使用者

业主委托设计师设计居住或公共空间工程项目，通常都会参与整个设计过程，也就是说，他们会讨论设计计划，批准设计方案等。当业主是那些主管、官员、开发商或其他一些并没有直接使用要求的人员时，特别是那些大型工程，在设计过程中让使用者参与，也许要花费一点额外的精力。现实生活中，设计师也常常拒绝此类参与，认为这样很麻烦又费时间，或在他们的专业工作中没有参考价值。

实际上，设计过程中有使用者的参与常常会帮助设计师从凭空想象的人的需求中发现并选出真实的内容，也许还会帮助他们形成更好的设计创意和产生更为直接的经济效益。就如同工人参与工厂管理能提高效益一样，用户参与也有助于使设计向提高使用者生活质量的方向发展。"室内设计所要服务的真正对象是室内环境的使用者，如能切实地从使用者的角度出发，满足使用者的物质文化需求和精神文化需求，就可提高使用者的生活质量，得到使用者的肯定和好评"[24]，我们就可以认为一个室内设计是成功的设计。如要做到这一点，就必定要在设计过程中不忘使用者，分析他们的生活和工作习惯，明确他们的需要和想法，听取他们的意见，并能适当地应用到实际的设计中去。用户参与设计可以建立一个设计师与使用者互学互助的沟通关系，设计的结果应是让各方面都有满意的评价。用户参与设计虽然会多占用一点时间，带来一些麻烦，但许多工程已经证明这一切是很有意义的，其中之一就是用户对最终形成的结果都很能接受。当设计中需要采取妥协措施时，如经济实力与顾客需求之间有差距等，使用者如果参与其中，就会比较容易地接受最后的效果，这要比让他们接受一个自身没有起到任何作用的解决方法简单得多。

如果没有使用者的参与，在设计中也要实在地考虑使用者这个问题。这时就应充分利用已有研究成果，如人体工程学、环境心理学这样一些研究人的学科的研究内容以使设计能最大限度地合乎人们的工作和生活习惯。那些由有关人的因素研究而得来的数据信息有助于指导设计并作出决策。人体测量数据涉及相关的人体尺度问题，可建立有关净空的尺度，桌子、柜台、书架的高度和其他类似的有用的标准尺度。人类环境改造学的研究数据与人体工程和感官知觉有关，因此可指导设计人员较好地处理诸如桌椅的舒适程度和如何更便于观察、倾听以及照度、传声状况等问题。实验心理学主要研究人的感觉，如空间内色彩和光线对人的感受和情绪的影响方式等。人类学和社会学则研究在各种文化背景下人的行为，甚至连动物行为的研究都有助于理解人对隐私和交流的态度以及对区域感的认识，换句话说，就是人们需要有界定的个人和群体的空间。人类环境改造学涉及现实空间对社会团体和行为的影响问题，例如拥挤会进一步引发怒气和失望，导致人与人之间的摩擦、争端，甚至是犯罪。人们在工作、交流、休息过程中需要适当的隐秘性，所以，无论在工作还是在社会环境中都需要提供一些可进行私人接触的设施，选择特定的空间、墙体、门、家具都可使日常生活更舒适、满意，同时又颇具效率。

设计师不可能在每个项目中都与使用者进行面对面的交流，但要想真正地做好室内设计，对于人的需要的研究是必不可少的。对于一些已完成的项目进行使用后评价，了解使用者在使用过程中对已完成设计的满意程度如何，有哪些成功和失败之处，如何更好地进行改进，对于室内设计师来说，是提高自身水平和设计水平的较好途径。

案例 4-4-4 在进行江西师范大学行政楼室内设计时，设计方在建筑设计完成土建施工开始时就受业主委托开始介入，但此时设计方并没有了解到是由谁使用，潜在的使用者将会采取什么样的办公方式。在这种情况下，设计人员只能根据办公空间的常规设计方法来推进工作，考虑普通人员、管理人员和校领导办公区域和相应的接待、会议等功能。在确定设计风格的基础上，根据相应的设计规范和标准来确定一些基本的尺度，选用一些符合设计意图的装饰材料、家具、陈设等设计内含物。这样做的结果基本上符合使用者的功能需求，但是使用者都是有着不同个性的个体，都会有不同的喜好，所以设计人员这样的做法往往很难符合使用者的实际需求，在所有设计完成后提交校办审查的结果也证明了这一点。校办在经过民意调查和会议讨论后，就对原来的设计提出了较大的修改意见，提出了一些新的使用功能并取消了一些功能空间，如三楼校领导办公室空间布局和家具的调整，增加健身房，增加屋顶花园，减少普通办公室等，都提出了不同的方案。虽然设计由于这样一道工序而增加了一些额外的修改工作，但由于有使用者的直接参与，所设计出的东西更符合使用者的实际需要，更接近地达到了设计的为人服务的目的（图 4-13）。

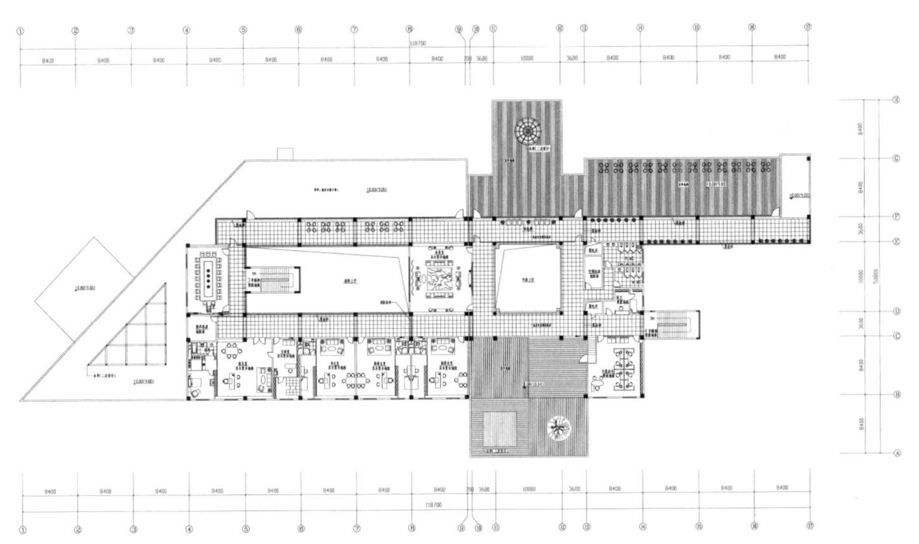

图 4-13 师大行政楼三层平面图及效果图

4.5　室内设计系统的环境因素

室内设计并不是孤立地存在的，是自然环境—城乡环境（包括历史文脉）—社区街坊、建筑室外环境—室内环境等这一系列环境的有机组成部分，是建筑设计的延伸和深化。这就要求我们在讨论室内设计时要从更宽的角度出发，以整体、全面的观点来分析。

4.5.1　室外环境

“建筑的界面的作用就在于分隔人们生存的内、外环境，其内就是室内，其外就是室外，两者的联系与阻隔就在于一层墙。”[25]也就是这一层墙造就了太多太多的不一样的东西，它使人们的生存方式、生活状态、社会地位、思想水平都产生了差别，这在我们学过的建筑史中已有明确的论述。不同的民族、不同的地域、不同的时代会有不同的建筑，也就会有不同的室内与室外环境。但是，有一点是确定的，有史以来，建筑的表里、内外在风格上一直都是很统一的。保留下来的优秀古典建筑鲜明地反映了这种趋同性或一致性。建筑内外统一的风格对于展示时代和民族的精神实质和文化传统本是极有益的，然而，由于室内设计的相对独立以及建筑设计、施工的由外而内，逐步淡漠了人们的统一观念，造成了建筑内外风格的日益偏离，使室内设计走入了与外隔绝的误区。其实，“从人的心理来看，人们一方面要求建筑创造一个封闭的空间，达到‘围’的目的；另一方面却渴望与自然融通，追求建筑内部与自然的‘透’。”[26]中国古代建筑设计中常采用的借景的手法就反映了人们对建筑的这种矛盾心情。如何解决建筑“围”与“透”的矛盾呢？把建筑的内外风格与自然环境的特色统一起来也许是最好的办法，再细致一些说，就是将室内环境与室外环境有机地统一起来。

在进行室内设计时，我们不能剥离它对室外环境的依赖，最好的办法是充分利用和发挥室外环境的优势，将室内设计纳入一个更大的整体性范畴。从这几个方面出发，或许能达到一定的效果。

1. 用整体的观点来看待室内设计

室内设计不能只关注室内的“内”，还要充分认识和理解室外的“外”。“环境”就有了双层的含义：“一层含义是，室内环境包括室内空间环境、视觉环境、空气质量环境、声光热环境等物理环境、心理环境等许多方面。另一层含义是，把室内设计看成自然环境—城乡环境（包括历史文脉）—社区街坊、建筑室外环境—室内环境，这一环境系列的有机组成部分，是‘链中一环’。”[27]

它们相互之间有许多前因后果或相互制约和提示的因素存在。明斯克的《民用建筑室内设计》一书中，也曾提到：“室内设计是一项系统，它与下列因素有关，即：整体功能特点、自然气候条件、城市建设状况和所在位置，以及地区文化传统和工程建造方式等。”[28]

室内设计的“里”，和室外环境的“外”（包括自然环境、文化特征、所在位置等)，可以说是一对相辅相成、辩证统一的矛盾。为了更深入地做好室内设计，就愈加需要对环境整体有足够的了解和分析，着手于室内，着眼于“室外”。

2. 将室外环境引入室内

这在中国传统建筑中得到了极大的体现，特别是在一些传统园林建筑中表现得更为突出。其中最典型的要算“框景”这一造园手法。所谓框景,就是“利用室内的门窗洞口作为模拟的景框，将室外的自然景色也纳入其中，观赏者在室内的一定距离之内能欣赏到一幅优美的画图”。[29]室内外空间通过一扇窗户或门洞巧妙地融合为一体，人们身居室内又能赏室外之景。这时，景框不仅以其自身别致优美的造型构成了室内设计的一个部分，而且它使室外自然之景成为了室内活生生的图画。这些造园手法在室内设计上的应用加强了室内外空间的沟通,进一步把室外环境融合进室内空间之中。在现代的设计中，由于玻璃、钢结构的出现，人们又将这种室外环境室内化的做法在新的技术条件下进行了进一步的扩展，但我们在利用其优势的同时也应意识到由于大面积的玻璃的应用所引起的热辐射、热能消耗、温度调节等方面的问题。毕竟任何事情都是有其两面性的，关键就在于如何衡量利弊得失。

3. 室内设计室外化

在室内设计中，将室外景观引入到室内中来，在室内进行景观设计也是对室外环境的依恋的表达。现代科学技术和新型材料的运用使大跨度、超高度的建筑空间成为可能，同时也使室外景观的大量引入成为现实。这种设计多见于宾馆、饭店、商场、办公楼、展览馆、交通建筑等公共场所的门厅或中庭之中。由于这些场所的顶棚多用透光玻璃罩结构，这就为许多观赏性植物和动物的存活提供了充足的光照条件。“宽敞明亮的内厅为设计者们提供了丰富的想象空间，在其间，或安排山石、绿树、喷泉，或构筑假山、飞瀑、小溪，或布置小桥、流水、草台…让人有身临其境之感，真真切切地体会大自然的魅力。”[30]广州白天鹅宾馆中庭的设计就是将室外众多景观要素大胆地移植到室内来，创造出了一个富有乡土气息的休息环境。这种大量移入室外景观的室内设计使人与大自然之间的接触更加直接和充分，在更大的程度上解决了人们居于室内而又要获室外之感的矛盾。在当代室外化趋向的室内设计中，这种方法是主流。

概括地说，室内设计室外化是以直接或间接地将室外自然景物作为室内设计的一个部分为其特点的。它的优点主要体现在两个方面：

其一是在使用功能方面，绿色植物的光合作用以及喷泉或其他水体产生的负离子对于室内空气的净化、人的身心健康都具有很大的益处。

其二是在审美功能方面，室外景物在室内环境中的合理设计和安排，能创造出几可乱真的大自然环境，使室内外空间浑然一体，可以极大地缓解工作的劳累和生活的紧张，让人们真正体会到“小桥流水人家”的山林野趣。

还有一个环节，就是原建筑中的庭院，它被周围建筑所围合，但又没有顶面，可以理解为介乎建筑与室内之间的一个过渡空间，既是室外环境的一部分，又被其他部分所包裹，是建筑整体的内部出气口。对于这一部分，笔者将其归类到室内设计中来，是室内设计室外化的典型体现。在我们所进行的室内设计项目中，遇到了太多这种类型的空间，它也是设计师们愿意花时间和精力去处理的对象和所要做的工作。

案例 4-5-1 在江西中医学院留学生楼的设计中，建筑师就充分考虑了周围丰富的山水资源环境，将公共部分的墙面统统设计为玻璃幕墙，而且将公共走廊的屋顶全部设计为采光顶，从而将青山、碧水、蓝天这些优美的自然引入室内，使人在享受室内舒适的生活环境的同时尽情领略大自然赐予的山水自然风光，足不出户而赏四时景致。在室内设计中，设计师遵循了建筑师的这一意图，保留了这些能够借景的界面并以更为细致的手法对原来的结构略加处理，使外墙、屋顶的钢结构的尺度和色彩处理得更为精巧，在强调这些构件自身美感的同时使其更好地融入周边环境之中（图 4-14）。

案例 4-5-2 在江中总部办公楼室内设计中，由于中央接待大厅是一个圆形的玻璃体建筑，室内设计师在满足其接待功能的基础上，按照建筑的结构逻辑将绿化、水体引入室内，使室外环境与室内环境连成一个整体，给人的感觉是这个玻璃体漂浮在一个大大的圆形的水面上，成为其中必不可少的一部分（图 4-15）。

图 4-14　江西中医学院留学生楼室内外景观关系

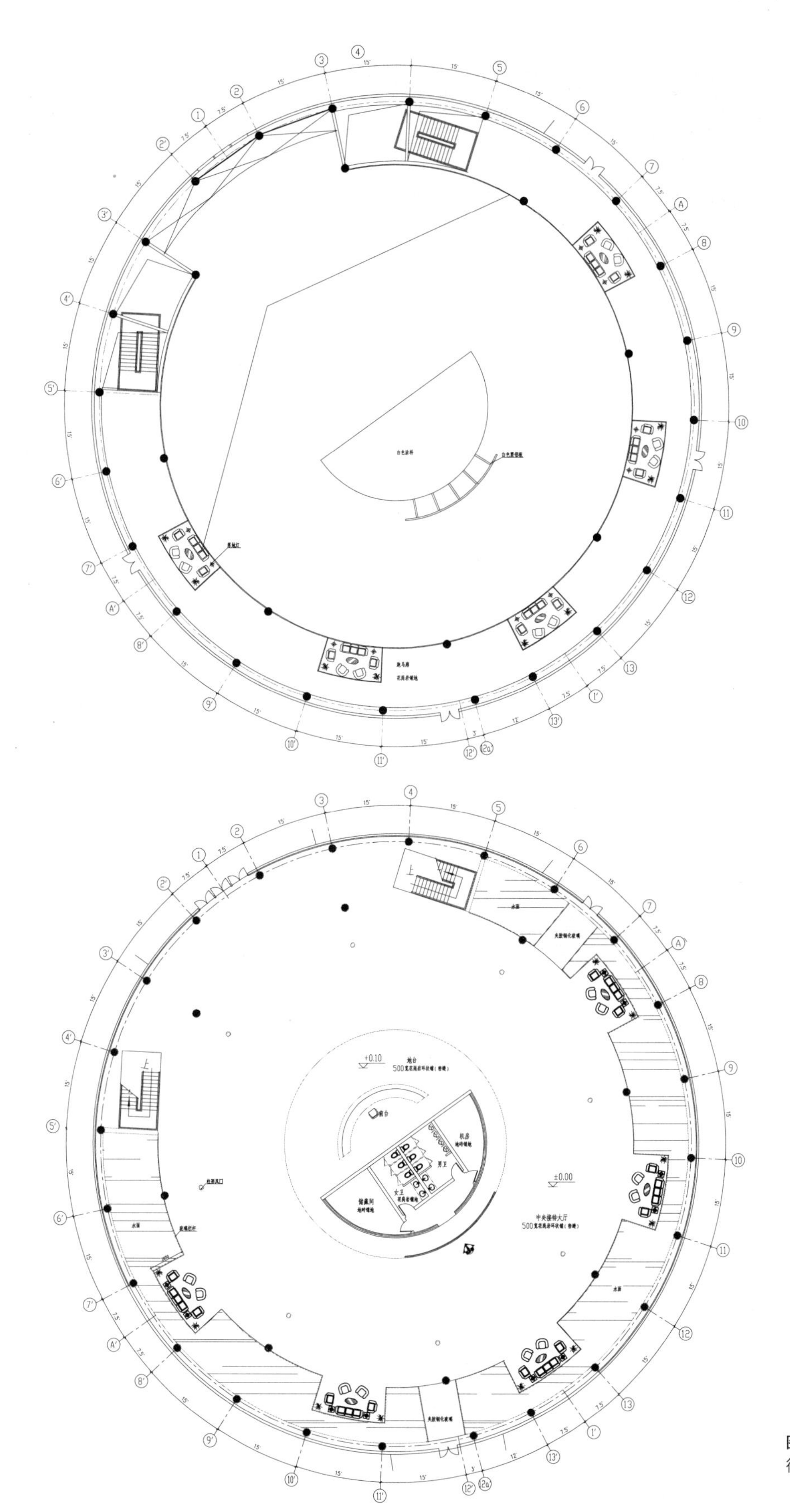

图 4–15 江中总部中央接待大厅室内设计图

图 4-15　江中总部中央接待大厅室内设计图（续）

4.5.2　建筑条件

对于室内设计来说，建筑设计是一个不能忽视的问题，是室内设计的前提和依据。只有有了建筑或建筑设计，才有可能进行室内设计。但室内设计应如何认识建筑设计，认识建筑设计与室内设计的关系呢？认识这几个方面的问题应是做好一个建筑的室内设计的基础。

1. 室内设计是建筑设计的延伸和深化

人们常说室内设计是建筑设计的延伸和深化，但是，室内设计到底如何对建筑设计进行深化呢？毕竟两者属于不同的工作范畴。对于这个问题，笔者是在室内设计行业十余年的学习和工作过程中，也是通过工程实践，从以下三个方面逐步加深认识与理解的。

首先，是功能的延伸、继续与发展。现在，我们国内的建筑师面对广大开发商及市场经济大潮，有时拿到项目后还不明白其使用功能，比如许多报批项目都叫“培训中心”，而造起来的都是些宾馆、酒店、办公楼等。建筑盖起来后与原定的使用功能并不合拍，这样就使大量的功能设计工作落到了室内设计师身上，即使在已定用途的空间内，设计人员也常常要进行更为细致深入的功能研究，也就是大空间里面功能分区的问题，因此说功能的延伸是室内设计师很重要的任务。功能延伸，还有一点，是精神功能的延续。“在室内空间里，心态对一个人的影响，是相当细化的过程。”[31]研究这个过程，研究人在空间里的心理感受，也就是精神上的功能要求，有助于室内设计更好地与建筑设计在设计意图上取得统一。

其次，是空间的延伸、继续和发展。空间问题是室内设计师与建筑设计师共同关心的问题，也是室内与建筑的灵魂。这个灵魂，始终贯穿于建筑设计与室内设计的过程之中。从我国室内设计行业发展几十年来的大量作品上看，并没有多少人真正认识到室内设计的灵魂是空间，只是近几年才稍有改观。在大多数室内设计作品中，从业主要的效果图，到我们完成的六个面的图纸，常常被理解成孤立的面，简单地理解成为实体形象，而很少从空间的角度去理解。强调这一概念，可能会使我们对室内设计的研究提高一个层次。

再次，就是文化的延伸、继续与发展。建筑本身是一种文化，室内设计应当是最为集中的，最容易让人感悟的一种文化现象。一个好的室内设计应当是建筑文化的延伸、继续和发展。在大量国外著名建筑师的建筑设计中，我们可以看到他们是怎样把建筑的文化从外部发展到内部的，而我们的东西在考虑室内外文化的交流方面还有待加强。也许只有通过各种形式的文化交流才能使我们的室内设计更上一层楼。

案例 4-5-3 上海科技馆的建筑设计和室内设计的方案都是由 RTKL 国际建筑设计公司完成的。它的建筑与室内可以说是达到了完美的统一。室内设计在功能上、空间上、风格上、材料使用上都具有极好的延续性，特别是其中一个巨型椭球体的室内设计，基本上是对建筑设计的完全利用，从材料、构图到空间流线，都是对原建筑的延续和深化。如大球的地面图案设计配合大球体建筑设计构思及形式特征，采用环状扩散形式，自大球中心点向周围，由以黑灰白为基调，混合多种骨料制成的大型地花由浅至深渐变，与建筑的形体关系达到较好的统一（图 4-16）。

案例 4-5-4 在进行江西师大国际交流中心室内设计时，在延续原建筑设计的空间特色和风格的基础上，对原建筑的功能布局和空间分隔有相当大的深化和调整。这个建筑原来是一个作为培训中心使用的带教学功能的建筑，建筑空间简练，整体风格现代。后来甲方希望将它改成一个小型的酒店，这样，就对原来的建筑提出了新的功能要求，需要对原来的功能布局作出一定的调整，主要是增设了酒店的接待、会晤和后勤功能而淡化了其教学功能（图 4-17）。

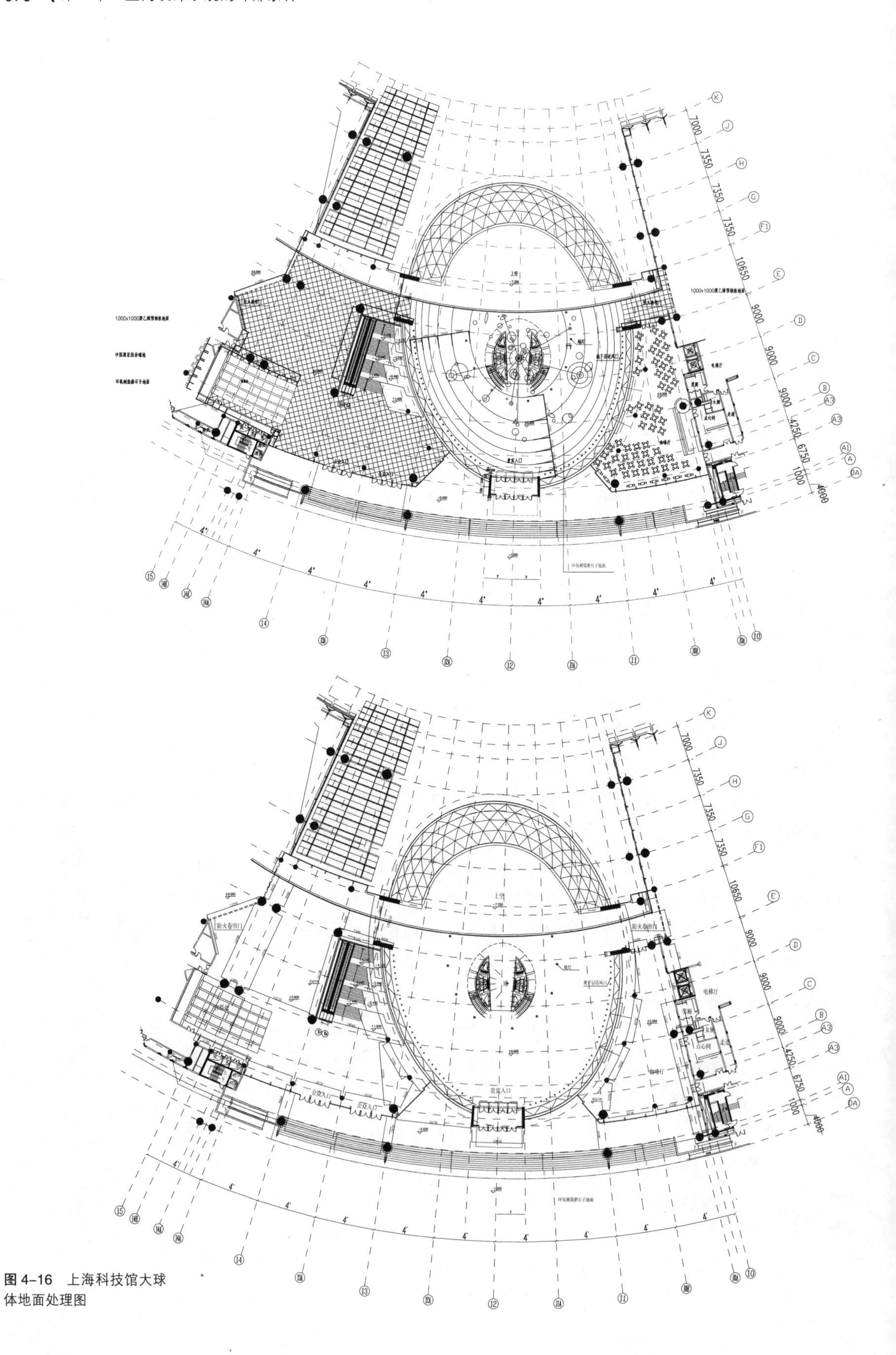

图 4-16　上海科技馆大球体地面处理图

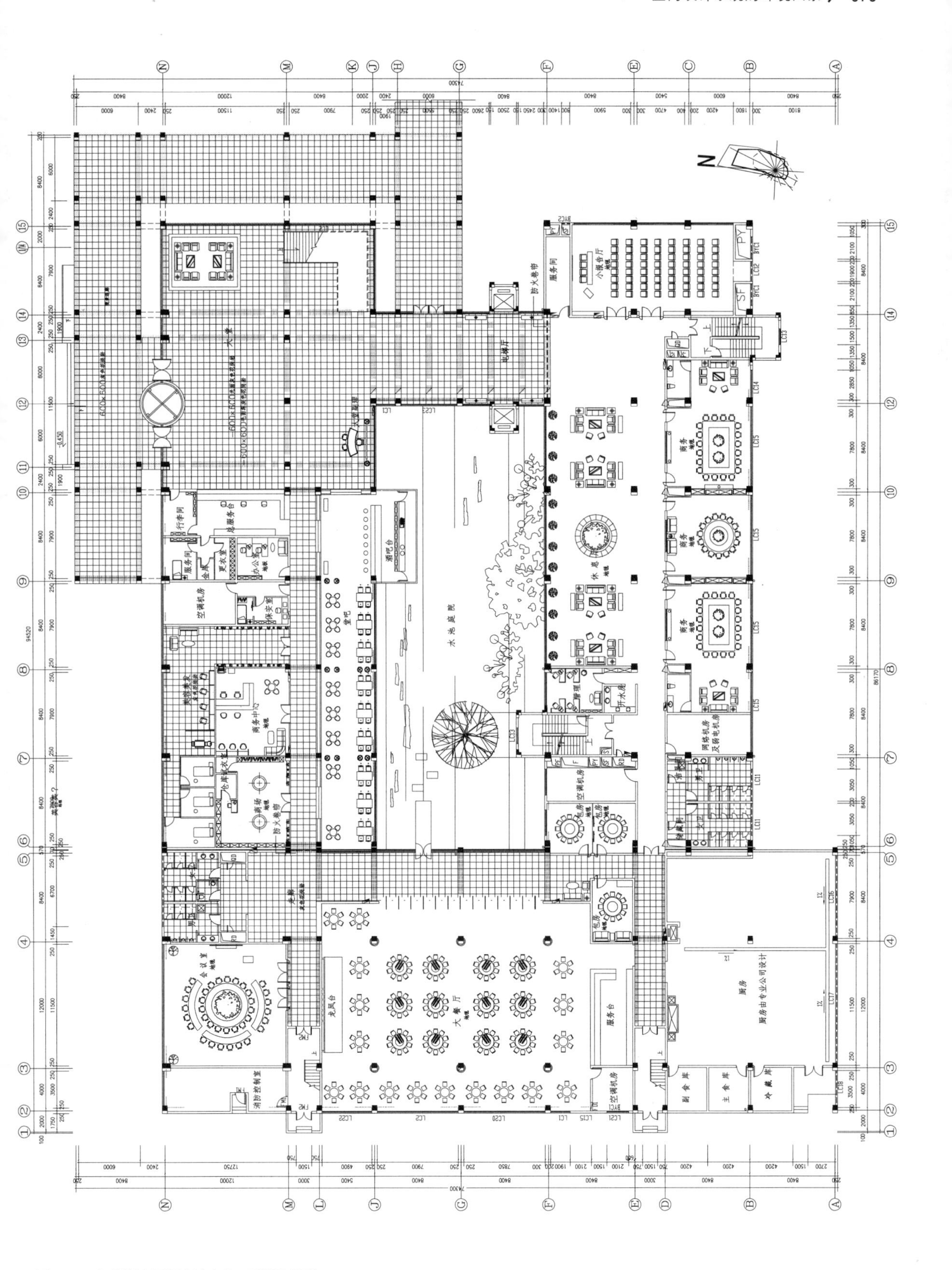

图 4-17 江西师大国际交流中心一层设计处理

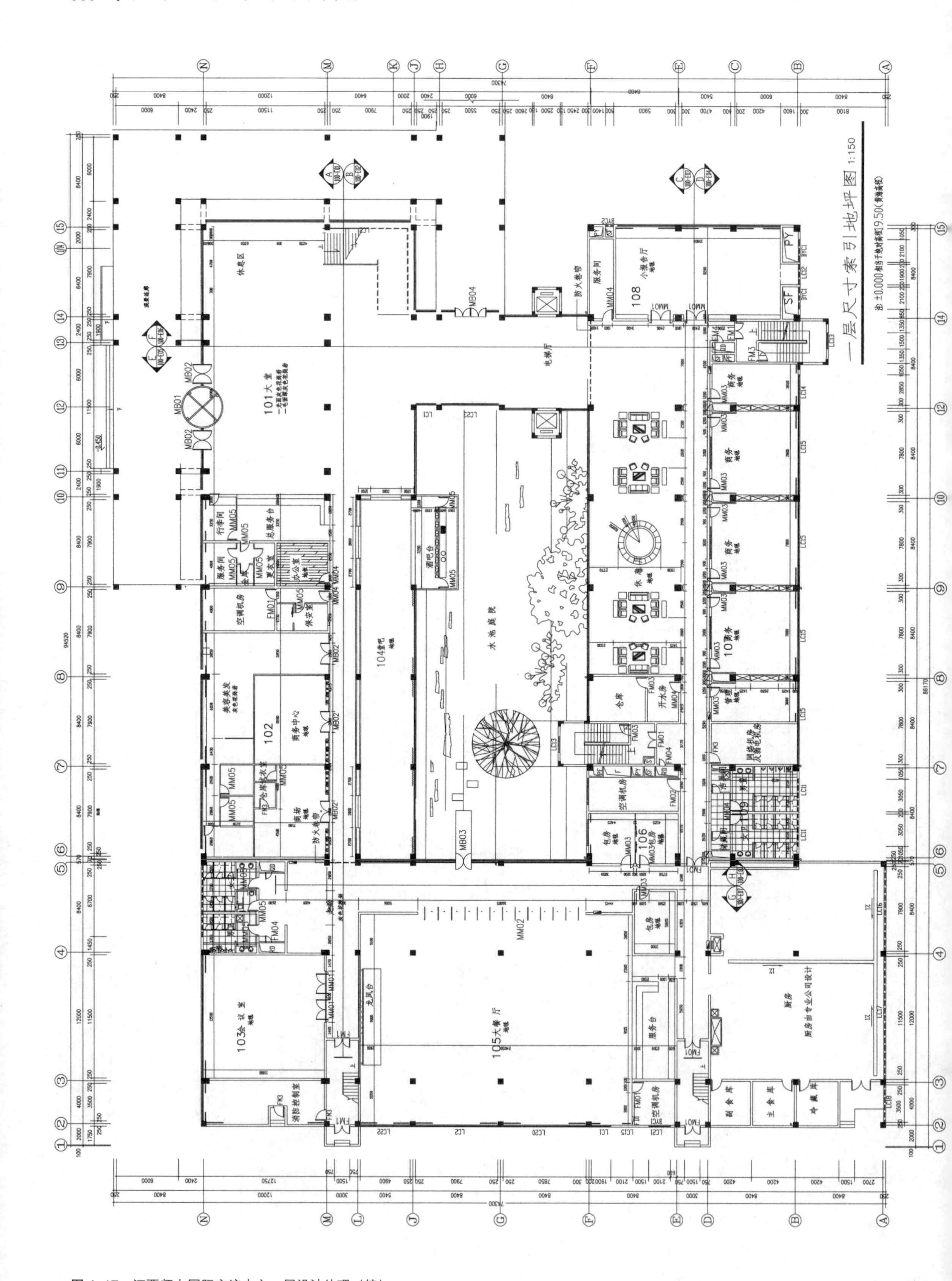

图 4-17　江西师大国际交流中心一层设计处理（续）

2. 建筑设计对室内设计的制约

我们在明了室内设计是对建筑设计的延伸这一特点时，也不得不说，现在室内设计与建筑设计之间存在着鸿沟。现在,国内的建筑师在进行建筑设计时,由于时间和精力的限制，往往很难考虑到室内设计的层面上来。当然，室内设计也很少在建筑设计开始时就介入进去，大部分室内设计项目是在建筑设计做好或建筑已施工好的基础上开展的，有的甚至是原有建筑功能的改造或翻新。我们在对这个问题进行研究时，不仅要看到建筑设计为室内设计提供的基础和条件，更应明了它对后者形成的制约和限制，并要考虑室内设计如何充分利用有利条件、化解不利因素，在不利条件的基础上创造出好的室内空间，实现室内设计对制约因素的超越。根据近年来在工作中碰到的问题和对相关资料的调查，笔者总结出了在室内设计中常遇到的由于建筑设计而产生的问题，主要有这么几个方面：

（1）建筑层高对室内设计的影响

在实际工程中，室内设计师经常遇到的难题是建筑的层高不够，由此导致一些室内空间顶部造型无法实施，造成许多设计上的遗憾，又由于净空太低，使室内空间比例失调，达不到想要的设计效果。由于室内设计对已竣工建筑的结构部分有不可更改性，所以室内设计在室内空间高度上往往受到严格限制。我们的建筑师在建筑设计中应对层高的确定给予足够的重视，要预见到建筑内部空间在使用功能上的多样性和复杂性，在确定标高时要留有余地。室内设计师在确定内部空间实际使用的净高尺寸（指室内设计中的最低一级的顶棚距地面的尺寸）时不得不考虑以下几个因素：

1）建筑结构占据的空间（以最大结构的尺寸为依据）；

2）给水排水管道所占据的空间；

3）各种电缆管线所占据的空间；

4）空调风管所占据的空间；

5）防火自动喷淋管以及烟感自动报警器所占空间；

6）室内设计造型所占的空间（这个可由室内设计师自己控制）；

7）重要及特殊需要的顶棚上人检修所占的空间；

8）地面铺设装饰材料所占的高度。

现在的建筑设计往往是根据国家规范确定相应的建筑层高，不太会为后期的室内设计想这个问题，这就要求室内设计师在进行室内设计时充分发挥创造力。设计人员最好是对现有的建筑层高予以细致分析，考虑一下建筑设计为一个建筑确定这样或那样的层高的原因以及怎样尊重建筑设计，在室内设计中体现建筑设计的意图。同时，又要根据室内设计本身的特点，对项目本身仔细思量，考虑其中一些管线的穿插，考虑小尺度空间和大尺度空间的结合，在需要大空间高度时如条件不够该如何处理等一系列问题。一些建筑设计已经给了我们相当的层高，在进行室内设计时就有着相当高的自由度，如现在的一些大型公共建筑——剧院、音乐厅、展览馆等场所的空间很高，设计师就可以自由地进行创作。

案例 4–5–5 在进行江中总部室内设计时，由于建筑层高与其他各因素的关系处理得不好而给室内造成了相当大的困难。一般而言，办公建筑的层高多为 4.2m，这个建筑的层高是 4.5m，已经是超标准设计了。也就是说，建筑设计当初已初步考虑到后期的一些问题，也希望办公空间能够宽敞明亮。设计方在进行室内设计时充分理解了原建筑设计的意图。在大的办公空间沿两侧走风管，从而可在边上供人通行的空间高度适当低些，控制为 3.0m，而在中间大面积的办公区域，吊顶高度设计较高，控制为 3.60m，而且想采用通透性好的金属网做吊顶，这样既可以使吊顶适当遮住上空的各种设备、管线，保证装饰面平齐、清爽，又能使人的视线透上去，让原建筑的空间设计显现出来（图 4-18）。

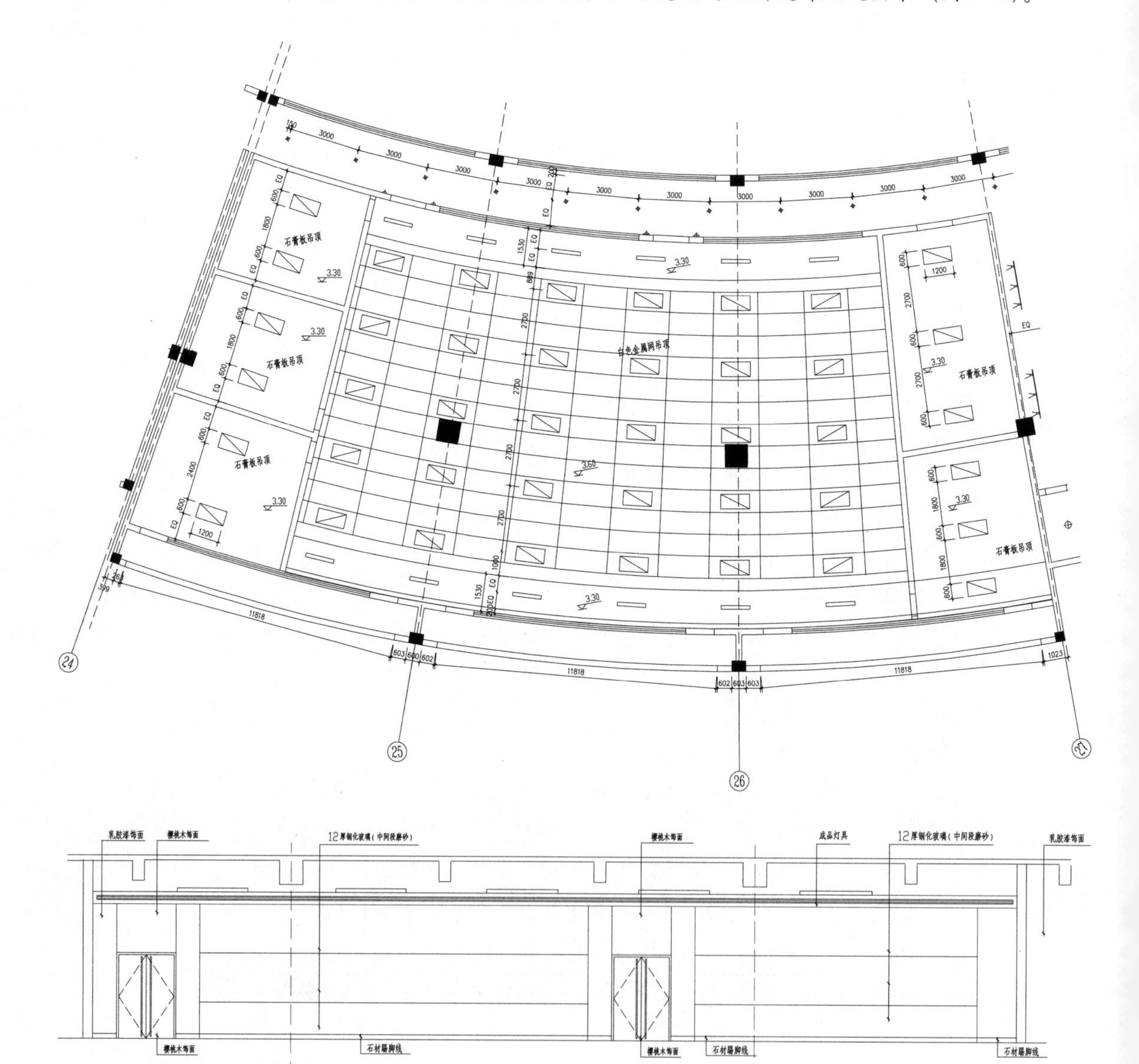

图 4–18　江中总部办公楼大办公室层高处理

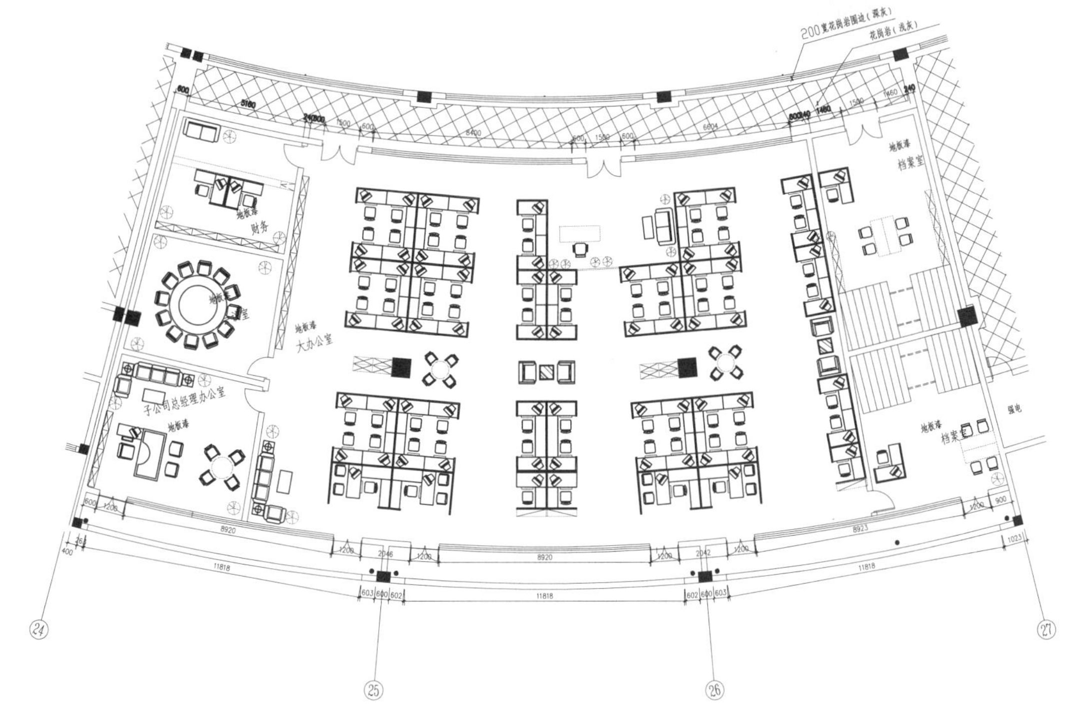

图 4–18 江中总部办公楼大办公室层高处理（续）

案例 4–5–6 在江中总部办公楼的报告厅和南阳总部办公楼报告厅的室内设计中，由于建筑设计时就给了 9.0m 的层高，而且建筑空间跨度和进深都不算大，设计方采用了完全不同的处理方式。建筑是一个大圆形，江中总部的报告厅平面呈扇形，从尊重建筑、展现建筑的角度出发，我们将整个吊顶从主席台到台排座位完全取平，在周围一圈设灯带，中间采用放射状的灯片作照明，使得整个装饰面平整如一，体现了“房子就是房子本身，没有那么多要死要活的道理”的思想。南阳总部则是采用了另一种不同的设计路线。在这个空间中，设计方将顶棚设计与平面设计对应起来，将吊顶分出三个不同的高度：主席台上方的吊顶最低(5.5m)，以弧形的黄色金属网做造型，座位区上空采用大面积的深蓝色金属网吊顶（7.5m)，两侧交通空间以一层黑色的金属网覆盖（8.5m)。所有的设备、管线都隐藏在金属网吊顶的上方，中间部分采用均匀布置在金属网上方的筒灯作照明，而走道上方则以深筒的黑色金卤灯予以特别突出。应该说，这样做的效果不错，既营造出了现代的空间氛围，又体现了建筑设计的意图（图 4-19)。

(2) 建筑空间及建筑结构对室内设计的影响

一个好的室内设计的前提是要有一个好的建筑构架，否则就会巧妇难为无米之炊。一些建筑师以牺牲室内空间为代价来获得所谓外部造型的“新颖别致”，由此对于室内空间的损坏往往是灾难性的，而且这种损坏往往是室内设计无法弥补的，最终将可能导致室内设计的失败。其主要表现在：

1）柱网或承重墙不规整，一些公共空间中出现狭窄的柱网和承重墙；

2）平面空间怪异，空间使用率低下，室内交通路线过多；

3）空间的整体品质差，室内空间形式平庸，与建筑外部空间造型没有连贯性；

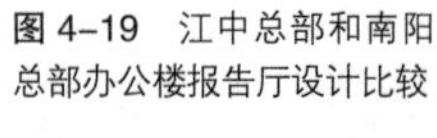
图 4-19　江中总部和南阳总部办公楼报告厅设计比较

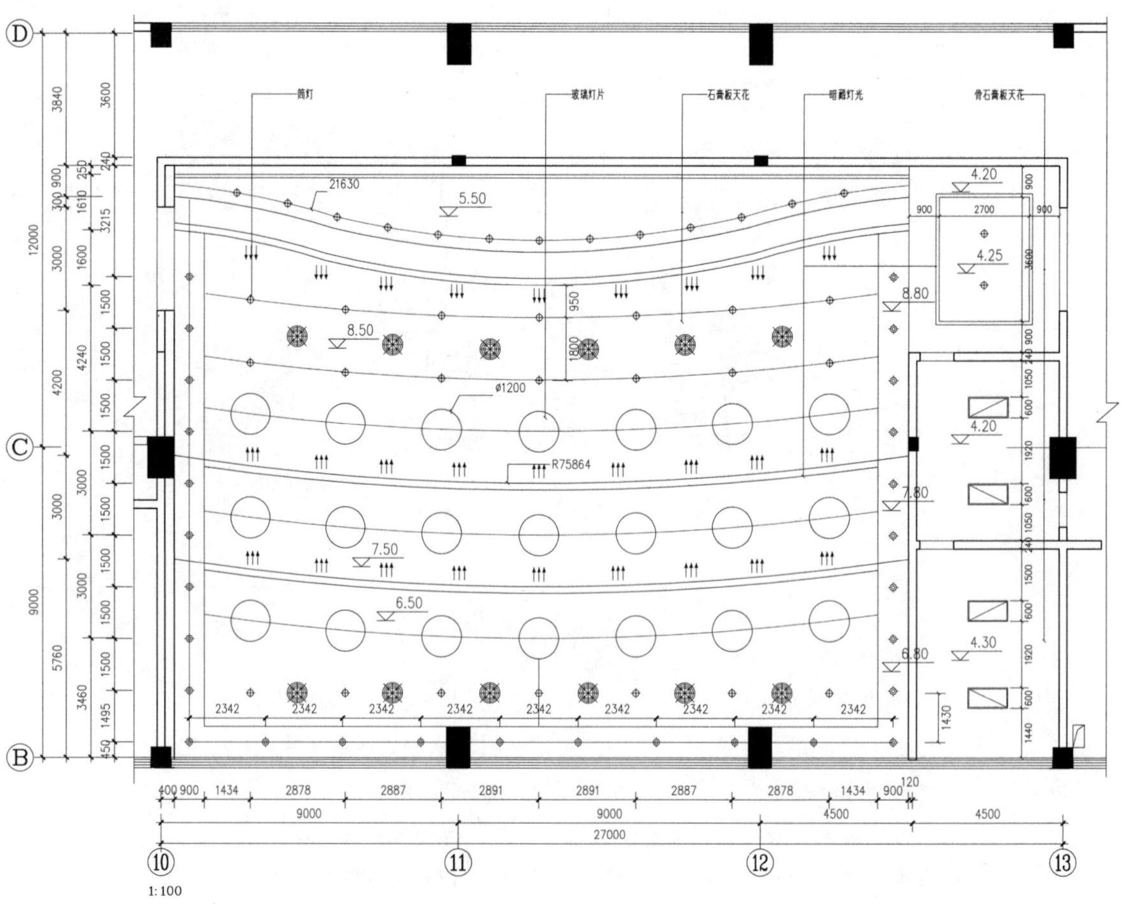

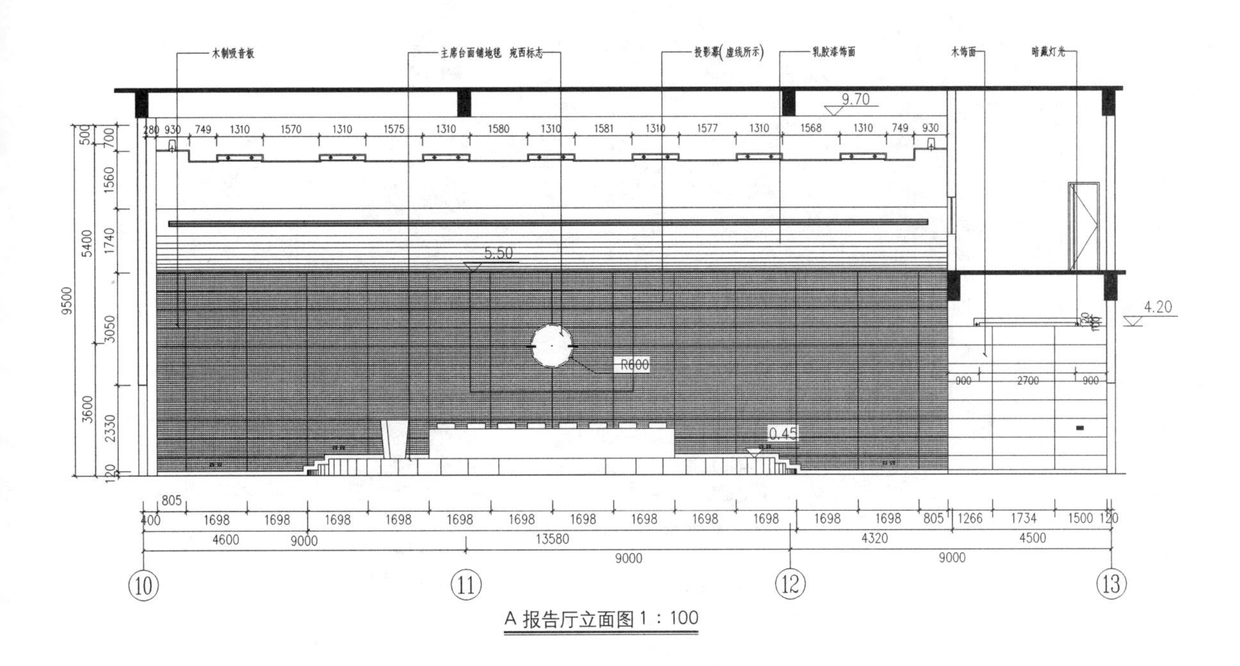

A 报告厅立面图 1：100

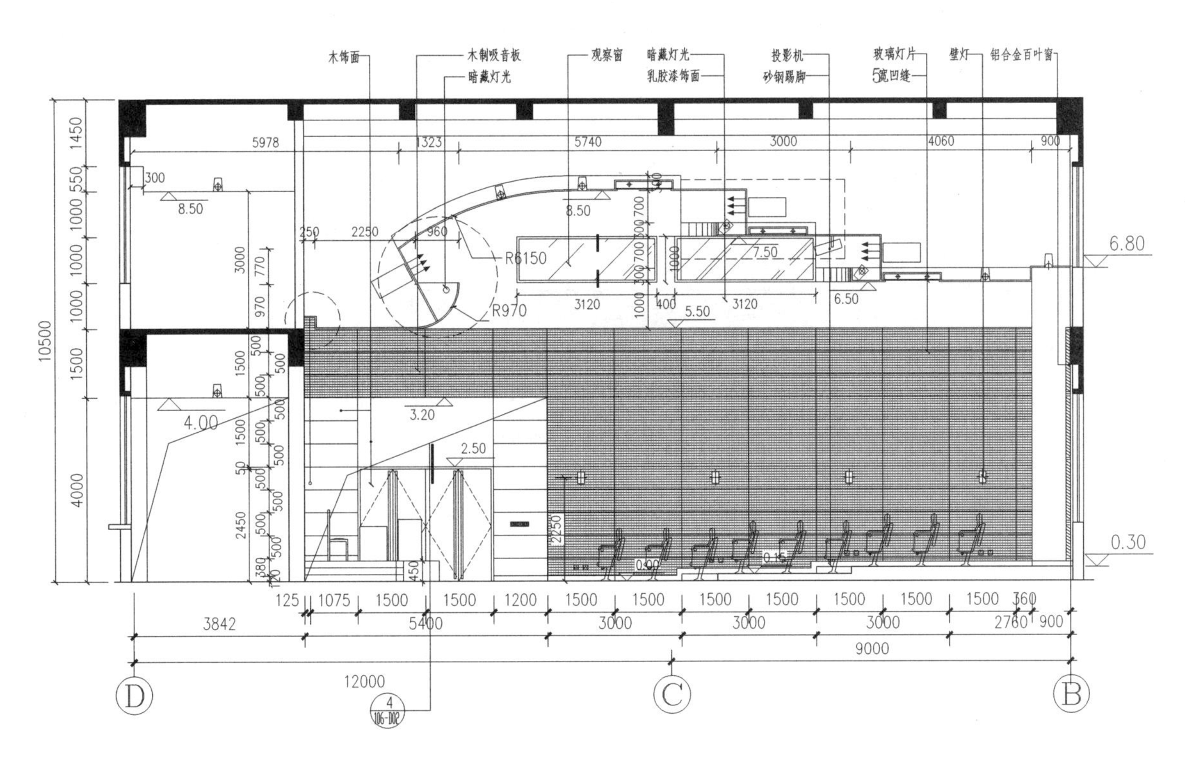

B 报告厅立面图 1：100

图 4-19 江中总部和南阳总部办公楼报告厅设计比较（续）

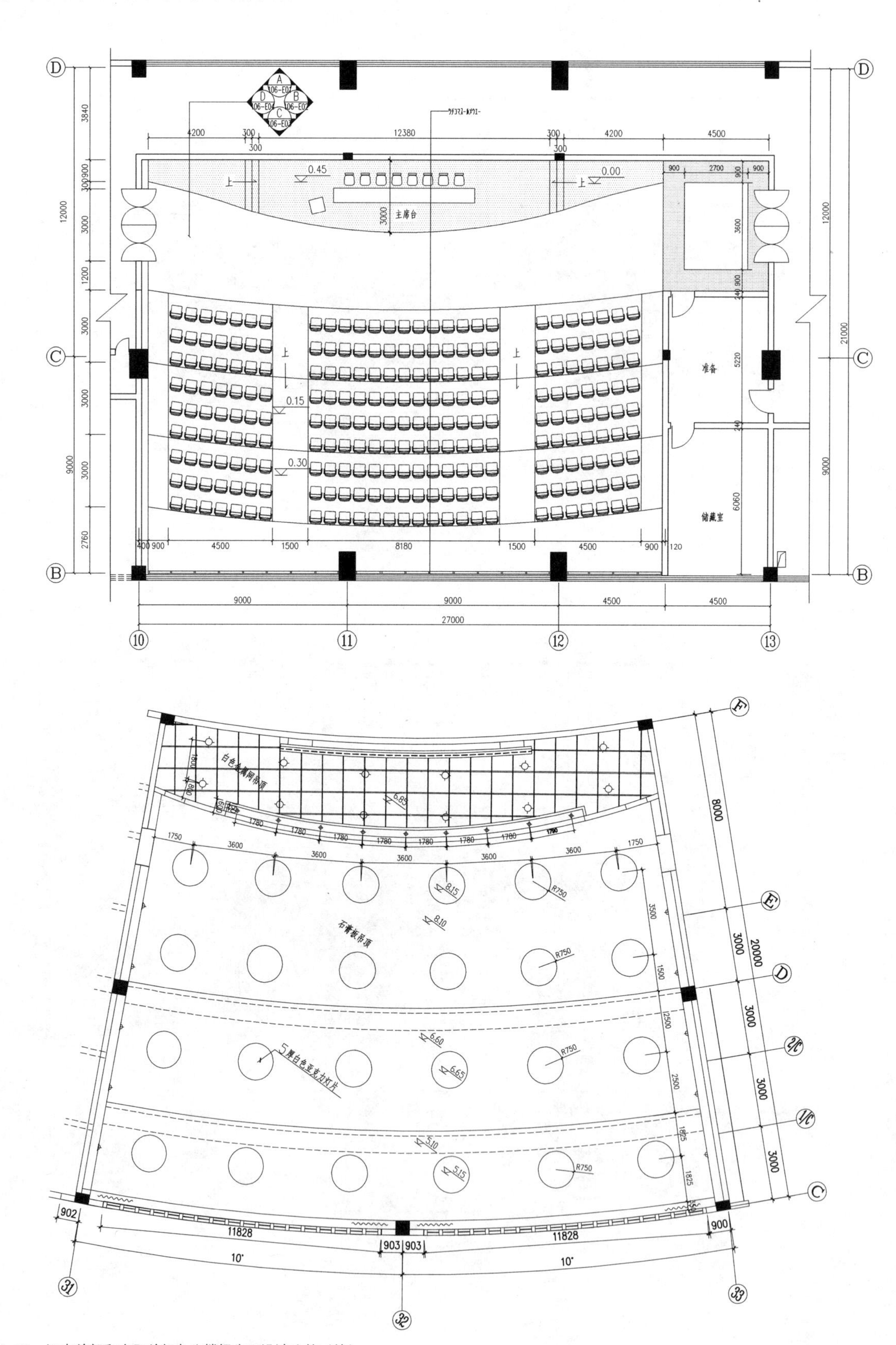

图 4-19　江中总部和南阳总部办公楼报告厅设计比较（续）

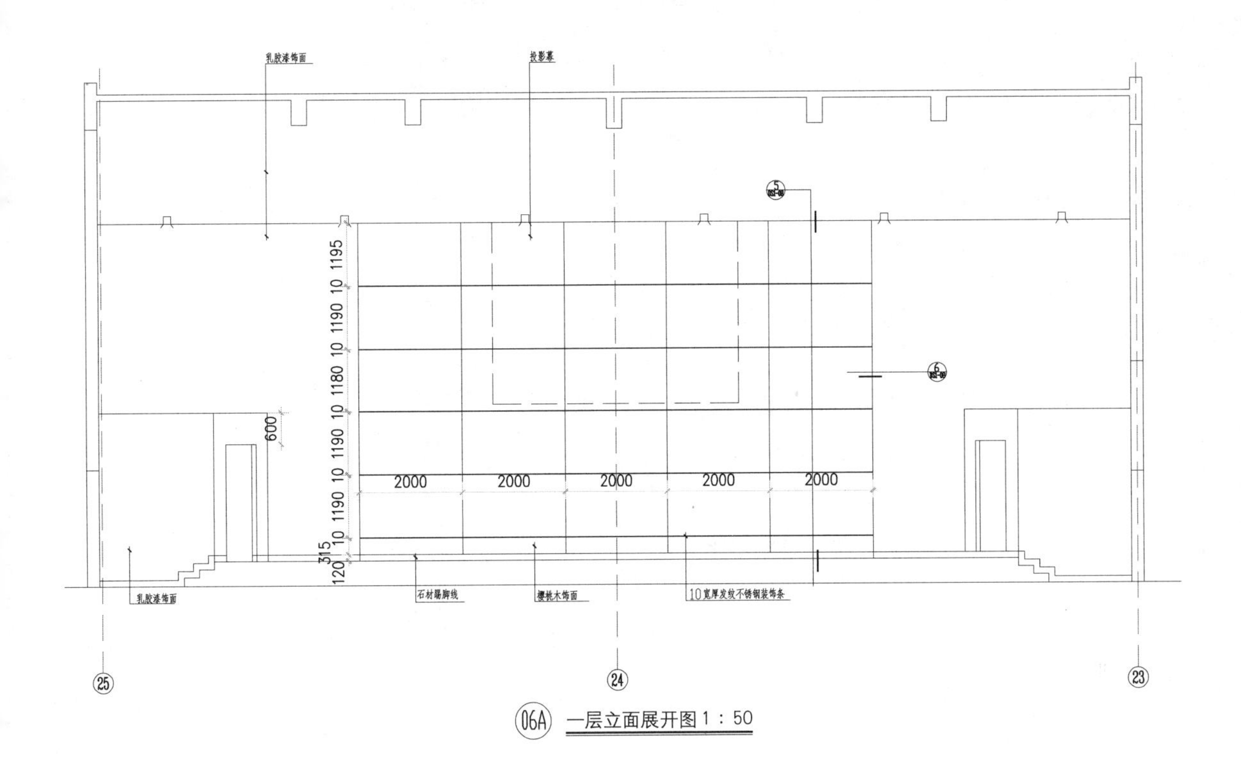

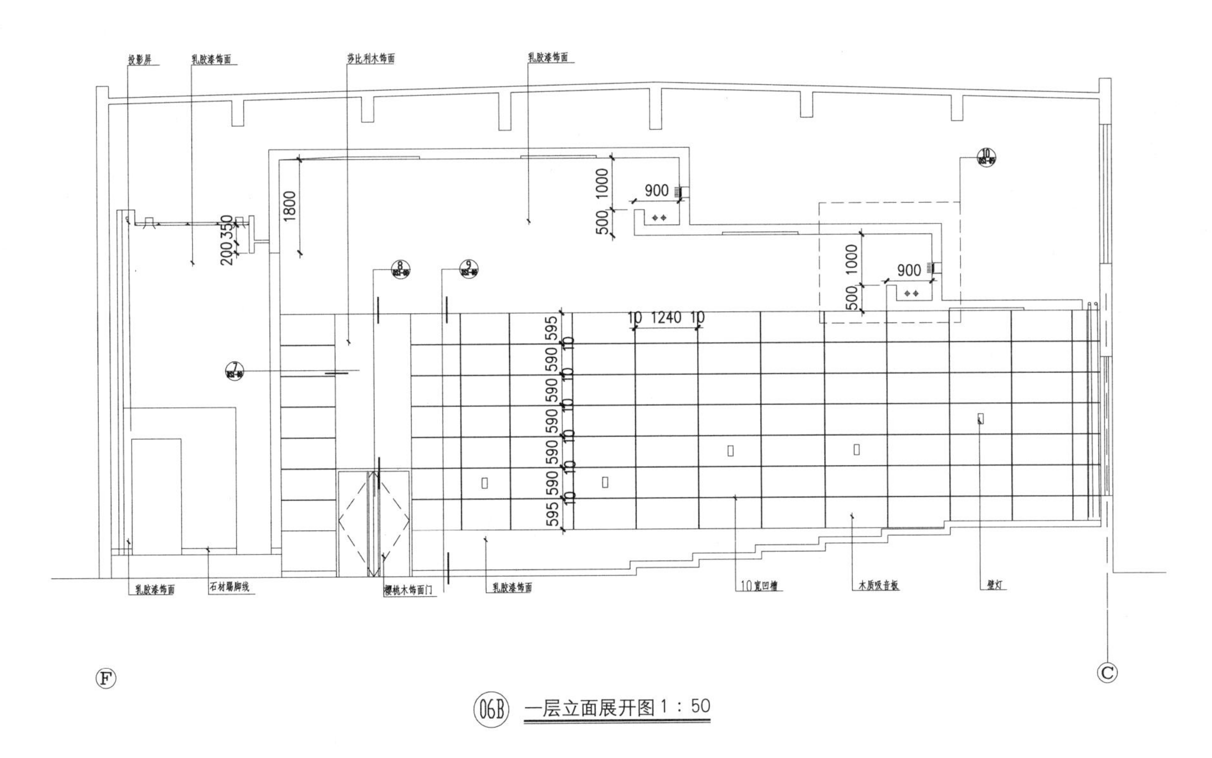

图 4-19 江中总部和南阳总部办公楼报告厅设计比较（续）

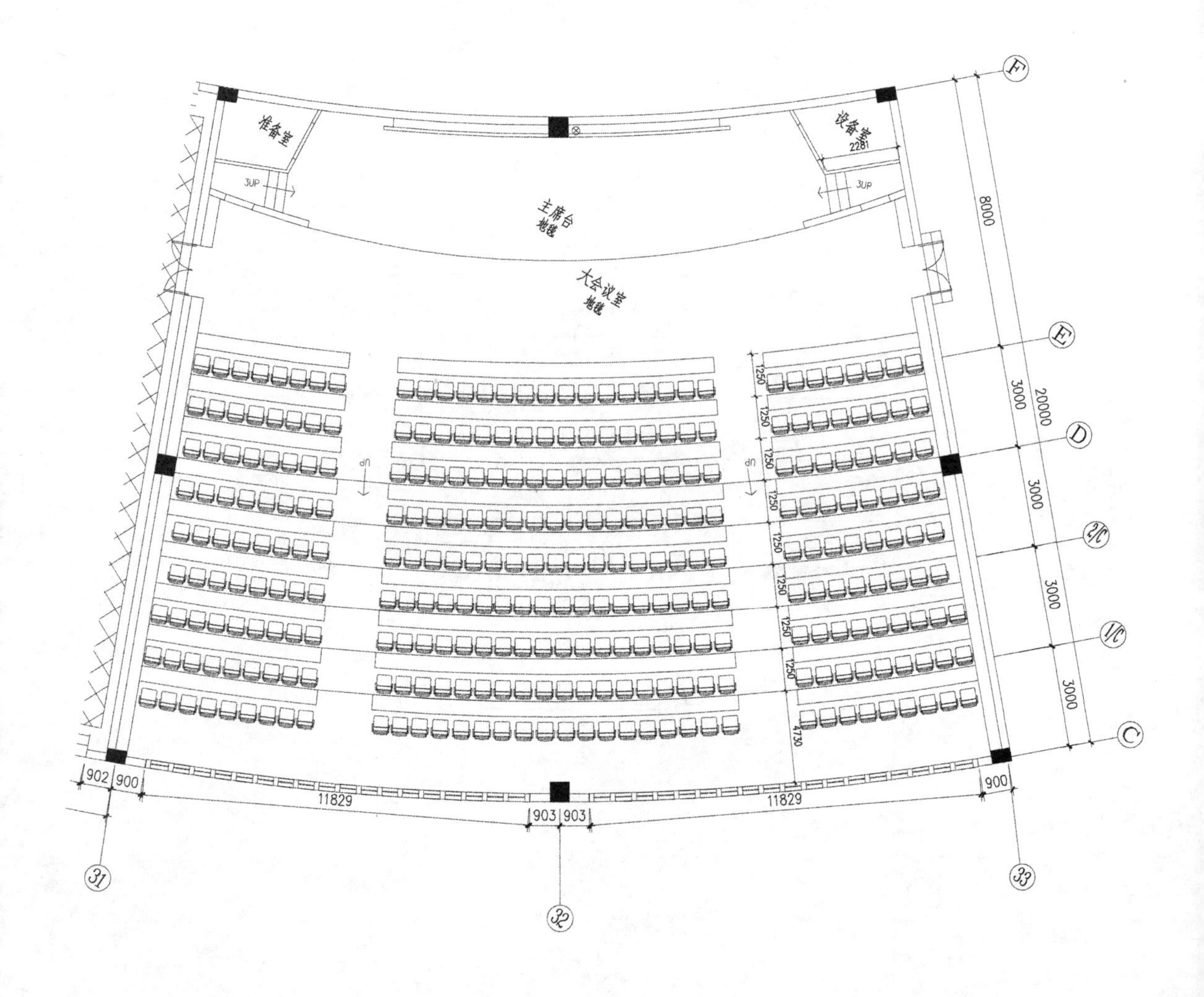

图 4–19　江中总部和南阳总部办公楼报告厅设计比较（续）

4）对一些未确定的功能未能吃透，空间分隔不够合理，给室内设计造成许多障碍和困难；

5）通风、采光差，达不到应有的室内光环境效果。

从设计的形式美上讲，我们并不排斥“稀奇古怪”的东西，有时甚至希望遇见或创造出一些怪玩意儿来，但设计又是“一件在理性基础上的创造活动，其根本目的在于营造出供人使用的空间”。[32]我们希望建筑师能克服形式主义，在设计外部体形时一定要兼顾内部使用功能，为室内外空间设计的一气呵成创造条件；在功能划分上尽量做到大空间、大柱网，由室内设计师来进一步地分隔、策划；柱网和承重墙的设置，应尽可能保持室内空间的完整性和高使用率，同时，平面布局应避免出现怪异的死角和柱网。我们还要求在室内设计时，对已成事实的建筑空间或结构进行合理化利用和改造。建筑遗留给室内设计师的问题是室内设计时必须要面对和解决的，这种现象基本上在每个项目上都会碰到。

案例 4–5–7 南阳总部办公楼的建筑设计做到了很好，无论是建筑体量还是内部空间，都很有趣，空间跨度大，柱网排列规则、有序，结构关系清晰、明了。但是它也有一些不足之处，存在些如三角形、半圆形之类的空间，有一些墙体位置、封闭程度不是很合理。我们在进行室内设计时，在充分尊重、了解建筑设计的基础上，对这些不是很理想的部分予以重新设计。主要表现在几个方面：第一，对整个办公楼的空间重新梳理了一下，增设了一些原建筑设计没有考虑到的功能，如营销大楼增设了卫生间、接待室。第二，对原有的部分空间的面积和交通路线略作调整，如营销大楼接待厅与展厅之间的高墙的取消，行政楼董事长室、总经理室的重新分隔，报告厅的入口开启位置和观察窗的调整，职工食堂各包间面积和门的位置的调整。第三，对原有不规整空间的充分利用，如对营销楼、行政楼的三角形区域，职工食堂的半圆形区域的合理布局与利用。经过这一番调整后，整个办公楼的室内空间感觉和功能布局较原建筑设计有了相当的提高。当然，这也是室内设计存在的原因（图 4-20）。

案例 4-5-8 在进行江西中医学院留学生楼室内设计时，也对原建筑的功能布局和空间分隔甚至建筑外墙装饰都做了相当大的改动，这并不是设计方不尊重建筑设计，而是在体会原建筑设计的基础上，结合业主提出的要求予以完善，从而更好地体现原来的建筑。对于这个建筑，原来设计师花了很多心思，是要创造一个富有现代气息的、融于山水之间的活动空间。只是因为某些原因，设计师在完成方案设计后就再没过问，对于在建筑深化设计和施工过程中出现的问题未提出解决方案。设计方在接手这个项目后，仔细研究了原来的建筑设计方案并和原建筑设计师进行了深入的交流，针对甲方提出的新的功能要求，对原来的功能布局作出了一定的调整。对原来的外墙装饰和施工方案提出了新的思路和做法，从立面分隔到材料选择，到颜色、质感，都提出了更为实用、可行的方案，以更好地创造出一个合理、实用、美观的建筑与室内形象，从而使这个建筑的室内、外空间掩映于山水之间，既融入自然又不失自我的个性（图 4-21）。

（3）设备管线对室内设计的影响

室内设计师经常会遇到需要装修的重要空间顶部有一些污水管的情况，这些管道经常发生漏污现象，对装修好的顶棚破坏极大而且修复也很困难；有的消防水管会莫名其妙地从地上冒出来或是从墙上出来。当然，建筑设计也不想出现这种情况，但与其配套的其他设计专业考虑问题就不一定有那么细致了。这些问题多是由于水电风专业与建筑专业协调不够所造成的，这个问题的出现往往会对室内设计造成相当大的影响。

案例 4-5-9 在南阳总部室内设计中，原设计希望将仲景大药房设计成一个非常现代、简约的空间。但由于设备专业与建筑专业的配合问题，造成在大厅里有大量外露的水管，有的甚至是从地上长出来的，这给室内设计带来了极大的问题和困难。为了解决这些出墙水管的问题，设计人员不得不在现场想出新的设计方案。对这些额外的东西，在墙面上将相应部位包裹起来，做一些类似于灯柱的东西，在不同的部位安放筒灯或射灯，从而在这个简洁的空间中增加一些小型的装饰构件，也相应地增加了些许趣味（图 4-22）。

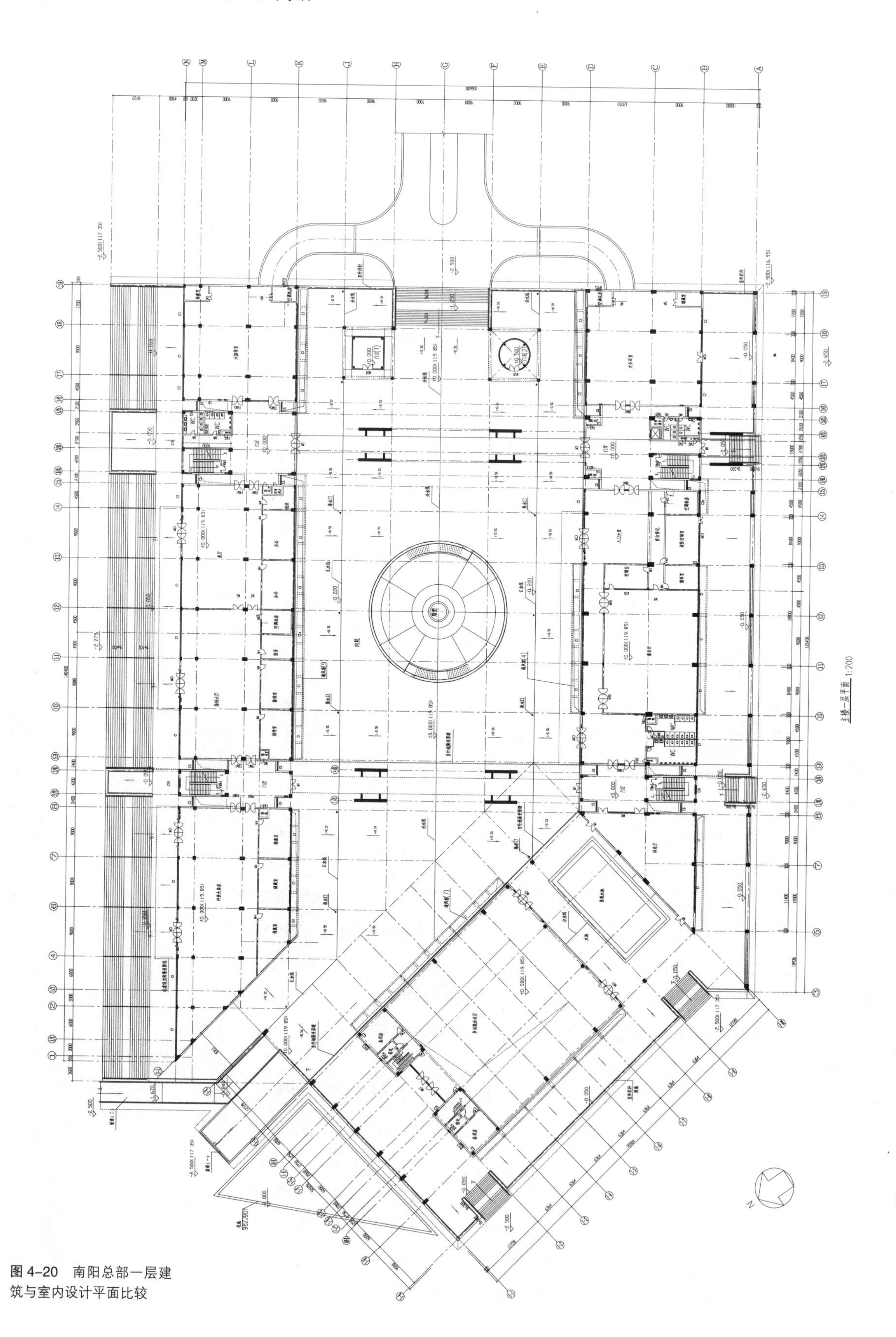

图 4-20　南阳总部一层建筑与室内设计平面比较

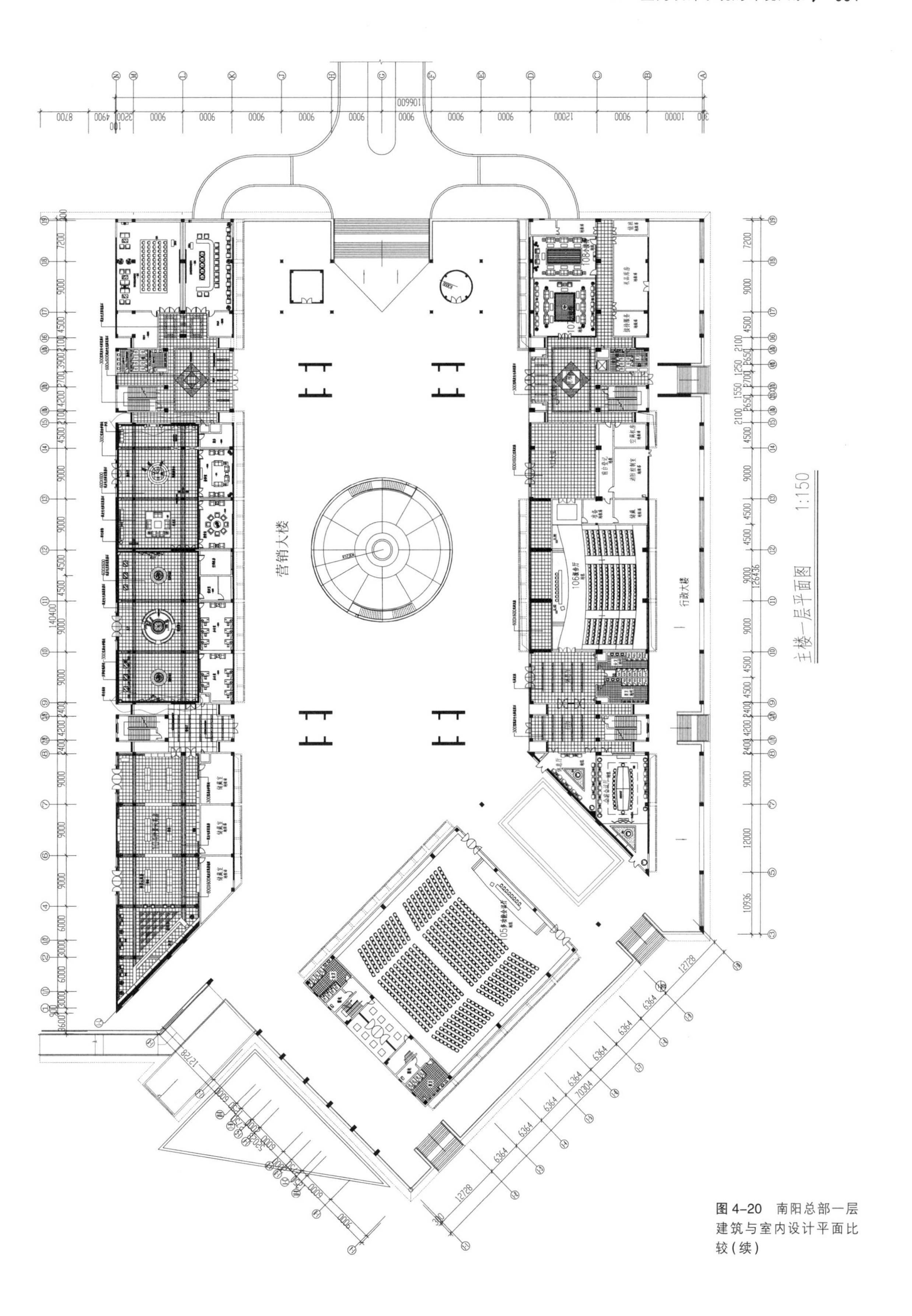

图 4-20 南阳总部一层建筑与室内设计平面比较(续)

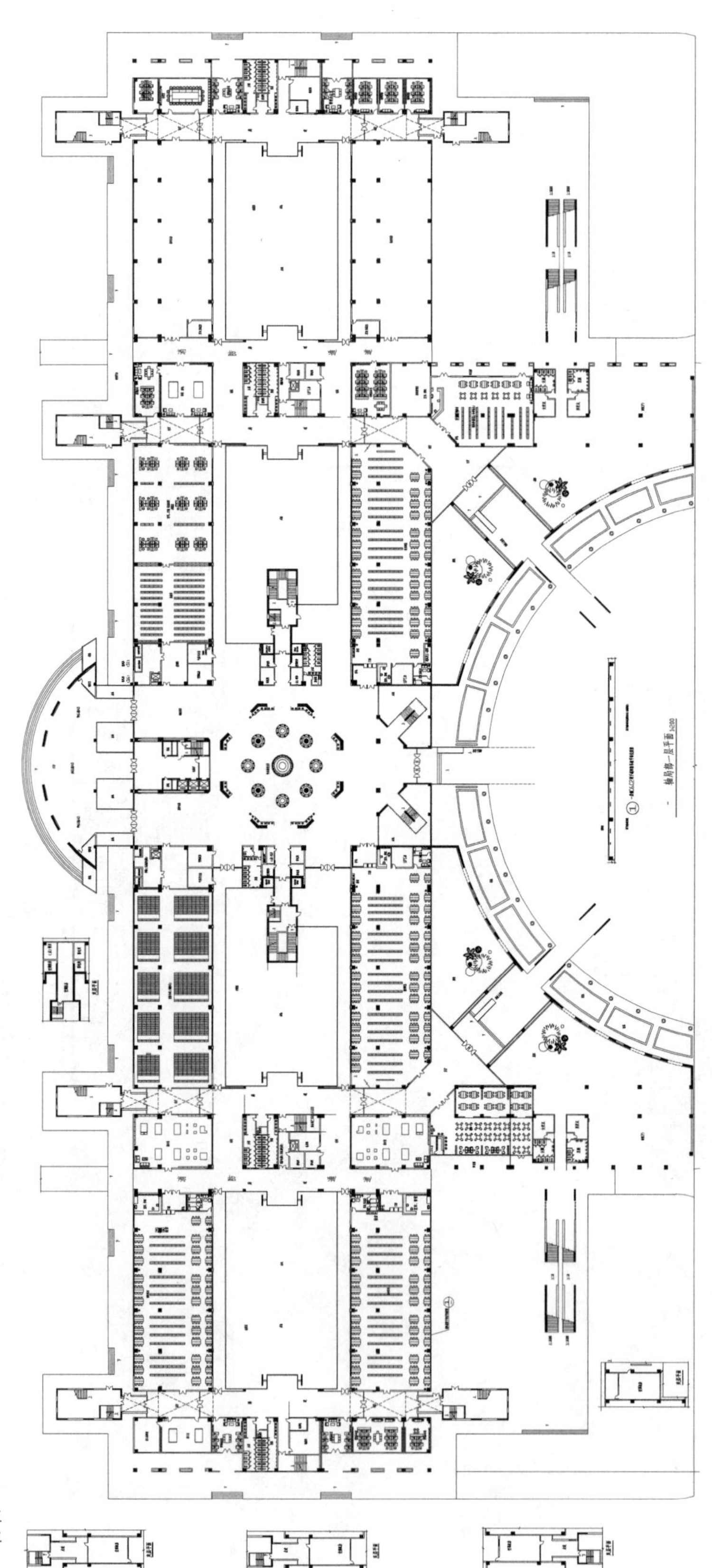

图 4-21　中医学院留学生楼一层建筑与室内设计平面比较

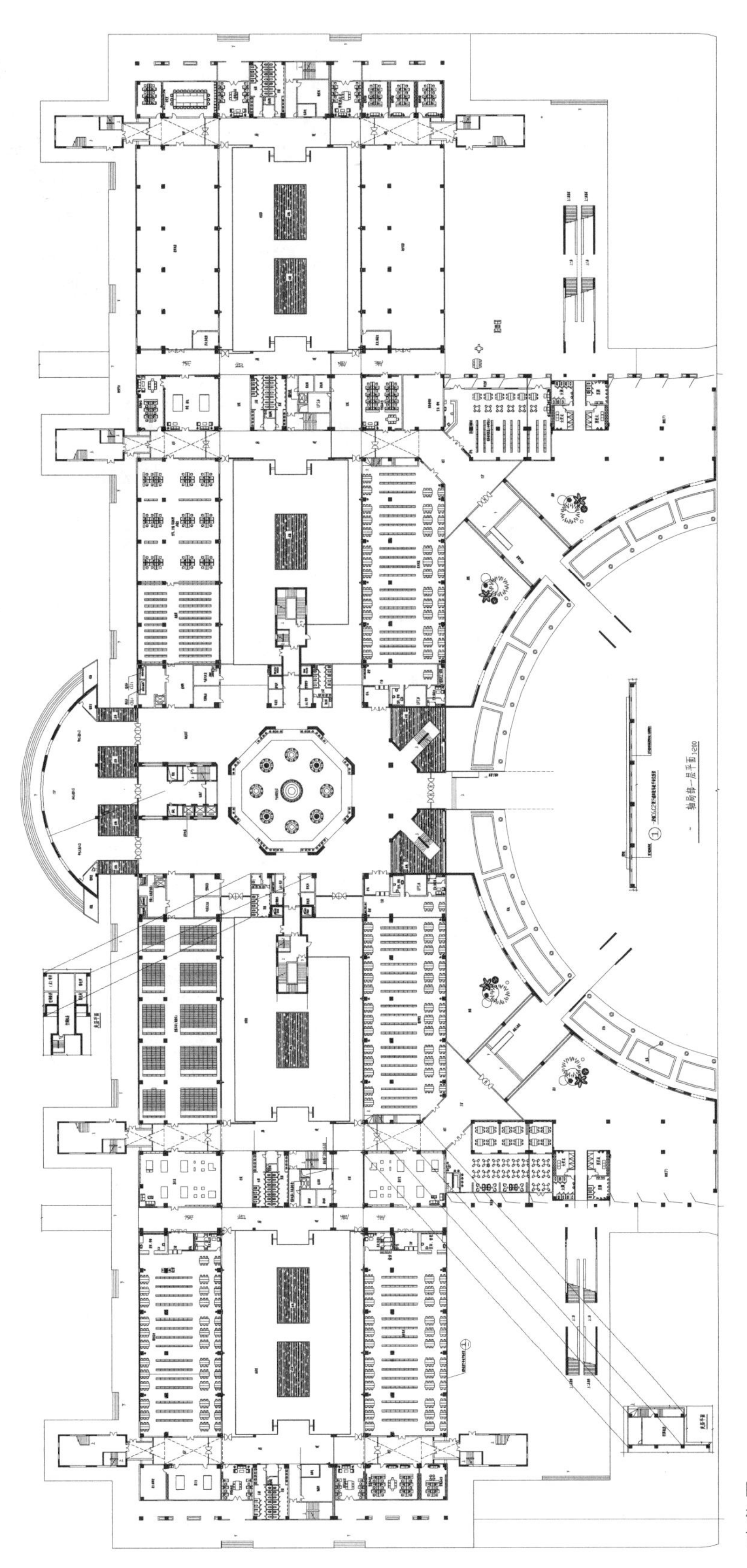

图 4-21 中医学院留学生楼一层建筑与室内设计平面比较（续）

图 4–22　南阳总部现场照

(4) 原建筑设计对装饰材料的定位对室内设计的影响

有些建筑在建筑设计时就列出了室内空间的装修材料表，建筑方就根据这个表格来进行简单装修。一些建筑，特别是住宅楼盘，在出售之前已由甲方进行了一定程度的装修，而住户买下后，基本上都要进行二次设计和装修，这样，原有装饰材料白白被拆除，大部分成为废品，造成很大的浪费，而且给室内装修施工增加了许多拆除的工作。因此，在建筑策划前期就要分析到一些可能进行二次装修的空间，从而在建筑施工中，除必要的结构和设备外，可不进行装修，转手后由乙方自行设计、装修。

案例 4–5–10 在江西行政楼室内设计中，由于在建筑设计的施工图中对于室内装饰材料作了明确的说明，所以使室内设计工作极为被动。由于最初未打算对行政楼进行精装修，甲方在土建施工时与土建施工方将室内装修的合同一并签了进去（简单装修）。当室内设计方在室内设计完成交于各相关单位后，得知土建施工方已按原建筑设计说明置了大量的装饰材料，甲方又要求要尽量减少浪费，在这种情况下，设计人员只得放弃原来的设计意图和材料选择，在现有的材料控制下修改设计，对于一些实在不能用的材料只能放弃。这不仅造成了设计工作的重复和设计实施的困难，也造成了材料和人工的大量浪费。

3. 室内设计对建筑设计的破坏

室内设计师在开展室内设计时，对原建筑进行改造和二次设计的过程中也会出现一些不尊重建筑，随意破坏建筑结构、设计风格和与建筑风格相背离的问题。这与室内设计师自身的知识构成和设计方法有一定的关系，也是本书要提及的话题之一。由于室内设计的随意性发挥，原建筑设计和建筑可能会受到一些破坏性的影响，当然，这是一个难以定性和定量的问题，具体就看是谁来看、怎样看了。总体说来，室内设计经常会在这些方面对建筑空间造成一定的影响：

(1) 为追求局部功能的“合理”，破坏建筑结构

有一点在前面已提及，一些建筑空间在室内设计时往往都要进一步进行空间划分。最常见的是为功能上的需要拆除承重墙，或在承重墙上打洞，加宽门窗洞，或拆除部分楼板，在楼板上打洞等，使建筑结构受到严重破坏。这个问题在家庭装修中最为普遍，有些刚从学校，特别是艺术学校毕业的设计人员，由于对建筑相关知识了解不多，在进行家装设计时喜欢天马行空地畅想，随意更改原建筑的门洞位置和大小，经常造成对建筑的破坏。当然，这并不是说室内设计师就不能对建筑结构作任何变动，有时为追求特别效果而对建筑作适当的改动也是可以的，只不过这时我们应向有关主管部门提出申请，由技术权威部门计算审核，并提出可行的构造及施工方案，或者自己提出可行的施工方案，才能进行这些工作。还有一种情况是在原有空间内增加分隔，这时若不采用轻质隔墙而用砖墙，则会对原有建筑结构产生破坏。一部分设计师认为，对于框架结构的空间，无论什么结构材料的隔墙都可随便放置而不顾结构受力情况，这种情况多为增设卫生间、茶水间等有水的空间。实际上也并不是没有解决的

办法，设计师完全可以将隔墙下部一定高度内做成砖墙以利于防水，在上面则可以用轻质隔墙解决问题。

案例 4–5–11 在南阳总部办公楼室内设计过程中，由于报告厅的入口位置改变，必须在原来封闭的墙上打出一个 3600 × 3600 的门洞，这就必然会对原有墙体的受力情况和强度产生影响，破坏原墙体的梁柱关系。对于这种情况，一般要在洞口两侧增设钢筋混凝土立柱，上端加过梁或在周边加焊钢架就可以，毕竟是框架结构。但是，在这个地方，按尺寸打完洞口后，上面还剩下一部分砖砌体，当时施工方没将那部分也敲掉就准备直接加焊钢架，后来设计师到现场一看就发现上面剩下的部分砖砌体可能对整个建筑的结构造成破坏，应一同敲除才能确保结构的安全。从这个问题中反映出：对建筑结构的认识程度对建筑的安全是至关重要的（图 4-23）。

案例 4–5–12 在南阳总部室内设计中，由于原建筑在功能上考虑得不是十分齐全，设计人员作了一定的补充和调整，在营销大楼的仲景大药房部分增设了两个卫生间。由于此处楼板没设梁，如果用砖直接砌墙就会造成对建筑结构

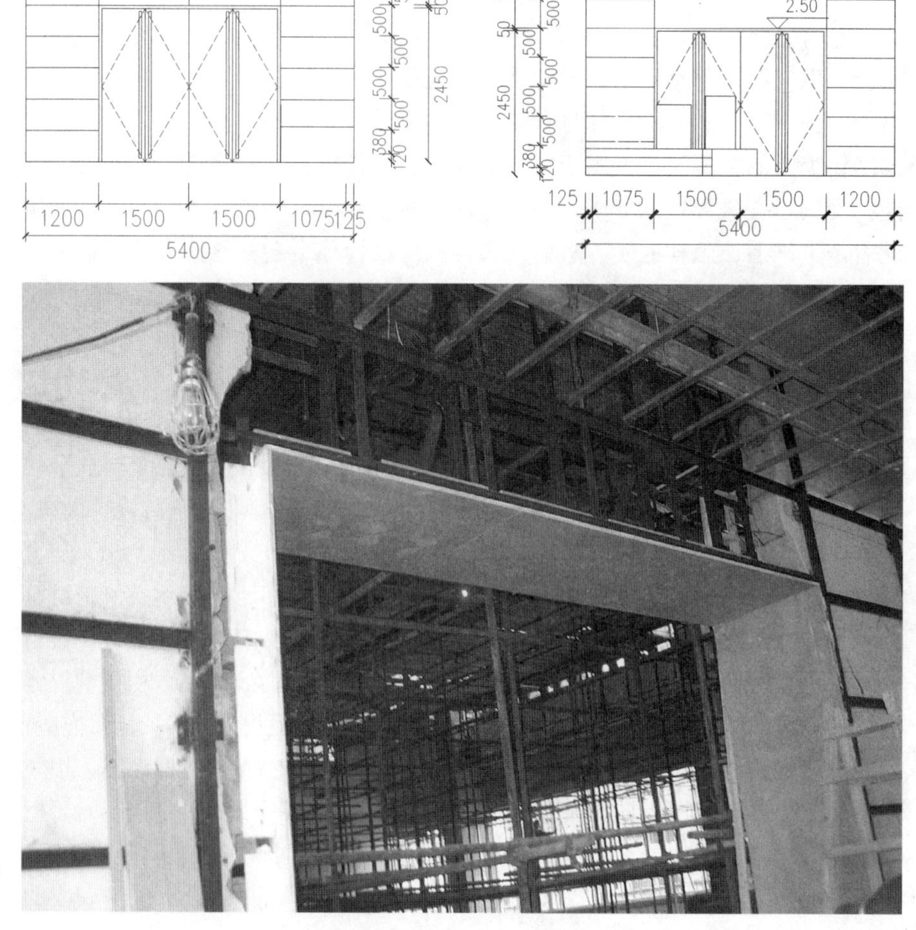

图 4–23　南阳总部报告厅门设计及结构处理

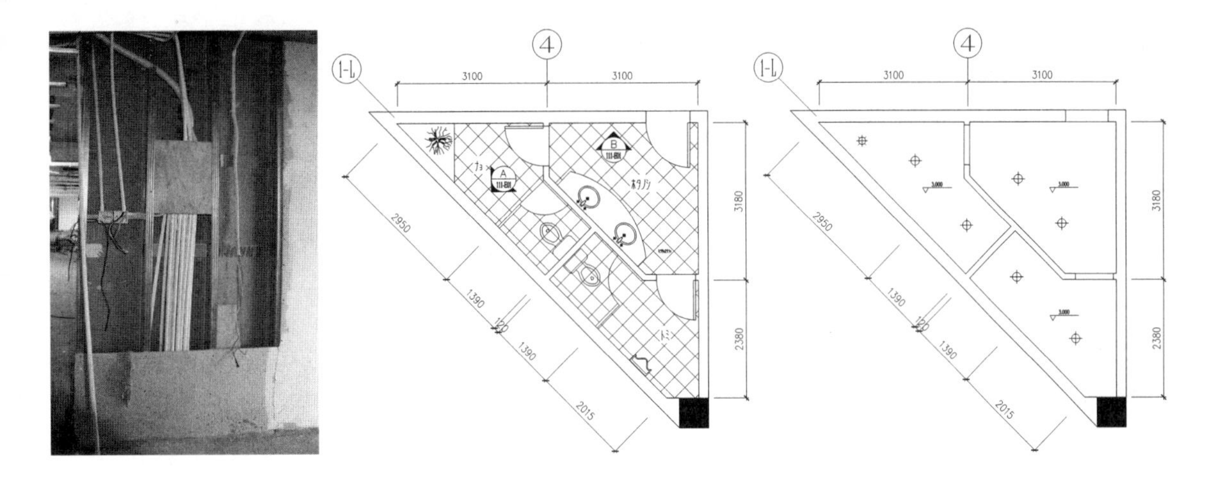

图 4-24 南阳总部办公营销楼新增卫生间处理

的破坏，但不设砖墙又难以解决水管的敷设和防水问题，经过现场商议，设计人员提供了一个权宜之计，将隔墙下部 90cm 高度内做成砖墙以利于防水，在其上部以轻钢龙骨作骨架，在两面封防水石膏板，再在其上挂网、批灰、贴瓷片。这样就既解决了承重问题，又解决了防水问题（图 4-24）。

(2) 室内设计中的空间分隔引起的防火隐患

室内设计中的空间分隔常使原有防火体系发生变化。一般情况下，室内空间分隔都会增大防火间距，使原来能满足防火规范的空间不再能满足防火要求，甚至一些设计中为了功能而堵死通道，使有些通道成为死角和袋形走廊，使建筑防火处于不合格状态。另外，在装饰用材上，经常采用易燃材料，增加建筑的火灾隐患。这种情况，主要是由于室内设计师对于消防重视的不够。在报导的一些重大消防事故中，我们发现，由于对消防问题重视不够而产生的消防通道的堵塞和消防措施的弱化是主要原因。从各个角度讲，室内设计师都应重视这个问题，应充分尊重原建筑对于消防问题的处理，否则室内设计就没达到为人民创造美好生活的目的，甚至是起了反作用。

案例 4-5-13 在南阳总部办公楼室内设计过程中，设计人员在方案设计阶段就对消防问题处理得不妥，还好及时与建筑师交流发现并解决了这个问题。在南阳总部室内设计时，最初方案阶段由于时间紧迫，加上甲方未提出要求，设计师有相当大的一部分工作未做，对于项目没能充分研究。后来，在室内装修工程开始施工时，设计师在施工现场发现有几堵墙显得特别堵，不利于空间的通透，当时也没去翻建筑图，就要求施工方将这几堵墙敲掉，后来，在与建筑师交流的时候发现这些墙是防火墙，是根据消防分区设置的，在防火规范里有明确规定，不能随便乱动。为了弥补这个错误，设计师与建筑师在协商后找到了一个解决方案，按原防火分区将原来的防火墙全部改为防火卷帘，使空间在保证通透的同时也确保消防的安全。虽然这个问题最终解决了，但也造成了一定的浪费，也给室内设计人员上了一课，那就是室内设计师一定要多了解建筑相关的知识，在进行设计时要多综合地考虑一些问题（图 4-25）。

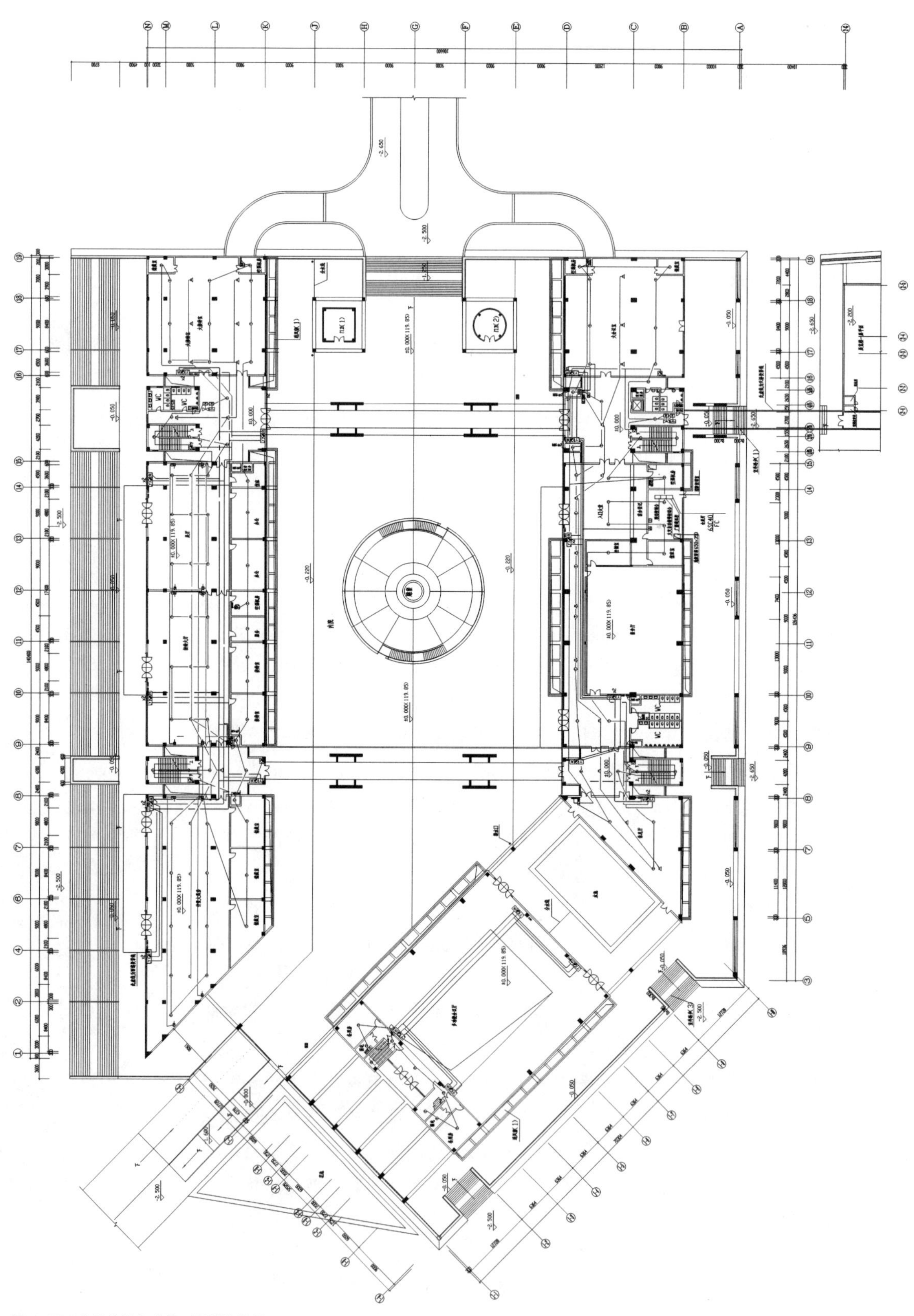

图 4-25　南阳总部办公营一层消防处理

(3) 对建筑外立面的影响

由于室内设计使原有建筑功能发生变化，这种变化有时延伸至建筑的外立面，对建筑外观产生影响。一是由于一些内部空间功能的需要，对一些窗洞进行了封闭，使原有立面发生变化，一般对外立面都会产生破坏性作用。二是在室内设计的同时常常也要设计门头，门头的设计风格及手法与整个建筑外观风格相互矛盾也会起到破坏作用（图 4-28）。还有，为增加一些功能而随意在建筑的顶部及其他部位加建临时或永久性的房间，严重损害了建筑的整体效果。这种现象在街头巷尾比比皆是，当然也有建筑因室内设计改造得好而增光的。

(4) 对土建原有管道设备的影响

由于室内设计对一些原有建筑空间功能的更改，使原有一些给水排水管道以及设备和电路都发生了改道和增容，若对原土建设备施工及图纸不了解清楚，就会造成盲目蛮干，使整个管道设备系统处于混乱之中，即造成浪费又易引起事故甚至是灾害。

案例 4–5–14 在南阳总部的室内设计中，由于室内设计对建筑设计作了一定的修改，设计方出具了新的电气施工图。但是由于电气设计人员在设计过程中未充分阅读原建筑设计的电气施工图，从而使其设计的电气路线、桥架、电箱位置、插座等方面都和原设计有相当大的出入，而甲方已花了大量的资金在建筑电气的施工上，多数桥架、电缆、插座、预埋管线都已施工完毕，这时如果不考虑前面已经完成的成果，另行铺设新的线路、桥架、电箱等设施设备，就会造成大量的浪费，室内设计就不能起到应有的作用而是在消耗资源。在将情况调查清楚的基础上，室内设计师在现场与相关单位开会协商，根据现场情况对原来的电气系统作了一次较大的修改，包括配电箱的位置，回路和设置，用电的容量乃至开关的位置等，再由电气设计人员根据会议结果重新设计。虽然问题最终得到解决，这其中也说明一个问题，室内设计是一个系统工程，在设计过程中一定要充分了解已有条件（图 4-26）。

图 4–26 南昌青山湖文化广场现场照片

（这原本是一个用于展览的非常现代的建筑，后改为娱乐中心时设计人员在这个建筑现代的身躯上配了一个古典的帽子，从中我们可以看到强烈的冲突与不协调）

4. 室内设计与建筑设计的配合

既然独立的建筑设计对室内设计造成了许多限制与障碍，室内设计又经常对已有的建筑造成破坏或不良影响，那么有没有一种方式可消除或减少这种不良因素呢？答案是有的，那就是：在进行建筑设计时，室内设计就早早地进入工作状态；而在室内设计开始后，建筑师最好也能参与进来，把握室内设计的方向和协调各专业之间的配合。这有一个先决条件，就是建设方（业主）应明确由谁来进行室内设计或干脆委托建筑设计方指定室内设计队伍或连同进行室内设计。在中国，目前可以这样的做还不是很多，但建筑设计与室内设计相联合应该是室内设计发展的一个方向。

在建筑设计、室内设计及建设单位（业主）三方配合的先决条件下，根据建筑的使用性质、功能要求和投资规模，同步设计可采取以下几种方式：

（1）在建筑设计开始时，以建筑师为设计总策划，亦可称“设计主持人”。先由建筑师做出建筑主体设计草案，并提出与建筑草案相适应的设计构想交室内设计师实施设计。待室内草案完成，建筑师和室内设计师相互参与意见，修正各自方案，并征得建筑使用者同意后确立完成整体设计。[33]

（2）在建筑设计初始便让室内设计师参与进来，建筑师、室内设计师可共同商定总体设计规划，在此规划指导下，初步拿出建筑草案后再进行室内设计，最终将总体方案逐项完善。

（3）由室内设计师先提出设计构想，并有侧重地做出以空间设计为主的室内草案供建筑师设计建筑空间的结构造型、布局时参考，而后依据定案的建筑设计对室内方案补充、修改、具体化。

（4）在建筑方案设计完成但尚未施工或未施工到位的时候设计师参与进来，在原建筑设计的基础上提出设计思路，确定建筑设计的哪些部分要调整，与建筑师协调后由建筑师对原设计作出变更。

（5）建筑师同时也是室内设计师，在进行建筑设计时就是在进行室内设计。也可以说，这样的建筑本身就没有室内设计，因为它把建筑设计与室内设计一体化了。历史上的大师的作品，如赖特的流水别墅、密斯的巴塞罗那展览馆、柯布西耶的朗香教堂，我们可曾听说过它们有室内设计吗？又有谁能怀疑它们的室内外空间的感觉、材料的应用、家具与陈设的选配呢？

不论采用以上哪种同步设计方案，都有可能会取得这样的效果：做到各种因素统筹安排，其中包括水、电、暖通等各工种设施的设计协调与配合，实现设计一体化，减少或避免因设计不规范等人为因素而产生的弊端和损失，从而使建筑与室内设计少留遗憾，尽量完美。在设计的同步进行中，设计各方可随时修正自己方案中的不妥之处，经过多次循环反复，设计的各细部环节自然会逐渐合理到位，最终做出由表及里，功能、风格等协调一致的整套设计。当然，不是说此方案就已完好无缺，在设计实施过程中可能还会遇到许多意外问题，这就需要建筑师和室内设计师共同协调，直至设计方案的最后实施完成。事实上，采用这种设计方法获得成功的作品已不乏其例，仅笔者曾参与的项目就有上海科技馆、江西师范大学图文信息中心、江中总部办公楼、宛西制药博士后工作站等，还有现在的一些境外设计师和国内知名设计师设计的大型公共建筑，如深圳会馆中心、南京国际展览中心、河南省博物馆等。

案例 4-5-15 江西师范大学图文信息中心是一个总建筑面积达 90000m² 的大型公共建筑，是江西师大新校区的标志性建筑，建筑设计由是吴家骅教授负责完成的，由清华苑配合做施工图设计。整个建筑典雅而不失现代，外立面全部采用绛红色霹雳砖贴面，镶以墨绿色的窗框和浅色玻璃，再配上现代的钢结构，与校园环境、周围建筑融为一体。在建筑方案完成，清华苑开始进行扩初设计时，室内设计师开始进入工作状态。通过对原建筑方案的阅读，设计师从更为细致的尺度和人体工程的角度出发，考虑到了由于有大量图书管理工作而要设置门禁和保安，要有相当的存包功能，要将学生入口和管理人员入口以及上层办公人员入口分流，图书馆借、还书工作程序，图书采购、编排、入库工作程序，借书室、阅览室、报告厅、接待厅、工作人员办公室、图文中心的位置设计和面积要求等一系列的问题，对原建筑方案提出了一些初步的建议。如为了便于图文信息中心的管理工作，将主楼一层作为可自由通行的公共区域，设计、安排一些报刊、杂志阅览室，检索大厅和书吧等可随意出行的空间；将借还书大厅设置在二楼中央，在一楼通往二楼的楼梯口设置门禁和安保设施；将一些有较珍贵的书籍资料的阅览室和人流较少的阅览室设在三、四楼。在仔细阅读业主的设计任务书后，设计师又对原建筑的实用面积提出一些建议，适当调整了公共大厅的入口楼梯设计方案，对检索大厅、借书大厅、图文中心大厅的设计提出了初步设计方案，包括空间分隔、家具布置和地平面高度的调整。在收到室内设计草案和对建筑的建议后，清华苑的建筑设计人员根据提议对原建筑方案进行了一轮调整。随着设计的逐步深入，室内设计人员又对建筑方案中一些空间的入口、功能用房和卫生间的布局等稍细的工作进行了一次梳理，并大体设计了一下各功能空间内的空间布局、家具布置和照明方式，从而使其他如结构、水电风等专业可根据室内设计师所提出的方案进行系统设计工作。后来，还就一些细小的问题对室内设计做出了一定的调整，如馆领导办公室、公共办公室的位置和大小，设备房的充分利用等问题，建筑设计也相应得到改善。应该说，这是一个比较有意思的设计过程，室内设计师在提出建议、完善建筑设计的同时也学到了很多建筑方面的知识和规范，同时建筑设计人员在室内设计师的参与下也省去了不少力气（图 4-27）。

案例 4-5-16 江中总部办公楼室内设计是笔者开始真正理解建筑设计与室内设计的关系的一个项目。做这个项目的室内设计的过程实际上也是笔者对室内设计的思维和方法产生转变的过程，因为在进行这个项目的室内设计的过程中，经历了太多的反复，包括对设计方案、设计方法甚至设计表达方式的调整，可以说是在全盘否定以前的工作的基础上进行的一次否定之否定的进化。当时在设计过程中出现问题主要在于：没真正明白建筑设计与室内设计的关系，没分清室内设计与室内装修的区别，没有一个良好、规律的设计表达方式，缺乏系统的设计观念。

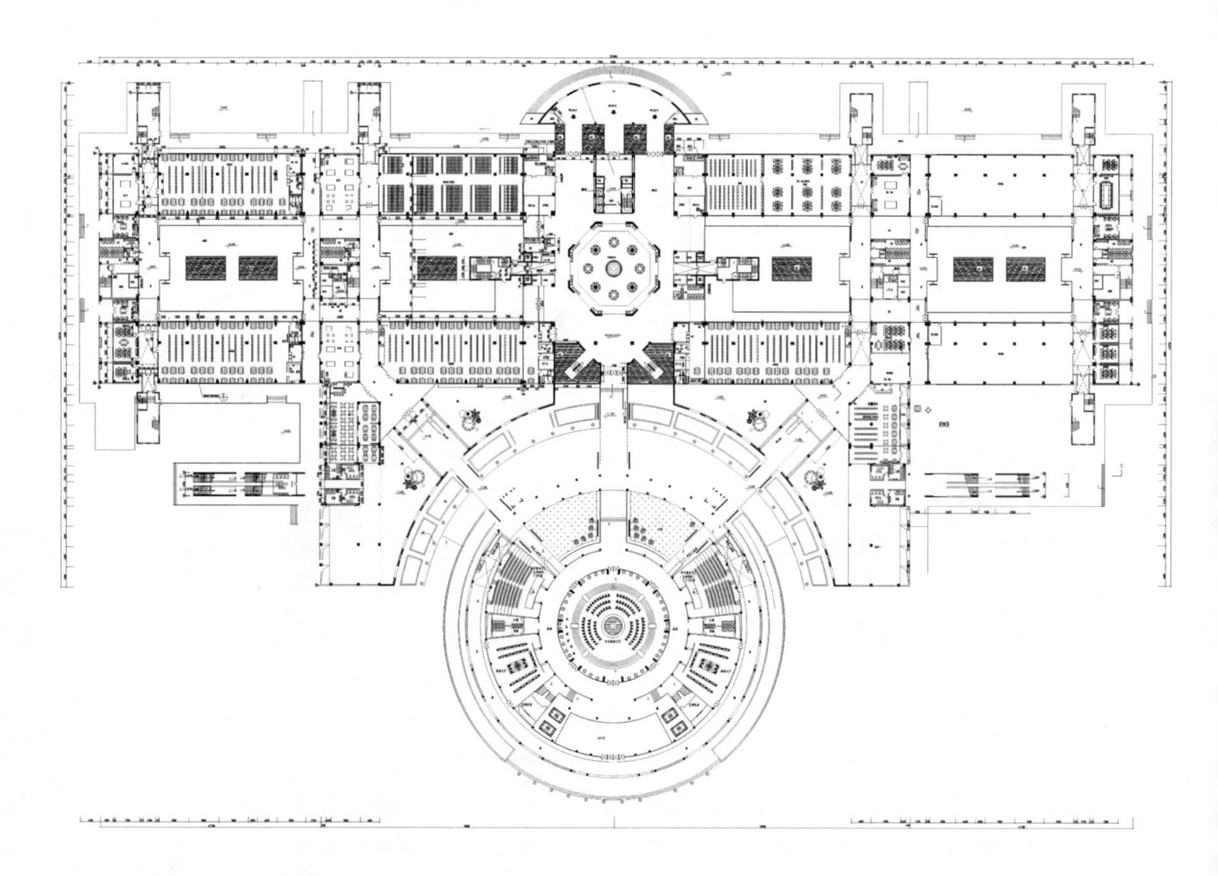

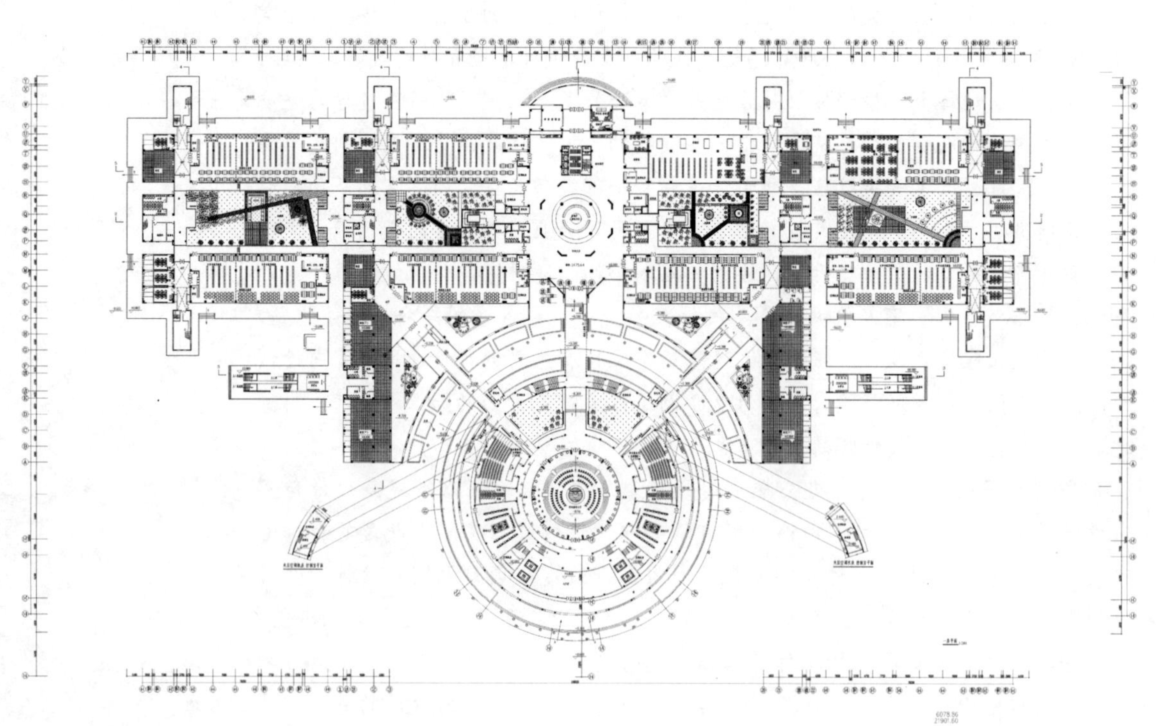

图 4-27　师大信息中心建筑与室内设计推敲

这个项目在建筑设计大体方案完成后已由别的设计师进行过一轮室内设计，只是由于建筑师对原来的设计不满意才让我介入。在接手这个项目后，我首先对原室内设计方案和建筑设计进行了一轮比较，发现设计做得比较花俏，脱离了建筑设计的本质。因为对于一个办公建筑来说，功能性是首要的，现代感是必需的，空间是设计的核心。如果一个室内设计采用过多的色彩、无谓的装修，往往会抹杀建筑的空间层次关系。由于原建筑提供了基本的框架和一些功能用房的位置，给室内设计创造了相当大的便利，笔者在进行室内设计时首先对整个建筑五个楼层的功能分区予以进一步确定，而后分区分层对各个单个空间进行设计，对原建筑中的部分空间提出修改性的意见。经过与建筑师的几轮商讨并作出一系列的调整后，将室内设计的初步意见反馈给江西省建筑设计研究院，让其在此基础上进行建筑的扩初设计和施工图设计，而后，室内设计又可根据业主的要求和建筑设计的深化不断调整和改善，甚至在建筑和室内设计的实施过程中也不断作出修改（图 4-28）。

图 4-28 江中总部办公楼建筑与室内设计推敲

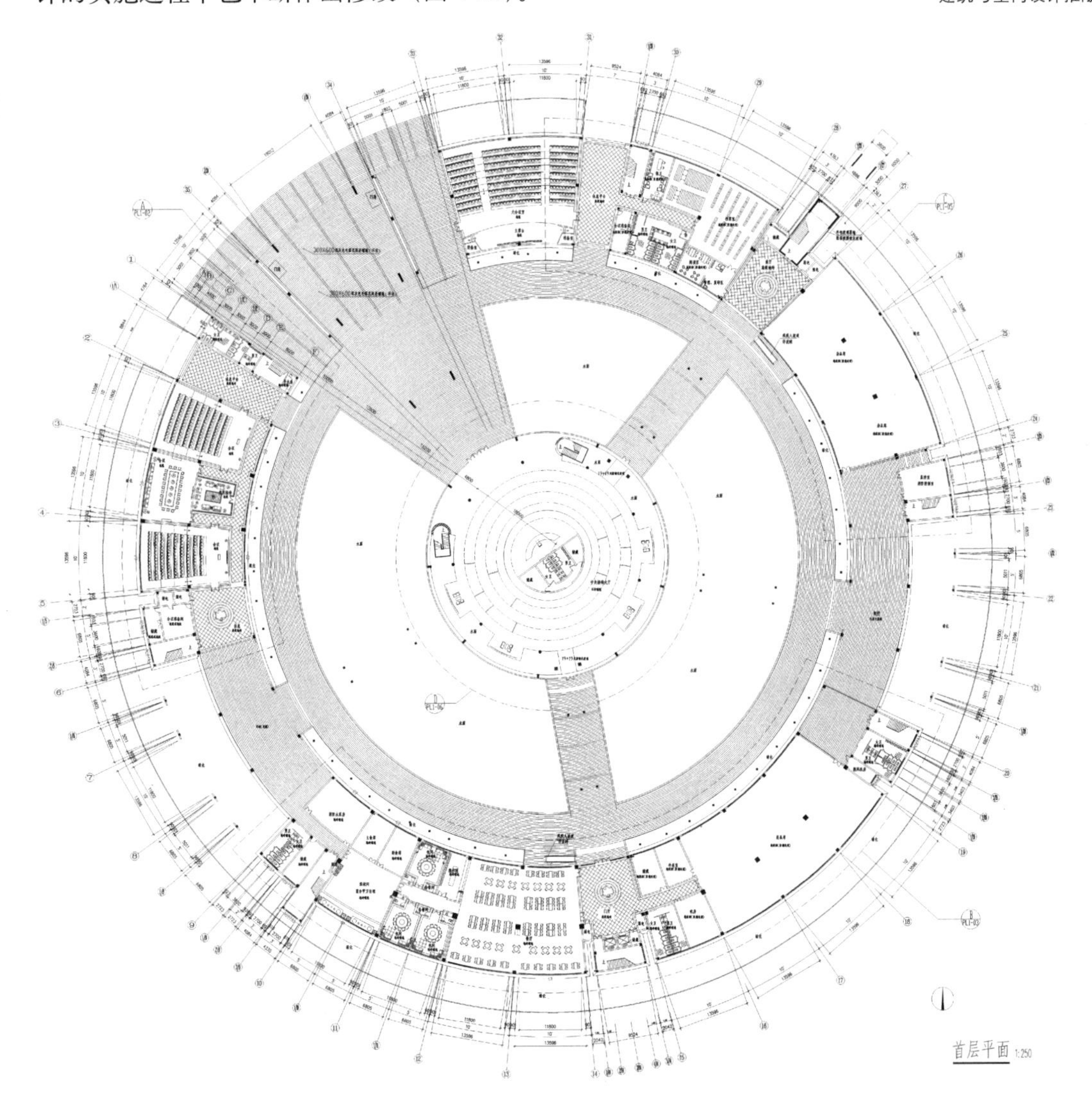

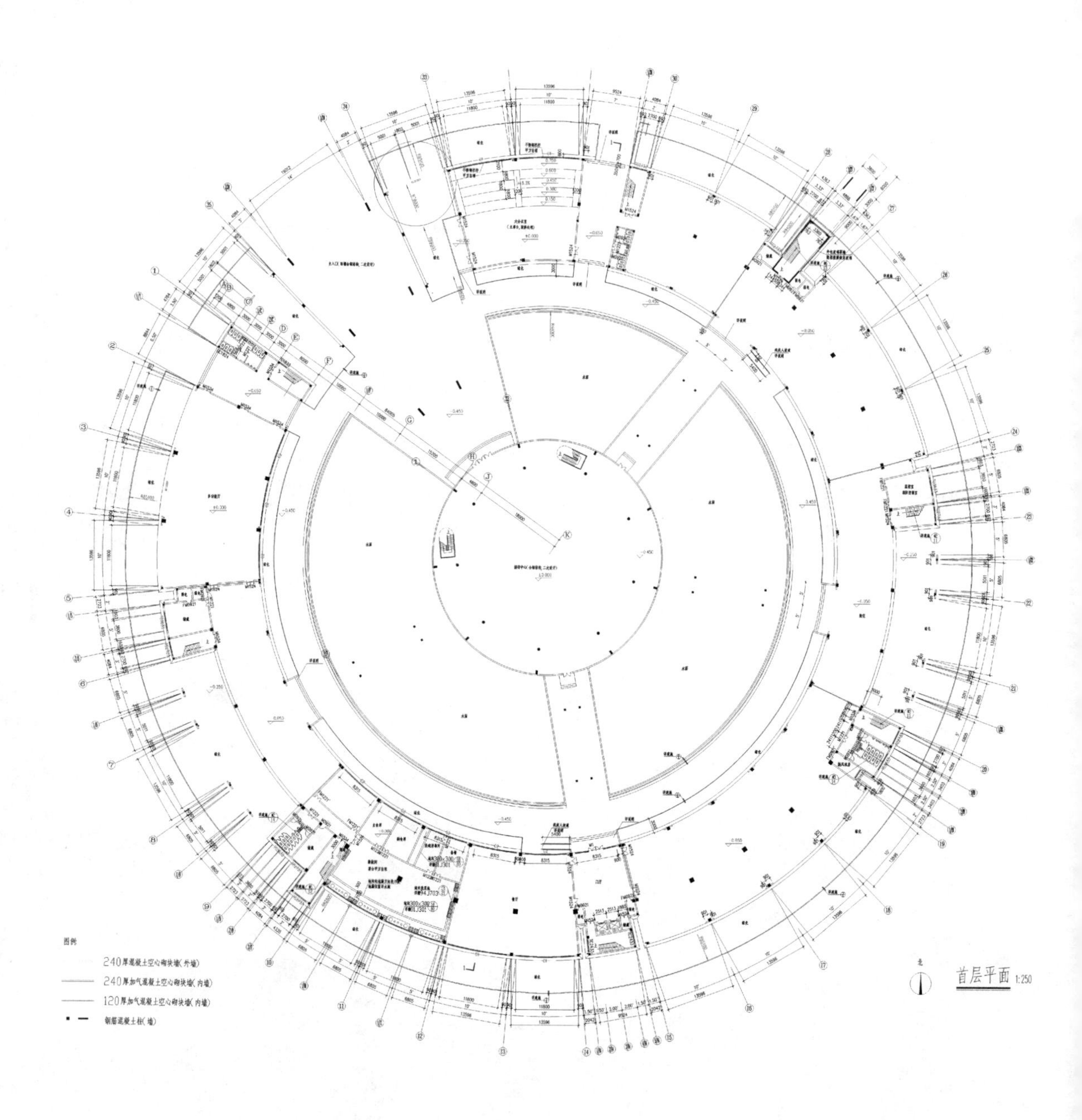

图 4-28　江中总部办公楼建筑与室内设计推敲（续）

总之，建筑设计与室内设计既要分工明确又要相互参与，理想的设计方法是在建筑设计的阶段就有室内设计师的参与，由室内设计师对具体空间的设计提出意见，在进一步的室内设计开始时，建筑师又要对室内设计进行督导。一个优秀的建筑师应有良好的室内设计素养和技能，同样，一个优秀的室内设计师又应具有一定的建筑设计和结构方面的知识。只有这样，才能从整体上提高建筑及室内的设计质量。建筑设计与室内设计的结合今后将会被越来越多的实践所证明。这一方法在整个行业的广泛推行，乃是一种必然的趋势。

4.6 小　　结

通过对室内设计系统存在和发展的外部条件的分析，对室内设计与社会环境、经济因素、技术构成、人的参与、室外环境、建筑设计的关系的探讨，我们发现室内设计系统并不是一个孤立的系统，室内设计不是一件孤立的、单个的事情，受着各方面因素的影响和制约。只有当众多外部条件具备，并能起综合作用时，才能促进室内设计的顺利进行，推进室内设计系统的顺利运行和发展。其中任何一个条件不具备或有所欠缺时，都会对室内设计的进行和成功造成一定的影响，也阻碍着室内设计系统的正常运转。

注释：

① 张青萍 . 解读 20 世纪中国室内设计的发展 [D]. 南京林业大学博士论文，2004 ：11.

② 在筹备 1959 年中华人民共和国建国 10 周年庆典活动时，政府决定在北京兴建人民大会堂等十余项大型建筑项目，简称“十大建筑”（霍维国，霍光 . 中国室内设计史 [M]. 中国建筑工业出版社，2003 ：183.）

③ 春秋谷梁传 · 庄公二十三年 [M].

④ 墨子 [M].

⑤ 马克思恩格斯全集（第三卷）[M]. 中国文艺出版社，1976 ：325.

⑥ 华怡建筑工作室 . 黑川纪章 [M]. 中国建筑工业出版社，1997 ：13.

⑦ 吴家骅 . 环境艺术设计大全 [M]. 上海师范大学出版社，2004 ：481.

⑧ 黄白 . 中国建筑装饰行业发展 . 中国建筑装饰协会（www.ccd.com.cn）

⑨ 曹明钊 . 浅谈建设项目的投资控制 [J]. 西部探矿工程 .6/2004 ：214.

⑩ 黄白 . 我国装饰行业存在的 10 个问题及成因 [J]. 室内设计与装修，2/2000 ：64.

⑪ 金勇 . 室内设计中的技术表现研究 [D]. 同济大学硕士学位论文，12/2002 ：15.

⑫ 刘建新 . 建筑设计中的技术与艺术 [J]. 山西建筑，2/2004 ：7.

⑬ 陈镌，莫天伟 . 建筑细部设计 [M]. 中国建筑工业出版社，2002 ：78.

⑭ 郑刚强 . 室内装饰工程集成装配化研究 [N]. 武汉理工大学学报，12/2001 ：40.

⑮ 胡延利，陈宙颖 . 世界建筑大师系列作品集（罗杰斯）[M]. 中国建筑工业出版社，1999 ：16.

⑯ 吴家骅 . 环境艺术设计大全 [M]. 上海师范大学出版社，2004 ：485.

⑰ 吴家骅 . 环境艺术设计大全 [M]. 上海师范大学出版社，2004 ：492.

⑱ 金胜 . 关于我国室内设计师队伍的思考 [J]. 建筑工程，6/2001 ：164.

⑲ 周波 . 当代室内设计教育初探 [D]. 南京林业大学硕士学位论文，2004 ：41.

⑳ 周波 . 当代室内设计教育初探 [D]. 南京林业大学硕士学位论文，2004 ：44.

㉑ 笔者与吴家骅先生谈话笔录，2004.

㉒ 吴家骅 .2004 年南京室内设计论坛 [J]. 室内设计与装修，11/2004 ：98.

㉓ 中华人民共和国建设部 . 中国室内装饰装修设计收费标准 .2002 ：1.

㉔ 笔者与吴家骅先生谈话笔录，2004.

㉕ 吴家骅 . 环境艺术设计大全 [M]. 上海师范大学出版社，2004 ：481.

㉖ 王大勇 . 室内设计的涵义与意义新探 [N]. 内蒙古民族师范学院学报，2000 ：93.

㉗ 王大勇 . 室内设计的涵义与意义新探 [N]. 内蒙古民族师范学院学报，2000 ：91.

㉘ 明斯克 . 民用建筑室内设计 [M]. 中国建筑工业出版社，1995 ：16.

㉙ 陈从周 . 说园 [M]. 同济大学出版社，2000 ：60.

㉚ 夏万爽 . 室内设计中自然因素的引入 [J]. 装饰装修天地，1997 ：9.

㉛ 毕留主 . 当代室内设计的情感关注 [N]. 天津城市建设学院学报，2003 ：154.

㉜ 李兴龙 . 论室内设计的任务与发展 [J]. 装饰装修天地，1996 ：5.

㉝ 高祥生 . 建筑设计中室内设计的早期介入 [J]. 室内设计与装修，1998 ：60.

第 5 章　室内设计系统的主要技术问题

室内设计是一个融艺术与技术为一体的创造性活动，技术是室内设计得以开展和实现的保障，是室内设计系统顺利运行的润滑剂，是展现室内设计效果的工具和手段，是创造室内环境的基石。任何一个室内环境的设计和实现过程都离不开技术的贡献，建筑的产生、空间的形成、构造的展示、物理环境的创造、细部的处理、材料的使用、水电风的处理、各专业的协调乃至室内设计的表达等问题的出现和解决过程中都会看到技术的影子。要研究室内设计系统，就一定离不开对室内设计系统中的技术问题的深入细致的探讨，就一定离不开对室内设计系统在运行过程中由于技术问题而出现的故障以及采取的解决方案的研究。在如今的室内设计中，许多问题就是对这些技术上的问题的认识和掌握不够所引起的，要想使室内设计系统能顺畅地运行，就要找出室内设计系统中容易出现的技术问题并很好地提出解决方案。

5.1　细部设计与处理

"居室之制，贵精不贵丽……"[①]

"天下难事，必做于易；天下大事，必做于细。"[②]

贝聿铭先生曾说过："一个好的设计不仅要有好的构思，而且细部要到位。"[③]事实上，无论东西方，建筑细部自古以来就是能工巧匠施展才华之处，古希腊的柱式山花，亚述人的釉面砖饰面，哥特时期的玫瑰花窗以及中国古代木构建筑中所谓的"山节藻梲"、"丹楹刻桷"等无不让人叹为观止。室内设计是为人们营造各种式样的生活场所，因此尤其重视对细部的设计与处理。

对于整体形象来说，单独具有一部分功能的局部形象可看作是"细部"。它可以是独立的单元构件，也可以是构件或界面本身的一部分。虽然把细部纳为界面的局部，但它仍是一个组织丰富的体系，具有相对独立的单元。陈镌在《建筑细部设计》一书中指出："细部设计是相对于围合整个室内空间实体界面的整体而言，而整个室内空间又往往是通过各个结构实体的细部来实现的。"[④]虽然实体界面的细部设计并不是建筑设计的最终结果，也不是室内设计的最终目的，但它可以使功能更趋合理，也是使形式产生美感的重要手段。它和技术的、功能的、材料的、经济的以及审美的关系是协调一致的，也是设计师体现设计修养和水平的重要平台。

对于室内设计来说，细部主要分为三类：功能性细部、形态性细部、结构性细部。其中，功能性细部是指建筑物中不同的空间功能、需求之间产生的联结部位，如门是墙体的围护功能与人体的出入需求之间的联结，门拉手是门的挡护功能与门的开启要求之间的联结，是建筑与人体之间的联结。形态性细部指设计中连接不同形态的部位，或者说是不同形态之间的过渡区，如墙面上的某些重点部位处理、不同形态的装饰的应用等。结构性细部是指在结构上起着一定连接作用的部位、不同界面之间的联结部位等，如门与门框之间连接的铰链、墙体之间的连接、吊灯与吊顶之间的连接等。实际上，无论是功能性细部，还是结构性细部，其操作最终都要落实到形态操作层面上，也就是形态性细部上。无论是不同材料之间的交接、重点部分的装饰、特殊材料的选用，还是灯具、家具、陈设的设计，都是细部设计的工作。

5.1.1　功能性细部的处理

由技术决定的功能性细部处理往往会以一种技术的形态出现，显现其以最少的材料、最简洁的结构方式以及最合理的逻辑关系来体现细部的理性美。应该指出的是："艺术和技术是在相互修正、相互斗争中来发展演变的。"⑤细部设计的艺术性是它的节点构造方式、处理手法等技术性方面与审美要求相匹配而形成的。

一个细部可以用最简洁的结构形式清楚地表明力的传递关系和刚度、韧性以及彼此之间的组合关系，这样能更清楚地说明其逻辑性，这是细部设计中结构构件最具表现力的形式。在一般情况下，由功能、技术决定的细部是为了解放结构，同时各种结构形式自身又成了建筑细部的装饰构件，成为了细部设计的重要组成部分。它的作用不单单是加深人们对整个室内空间的视觉印象，而且还可以反映出设计的风格。需要强调的是，功能性细部所产生的连续性是其他设计手段所无法替代的。它不仅具有造型结构的简化、合理的逻辑性，而且还可以反映出工业化时代的效率感和时代感。把它巧妙地运用到实体的设计当中，就会产生意想不到的效果。

在室内设计中，合理的功能性细部外露不单单是一种自然的、经济的设计，它还可以上升为一种审美的设计手法。暴露细部结构，不但不会破坏室内设计的空间气氛，而且会产生积极的作用。人们可通过外露部分来领悟结构构思和施工工艺，从而得到审美情感。当然，对功能性细部结构外露处理要有一个明确的设计意图，使细部结构外露与整个室内空间协调一致，否则就会出现盲目与混乱。

案例 5–1–1 在宛西制药博士后工作站室内设计中，对于楼梯栏杆的处理体现了室内设计中对于功能性细部的推敲。在这个室内设计中，楼梯栏杆主要是从大堂起升至四层的中央楼梯两侧所需的部分。最初，室内设计将栏杆设计为一个直径 150mm 的通长圆木，但是这个圆木如何固定与安装成了一个非常大的问题。如果是从地面升起立杆来承托就牵涉到与地面连接的问题，如是从墙面伸出又牵涉到与墙面连接的问题，最主要的是这个大圆木如何与立杆或侧

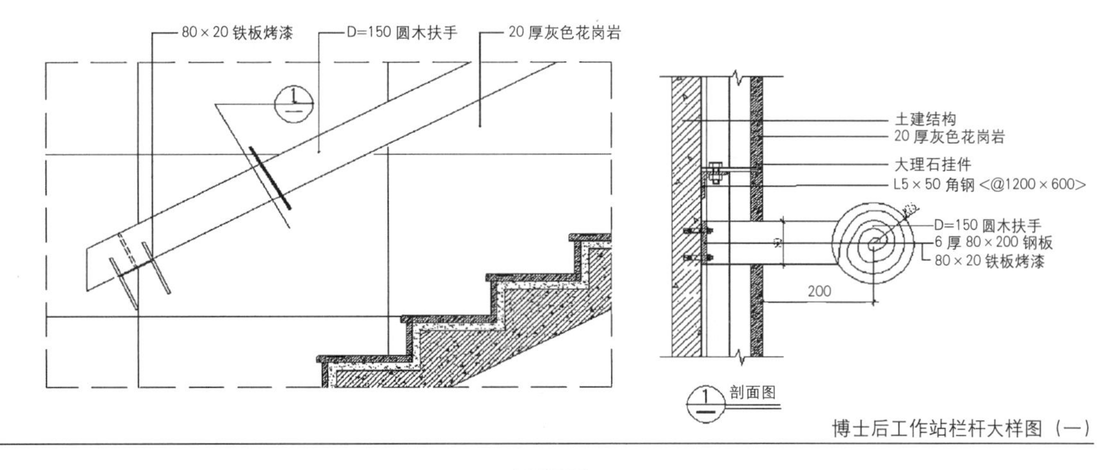

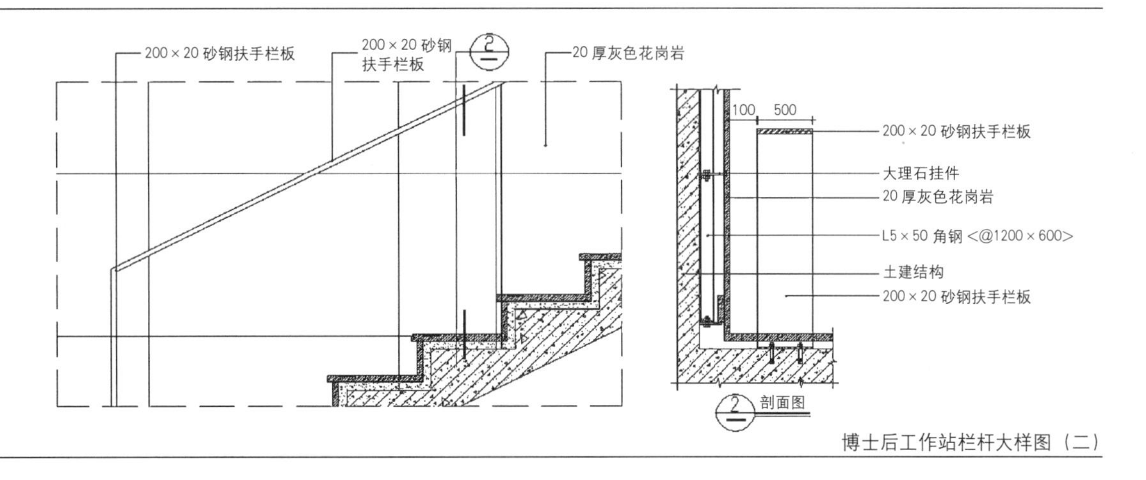

图 5-1 宛西博士后工作站楼梯栏杆设计推敲

杆连接。经过一系列的方案推敲和选择，最后采用了最为简单的处理方法，用 200mm×20mm 的实心砂钢在两侧从地面上升起，并使其以一定的规律分断。这样，整个栏杆就以一条极简练的线的形式呈现，既解决了功能问题，又解决了结构和形式问题（图 5-1）。

5.1.2 形态性细部的处理

形态性细部的处理是属于形式美的问题，细部的“形”是能使人们的心境产生变化的形——有意味的形。在细部设计中，怎样表现细部形式美呢？这是在室内设计过程中应考虑的问题，一般情况下，有三种方法和两种手段可行。

基本的处理方法：一是形式拼贴法，将人们所熟悉的历史符号加以抽象、变形、分解重组，使之成为某种带有典型意义或象征意义的符号，使新建筑与传统文化带有某种联系。这在一些带有民族风格、乡土风格、西洋风格的室内设计中用得相当普遍。二是抽象简约法，是对历史形式的整体或局部进行提炼和简化。三是平面构成设计，在现代主义设计中，找到一种类似于偶然技巧形式出现的结构或材料。首先在设计的内容中安排好同一类材料和结构，然后再适当地把另一类的结构、材料加以结合。

运用的具体手段：一是开始时与建筑结构或构件发生关系，后来由于它的功能显得不太重要而只与材料、形式发生关系的细部。如中国传统建筑中的斗栱，原来起着结构支撑的作用，后来由于钢筋混凝土结构材料的应用，就慢慢转变为一种装饰符号。二是为了纯粹的形式美来表达一种细部结构的姿态或情趣，如用线条来划分墙面使其产生动感，在一个整体的装饰面上突出一个小面的局部装饰等。

比例和尺度是形态性细部设计中的重点。整体界面的空间构图一般是根据材料成型的基本模数来决定的，不同造型的采用、横竖比例的选择、细节尺寸的确立等都是要经过在构成设计中的反复推敲才能决定。

光影在形态性细部的设计中具有重要意义，尤其是雕塑感强的细部造型，需要结合采光与照明设计通盘考虑。其中，要注意阴影对细部造型观感的影响，形态比例不当会破坏界面的整体形象。

5.1.3　结构性细部的处理

在室内设计中，结构性细部应该说是细部之中的细部，它在连接不同界面、形成室内空间主体形象中起着十分重要的作用。按照格式塔心理学的概念："任何'形'，都是知觉进行了积极组织和建构的结果，而不是客体本身就有的。"[⑥]就室内空间而言，每一个界面都可能是一个完整的形。典型室内的六个界面就有可能成为各自不同的六种形态，能否组成一个完整的室内空间形象就在于结构细部的处理。"所谓形，是一种具有高度组织水平的知觉整体……每当视域中出现的图形不太完美，甚至于有缺陷的时候，这种将其'组织'的'需要'便大大增加；而当视域中出现的图形较对称、规则、完美时，这种需要便得到'满足'。这样，那种极力将不完美图形改变为完美图形的知觉活动，就被认为是在这种内在'需要'的驱使下进行的，可以说，只要这种'需要'得不到满足，这种活动便会持续下去。"[⑦]实际上，结构性细部设计过程就是这种"完形"知觉活动的延续。

从技术处理的层面来看，结构性细部设计一般采用三种典型的手法：并置、加强、减弱。并置的手法符合格式塔知觉中占优势的简化倾向，也就是将两个界面以相互衔接的方式直接组合。这种手法要求极高的工艺水平，比较适合于同种材料的连接过渡，能够达到线性过渡的简约视觉效果。加强与减弱的手法都是采用分散视知觉注意力的方式来达到界面过渡的目的。加强的手法主要利用不同形式的线脚，如踢脚线、檐口线、窗楣线等，既起到了对界面装饰的作用，又以其丰富的截面线形完成了过渡的任务。减弱的手法主要利用界面构造之间的不同开缝，通过虚空的距离，以尺度控制或光影处理达到过渡的目的。

案例 5-1-2 在宛西制药博士后工作站室内设计中，对于大堂服务台的结构设计体现了室内设计中对于结构性细部的推敲。在一个现代的接待中心的室

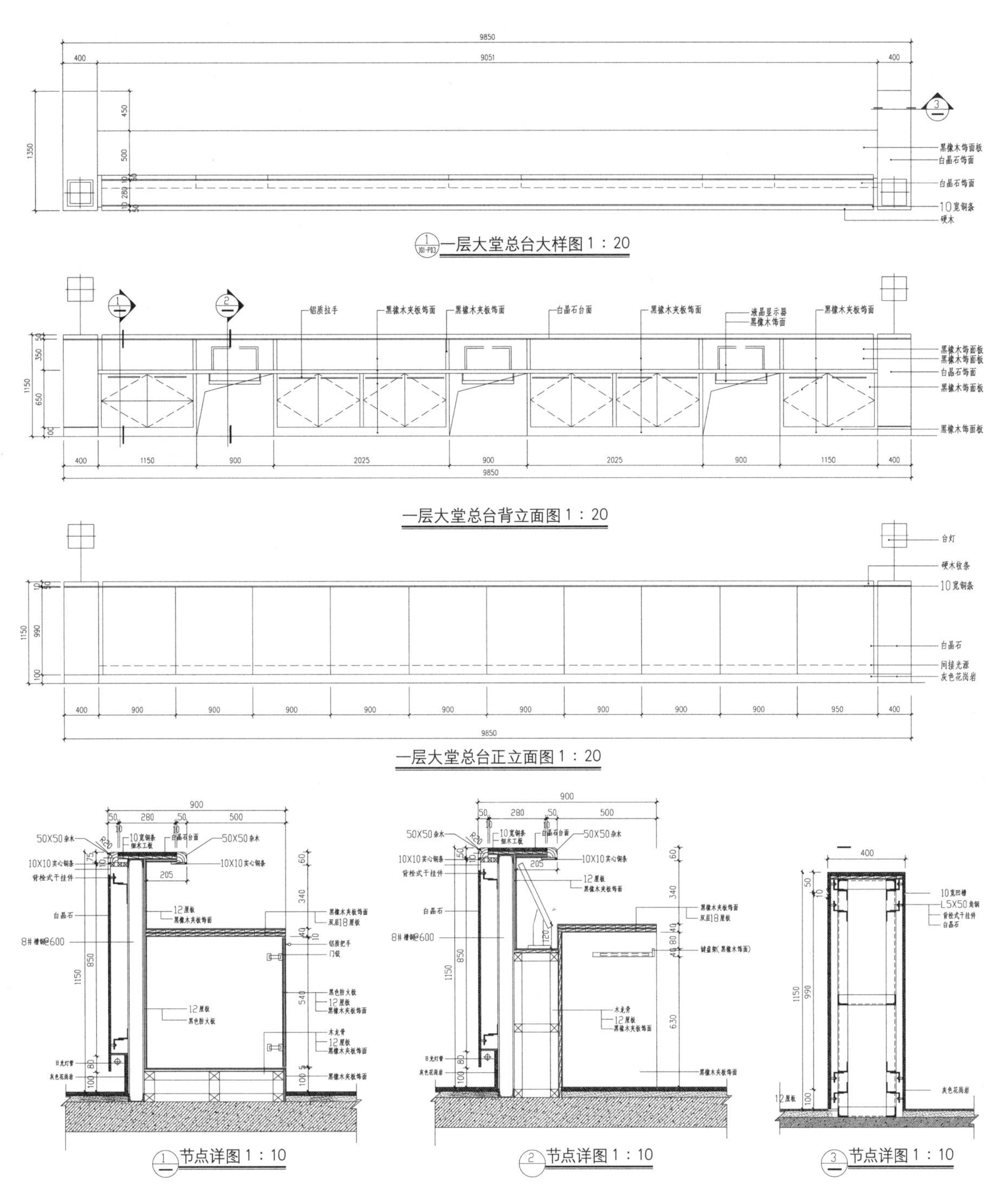

图 5-2 宛西博士后接待台细部设计推敲

内设计中，接待台是给客人一个良好印象的媒介，因此对这个构件的设计就具有非常重要的意义。在最初的设计方案中，整个接待台全用白色微晶石做成，在界面的转折部位采用直接碰撞的方法，使整个接待台浑然形成一个整体。后来，为了更好地体现人性化，在接待台台面与侧板结构部位设置一条倒圆角的木方，并在木方与微晶石之间嵌上铜条。这样，既增加了设计的趣味性，又解决了不同界面、不同材料之间的联结问题（图 5-2）。

在文艺作品中，细节是“细腻地描绘人物性格、事件发展、场景和自然景物的最小组成单位。场景和人物性格的具体表现由许多细节描写所组成；细节描写要具有真实性，要服从艺术形象的塑造、故事情节的展开和主题思想的表达的需要。选择何种细节作为表面对象，往往体现了作品的某些具体特征。细节描写的多少，可以调节文学叙事的速度和节奏，并表明描写对象在作品中的地位。”[⑧]室内设计中的细部就如同文艺作品中的细节。构造细部的形态样式的选择同样是为了表达空间的概念主题。主题表现愈突出，室内空间主体的风格特征就愈强，给人的印象就愈深刻。后现代建筑所体现的隐喻性与象征性，主要就是通过构造细部所表达的某种传统构件符号传递出来的概念。在室内空间主体的设计概念中，也经常利用传统构造的表象特征，形成某种特殊风格的符号来体现需要表达的设计概念，如中国传统建筑中的斗栱、室内的天花藻井、古希腊罗马柱式中的柱头等构造细部都具有类似的符号功能。我们在进行室内设计时对于细部设计的关注是形成好的室内设计系统的长长的链条中的一环。

5.2 材料的选用

所谓“人靠衣装，佛靠金装”，室内设计的表现离不开材料的应用。材料的选择与运用是室内设计的重要组成部分，也是体现室内效果的基本要素。无论是雕龙画凤、贴金包银的古代宫殿，还是清新典雅、优美简洁的现代派建筑，或是光亮夺目、绚丽多彩、夸张的洛可可风格，或是在有限的空间内创造出“虚幻的、无限的空间”的超现实主义，以及追求浓郁的乡土气息、回归大自然、讲求人情化的后现代派等，无一不是通过各种各样的材料来体现设计师的设计意境，反映时代特色的。

对于室内设计师来说，材料的正确选择、应用、搭配是一个好的室内设计存在的前提，也是体现设计师水平的一个参照。当然，这并不是说所有的室内空间只有用好的材料才能表现出好的效果，关键在于如何运用。只要与空间相对应，简单的材料照样能演绎出富有特色的空间，在安藤忠雄的室内空间中我们看到的多是裸露的混凝土结构，在赖特的流水别墅中，我们也没见到什么高档材料的应用，在勒·柯布西耶的朗香教堂中有的也只是简单的涂料装饰和些许有色彩的玻璃的痕迹，但是，我们能说这些空间的设计做得不好吗？能说它们没有装饰效果吗？

要想能随心所欲地运用材料，就必须对材料有一个清晰的认识。与室内设计相关的材料不仅有装饰材料，还有结构材料，它们都是建筑材料的一个类别。“在古代，木质结构和巨石结构起主导作用，通常结构材料就是装饰材料，在这些建筑中，可以看到暴露的砖、石墙以及实木框架的墙体、天花。”[⑨]在当代，随着材料科学的高度发展，使材料的用途和分类越来越交错，很难分清哪些是结构材料，哪些是装饰材料，哪些是功能材料。但是在现代的室内设计中，了解建筑结构和结构材料对于设计来说是很有必要的。只有熟悉建筑结构才能更好地根据建筑的基本结构体系来选择装饰材料，而结构体系是以结构材料为基础建立起来的。传统的结构材料是木材和砖石（如石、砖以及各种人造石等），而在当今社会（自19世纪以来），金属（主要是钢铁）和混凝土逐渐成为结构材料的主打。室内空间也采用了这些结构材料，然而许多其他的材料却是非结构的，它们覆盖在结构表面，起着加固和装饰的作用，其目的仅仅是提高室内的实用性和美观性。只有当结构材料不出问题时，依附于其上的装饰材料才能发挥它的装饰效果。为此，室内设计师必须了解各种结构材料的结构、力学、装饰性能和装饰材料的加工、装饰性能。在这里，主要从装饰效果考虑，讨论一下装饰材料。

不同种类、不同功能的室内空间，对装饰的要求不同，即使是同类室内空间，也会因设计标准不同而使得装饰要求不同。就像我们常说的一样，室内装修通常有高档、中档和普通装修之分。在室内装饰工程中，为确保工程质量——美化和耐久，应当按照不同档次的装修要求，正确而合理地选用装饰材料。各种装饰材料的色彩、光泽、质感、触感、耐久性等性能的不同运用，会在不同程度上影响到整体装饰效果。因此，在选择装饰材料时，应是从这么几个角度来考虑的：

5.2.1 从装饰角度考虑

在构成室内空间环境的众多因素中，装饰材料的装饰性能对室内环境的变化会起到重要的作用，主要表现在材料的形态、色彩、质地和肌理等几个方面。

室内装饰效果最突出的一点是材料的色彩，它是构成室内环境的重要内容。材料的色彩可分为固有色彩和二次色彩两大类，固有色彩具有材料本身所具有的天然色彩特征，在室内施工中无需再进行加工，如各种花岗石、大理石、饰面板、墙纸、防火板、塑铝板和不锈钢及其部件等。这些材料的色彩要在设计中体现其自身的美，就要求设计师根据具体环境的需要去进行选择和使用。二次色彩是根据设计的空间环境的需要，在材料的运用中作改色、造色处理，调节材料的固有色，以达到室内空间色彩的和谐或对比。二次色彩处理的材料中有些材料本身具有自然肌理，如榉木、柚木、水曲柳等，在进行二次改色时，其色彩的明度、纯度、冷暖可随环境需要任意选择，而其本身自然的肌理不应受到削弱，否则就失去了其材料的肌理美感。

材料色彩美的表现力是通过各类色彩的组合和协调加强的。运用色彩的规律将材料的色彩合理地进行组合，利用不同明度、不同纯度和不同冷暖的材料色彩的差异在设计中突出材料色彩的表现力，是室内设计中材料色彩搭配的技巧。同类色组合就是将色彩的明度、纯度和冷暖相近似的材料组合在一起，这种组合比较容易获得统一协调的色调，会给空间带来和谐、统一、亲切、温暖、纯静、柔和的效果，若处理不好，会显得单调。为了避免单调，在进行同类色的组合时，在大面积的近似色中，设计一些小面积的、在明度或纯度上有一定对比和差异的材料进行点缀，使统一中有一定的变化和对比，可以烘托出某种材质的特点，突出空间的视觉中心。

肌理是指“材料本身的肌体形态和表面肌理，是质感的形式要素，反映材料表面的形态特征”，使材料的质感体现更加具体、形象，其内容包括形、色、质，以及干湿、粗细、软硬、有光泽和无光泽、有规律和无规律、透明与半透明或不透明等感觉因素。[10]不同的材料表现出不同的肌理，不同的肌理有助于表达其物体的不同表情，如木质肌理、大理石肌理……材质的肌理是体现材料美的一个重要方面。不同的肌理使人产生不同的心理感受和触觉效应，要恰到好处地运用各种材料肌理，不仅要对肌理的功能尽可能详细地掌握，还应对肌理应用的准则加以了解，即首先满足使用功能的要求，同时还要研究材料肌理的组合关系。相似的肌理组合在一起，通过对缝、碰角、压线及肌理平直走向、肌理微差和平面上的凹凸变化来实现相似肌理的组合、协调，肌理的统一和柔和变化易于统一空间，整体性强，使人在视觉上、心理上产生愉悦、亲切、舒适感。对比的肌理组合，可以突出某一种肌理的美感，产生相互烘托、交相辉映的肌理美。

材料的质地也是体现材料装饰效果的一个方面，不同的材料有着不同的质地，它们给人以不同的视觉、触觉和心理感受。如反射性较强的金属质地不仅坚硬牢固、张力强大，而且美观新颖，具有强烈的时代感；纺织纤维品如毛麻、丝绒、锦缎与皮革质地给人以柔软、舒适、豪华、典雅之感；清水勾缝砖墙面使人想起浓浓的乡土气息；大面积的灰砂粉刷面平易近人、整体感强；玻璃使人产生一种洁净感、明亮感和通透感。对不同质地的材料在满足使用功能的前提下进行合理、科学的组合，会使材料的美感得到更充分的表现；相近材质的组合可以达到整体柔和的美感，而对比质地的配置具有醒目、强烈、富丽的美感。

不同的装饰材料具备不同的装饰效果，也会对室内空间环境产生不同的影响，材质的扩大缩小感、冷暖感、进退感，会给空间带来宽松、空旷、温馨、亲切、舒适、祥和等不同感受，在不同功能的建筑环境设计中，装饰材料质感的组合设计应与空间环境的功能性设计结合起来考虑。如宾馆、饭店空间环境的装修豪华气派、富丽堂皇，材质处理必须具有扩大、空旷、舒适的效果，具有高贵、典雅的气派。办公环境和学校环境是较为安静、素雅的空间，材质应单纯、简洁、明快，使其具有空旷、安详、爽心的效果。住宅空间环境以舒适方便、温馨恬静为前提，材料选择以质地平和、简洁淡雅的自然材料为主，也可以点缀适量的玻璃、金属和高分子类材料，显示时代气息。此外，娱乐场所的空间环境比较活泼、刺激，选择材料、色彩、造型都要具有一种动感，不论使用哪种材料，表现肌理都应具有醒目、突出的触觉特征，以烘托娱乐的环境气氛。身处繁华闹市区的商场店面，其空间环境主要是吸引、引导消费者前来选购商品，装饰材料的肌理、色彩应具有视觉冲击力，使购物环境更加温馨、舒适；医院的空间环境较为安详、安静，材料肌理宜单纯、素雅，不要求太多的肌理变化，使病人能静心地养病、康复。

图 5-3 虹桥上海城现场效果

案例 5-2-1 在虹桥上海城室内设计中，设计师从装饰效果出发，为不同功能的区域选用了不同的装饰材料。在商场部分，为了形成一种简洁、明快的空间氛围，设计人员大面积选用浅色系列的、表面光洁的材料，如白色铁板烤漆、白晶石、白色乳胶漆、白色灯具等系列材料，只在局部采用其他色系和质感的材料作为点缀，而在 KTV 和餐饮部分则选用了一些色泽艳丽、质感多变的装饰材料，配合多彩的灯光以形成活泼、豪华的空间氛围（图 5-3）。

5.2.2 从实用角度考虑

选用室内装饰材料，要求其既美观又实用、耐久，能经受摩擦、潮湿、洗刷等作用，能抵抗一定程度的冲击，要具备一定的物理、化学和力学性能。

设计师在选择装饰材料时首先考虑的是装饰效果，但从人体工程学、从使用性能来考虑材料的实用效果与使用年限则是一种更为实用、更负责任的态度。所谓“人尽其才，物尽其用”，一个好的设计应能充分发挥材料的装饰性和实用性，如选用玻璃材料，就要能突出其分隔而不封闭空间的效果，用作隔断或窗户，如果纯粹为了表现装饰效果而将它贴在墙上，可谓是无病呻吟。做一件家具，可根据不同的使用要求选用木材、织物、金属等不同种类的材料，但家具的适用与否、牢固程度、使用时效都是我们选择材料时所要考虑的。如金属、石材具备良好的抗冲击性，所以常用来做踢脚线之类的装饰构件；在剧院、KTV、报告厅中，为了创造良好的声学环境，就会选择一些具有吸声功能的材料如软包、吸声板等；在空间功能简单的室内，也会相应选择一些实用性材料，如墙面、顶面采用乳胶漆饰面等。也就是说，抛开装饰性不说，材料的使用价值是设计过程中要重点考虑的问题。

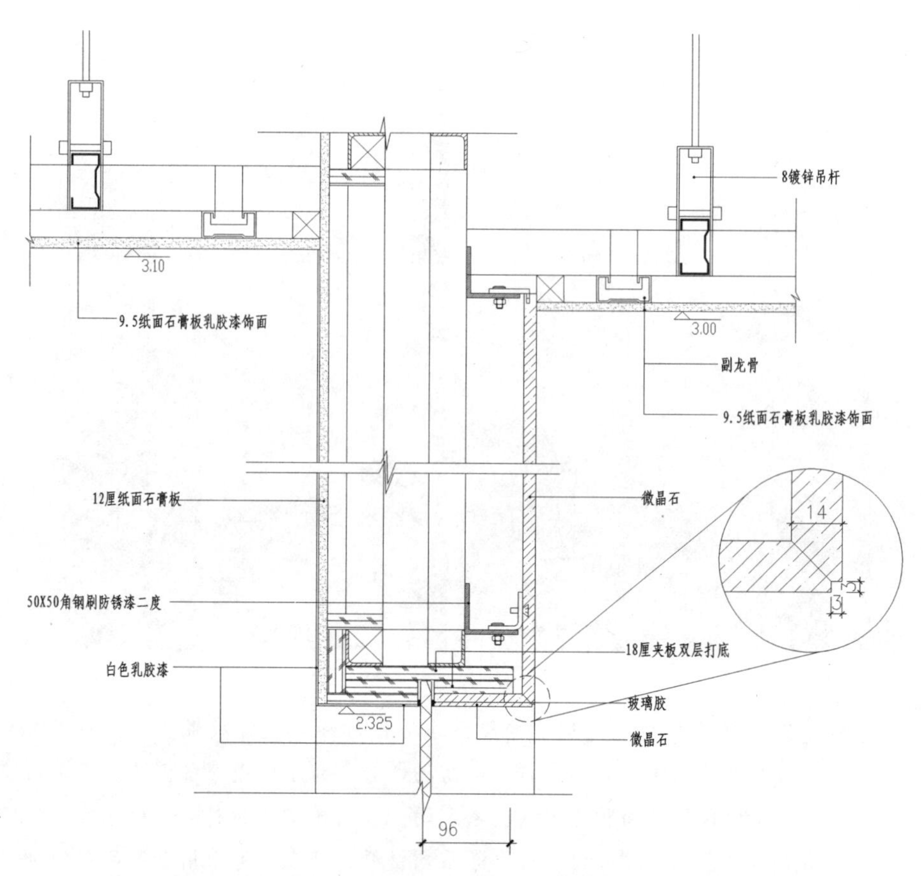

图 5-4　南阳总部墙面干挂微晶石节点

还有就是对材料的规格与性能要有一定的了解。如果设计师对于玻璃的厚度、大小、性能和加工方式都不清楚，那该如何来选择和搭配？如果对各种木质饰面板的力学性能、加工强度、耐久性都不了解，怎么敢用来作装饰？如果由于不了解材料而造成使用不当，则可能既没达到装饰效果，也没达到实用目的。

案例 5-2-2 在南阳总部室内设计过程中，就是由于设计人员对材料的规格和强度不太清楚，造成了很大的被动和损失。原设计中，所有大厅和楼梯厅的墙面都选用了玉晶石，想营造出一个简洁、现代的空间氛围。玉晶石是一种新型的人造材料，在强度、表面效果等方面都比天然石要好。但是由于是新品种，国家尚未出台相应规范，设计人员只能根据材料商提供的技术资料作为参照，在确定采用干挂法施工的基础上选用了厚为 14mm 的规格板材。但是，根据建筑装饰工程施工要求，干挂法施工要求石材厚度不低于 16mm，施工方按这个要求进货后由于监理方通不过而造成了重新进货和拖延工期，在这件事上，设计师在选择材料时所出现的失误给甲方和施工方造成了巨大的损失(图 5-4)。

5.2.3　从经济角度考虑

装饰材料的运用，还必须考虑一个不容忽视的问题——工程造价。高档与低档的差别相当程度地就体现在不同档次的材料上，根据不同的装修标准来选

图 5–5 博士后工作站大堂效果图

择不同价位的材料，这一点应是设计师在设计开始时就树立的观念。离开了甲方的预算任意选择材料，最终面临的必然是失败的命运。

还有一点要提的是，从经济角度考虑材料的选择，应有一个总体观念，既要考虑到一次性投资的多少，也要考虑到日后的维修费用。有时宁可适当加大一点一次性投资，以此来延长使用年限，从而达到总体上的经济性。

案例 5–2–3 在宛西制药博士后工作站的室内设计中，由于经济的变化而造成装饰材料的选择的变化就充分地说明了这一点。最初甲方确定的装饰标准为 2000 元 /m^2，后来由于经济上的困难又改为 500 元 /m^2。在室内设计方案已完成的情况下，要想全部重新设计几乎是不可能的。在这种预算下要完成一个会所性质的接待中心，我们只能在材料上做文章，设计人员经过再三权衡，确定了在保证大堂装修效果不变的前提下，适当降低其他空间的标准的更改方针，将最初选用的标准较高的材料如木质吸声板、软包、壁纸、艺术玻璃统统改为一般的乳胶漆处理，也就是采用“好钢用在刀刃上”的办法，最终出来的效果虽然要差一些，不过设计的品位和意境也还没有丢失。这也从侧面说明一个问题，优美的室内艺术效果，不在于多种材料的堆砌，而在于在体察材料内在构造的基础之上，精于选材，贵在材料的合理配置及其质感的和谐运用。特别是对那些贵重而富有魅力的材料，“画龙点睛”的选用方式是充分发挥其装饰性的最佳方法（图 5-5）。

5.2.4 从环境角度考虑

有一点必须承认的是，室内设计工程的材料在各方面影响着环境。材料引起的污染问题日益严重，作为设计师必须对此高度敏感，关注与材料有关的环境问题。对于室内设计来说，环境问题牵涉到两方面：“一是在大环境中的材料选择和使用，它关系到资源、能源的保护和合理利用；二是实际工程产生的小环境及其对居住者、使用者健康、安全产生的影响。”[11]任何一个工程都会对室内整体环境乃至室外大环境产生好的或不好的影响，因此每个设计师在选用材料时必须尽力减少工程对环境的副作用，用最符合环保的方案来使业主、居住者、使用者及所有的人都受益。

首先要关注的是资源消耗问题。在相当长一段时间内，建筑及室内使用的材料大多来自于大自然，如木材、石材、钢铁等。这些材料多为不可再生资源或长周期再生资源，由于大量的开发和使用，可供选择和利用的材料资源已越来越少，面临着枯竭的危险。在这种情况下，尽量开发可再生或循环使用的资源，做到一物多用、一物久用，从而避免对各种材料的资源性破坏，也许是一个明智的选择。

其次，是在选用装饰材料时要注重材料的环保性。在室内空间中，材料不仅会带来装饰效果，也会影响到室内的空气质量。木材、皮革和其他天然材料使用时会散发出一些特殊的气味，让人感到不适；而油漆、胶粘剂等合成材料及塑料、溶剂等则含毒性物质，对人体有危害。通过各种渠道了解和选用多种新型环保材料，是提高室内环境质量的方法与出路。

还有一点就是室内装饰工程使用大量材料时所引发的污染和浪费。这主要是废弃物及其处理造成的，如许多室内环境功能的改变造成的二次装修，就会因拆除原有装修而形成大量的废弃物，尽管其中的钢材或家具可回收或二次利用，但玻璃、混凝土、小径木材以及一些合成材料只能堆在地上烧掉，或者运到特定的地方作廉价的材料，甚至把金属、木材、塑料等材料也作为建筑垃圾用来填地。在施工现场切割、堆放材料，拆除和抛弃材料包装等会产生浪费，清理施工垃圾也会消耗大量的时间和人力。施工中这种浪费的代价很大，它不仅增加了劳动工作，而且提高了成本，另外，废弃或焚烧材料对空气也是一种污染。

5.3　室内光环境的设计与处理

对于室内设计来说，照明设计或光的设计是非常重要的一环。它不仅要满足给人提供一定的照明以利人们进行各种生产和生活活动的物质功能需求，而且要满足创造一定的特定的空间氛围的精神功能需求。“照明的亮度与层次、灯具的造型与布置、自然光与人工光的调节都会对一个室内设计的最终效果产生巨大的影响。”[12]然而，当代许多室内设计师们对于光在塑造空间、完善质感表现、创造室内情感氛围以及刻画点睛之笔等方面的表现力却仍旧缺乏深刻的体验，设计中对光的表现也仅仅停留在满足最基本的视觉照度的层面上，对于室内光环境的艺术表现没有给予足够的重视。例如，在当前的住宅室内装饰设计中，设计师在一个大的室内空间中普遍地只设置一两只大瓦数的灯，室内每个角落、每个细节均被同样地照亮，没有丝毫的变化和微妙之处。这种光照设计带给空间的是一种乏味平淡的效果，尽管它满足了室内最基本的照明要求，但毫无疑问，这将导致室内设计作品在艺术表现上的苍白与乏力。当然，也有相当多的室内空间照明气氛营造得很好，如一些颇具情调的酒吧、娱乐空间的照明就有明有暗，有着各种不同氛围的照明形式。对于室内光环境的设计，可从以下几个方面予以考虑。

5.3.1 室内光环境的类型

对于室内设计来说，照明主要来自两部分：自然光和人工光。自然光主要为日光，而人工光则以各种电光源为主。自然光在数量和质量上往往受到限制，且难以控制，而且基本上已被建筑设计所确定。如果室内设计介入得早的话，还有可能提出一些修改，如在建筑的某些部分加窗，加什么样的窗等；如果在土建施工完成后再进入，则顶多只能是做一些如加什么样的窗帘，以什么形式让自然光进入等不痛不痒的工作。人工光由于可以人为地调节和选用，所以在应用上比自然光更为灵活，它不仅可以满足人们照明的需要，同时还可以对室内环境气氛加以表现和营造，划分出一定的空间区域，因而往往是室内设计的重点，也是在这里主要讨论的问题。

室内照明很复杂，根据人的不同视觉要求，需要提供作用不同的照明系统。从功能上分析，室内照明系统主要有三个部分：

1. 环境照明

提供室内空间中的一般照明或背景照明。好的室内照明要求有整体的光线，以便形成一种舒适或特定的环境气氛，同时能让人在周围的空间中看清道路、物体和他人。

2. 功能照明

保障室内空间中某种特殊功能的完成，是为特定的视觉功能而设的照明。这意味着依靠这种照明所提供的充足且舒适的光能配合人的其他功能系统很好地完成某种工作。

3. 强调照明

营造室内空间中的一种艺术气氛。多是把照明集中到特定的物体和区域上，产生多样性和反差，从而使空间生动而有趣，甚至增加冲击力。它往往集合了人的注意力，表达了所照物体或区域的细部，体现了它的美和精致，是加强空间艺术性的重要方法。

案例 5-3-1 在金钟广场的室内设计中，设计人员在对整个空间做好环境灯光设计的基础上，又根据室内不同空间设置功能照明，以满足不同的功能需求，并对一些装饰和特殊构造设计强调照明，从而形成多层次的室内光环境（图 5-6）。

5.3.2 室内光环境的作用

室内照明最基本的一个应用是提供人们视觉所需的光线，同时还对空间有以下几个方面的影响：

1. 界定空间

在室内设计中，界定空间的方法多种多样，运用不同种类、不同效果的照

图 5–6　金钟广场室内光环境设计现场照片

明方式，也可以在不同的区域中，产生一定的独立性，从而达到构筑虚拟空间的目的。

2. 改善空间感

照明方式、灯具种类、光线的强弱、色彩等的不同均可以明显地影响人们的空间感。当用直接照明时，由于灯光亮度较大，较为耀眼，会给人以明亮感、紧凑感。间接照明时，灯光照射到顶棚或墙面之后再反射回来，所以使空间显得较为宽广。当使用不同颜色的光时，会给室内增添不同的感觉。暖色的灯光，会使室内较为温暖；冷色的灯光，会使室内较为凉爽，增加安静的气氛。在较高的空间中，如果使用吊灯（特别是体量较大的吊灯），会使空间显得较低一些，而改变空间的高耸感。当使用吸顶灯或镶嵌在顶棚内的灯具时，可以改善矮空间的压抑感。所以说，灯具与空间的不同搭配会给人以不同的空间感。

3. 烘托环境气氛

在宽广的客厅中，如果使用一些造型优美的水晶吊灯，会显得富丽堂皇；在小的门厅中，选用造型别致的小壁灯，会使人感到幽雅、大方；在儿童房中配合一些造型精巧的、仿动植物外形的灯具，会使房间显得活泼、轻松……

案例 5–3–2 在虹桥上海城餐饮区的室内设计中，设计人员就根据不同区域、不同的氛围采用了不同的光环境设计手法。在整体采用暖光源的情况下，

图 5-7 虹桥上海城餐馆区照明处理

对大厅、服务区、包间分别选用不同的照明方式和不同的灯具，从而营造出不同的环境氛围和空间效果（图 5-7）。

5.3.3 室内光环境营造的外部条件

“照明作为一种装饰手段，在具有艺术性的同时，也应注重实用性。”[13]各个不同功能的房间，对照明的要求会有所不同。设计师首先要考虑照明设计是否能满足室内的功能要求，不可为追求所谓的艺术效果而忽略了实用功能，也不可只为追求灯具的高档豪华的外观而忽视其光学性能和照明质量。因为只有恰当、合理的照度，才能满足人们的视觉和生理的要求，才是可行的设计，所以在室内设计中，掌握一定的照明设计方法是十分必要的。

由于室内人工照明是室内设计的重点，也是设计师在进行室内设计时经常出现问题的地方，笔者将结合近几年工作中所碰到的问题，就在进行室内照明设计时的影响因素和所采取的处理方法作一探讨。

在进行室内照明设计时，建筑设计所提供的条件给室内设计限定了一个大体的框架，让后者基本上只能在这个框架里能动地发挥。建筑对室内设计的主要限定因素有这么几个方面：

1. 空间功能

不同的功能空间会要求有不同的环境气氛，我们不会将一个酒吧设计得像办公室一样明亮，也不会将一个大堂设计得像舞厅一样迷离。设计师在进行室内设计时对于这个问题的认识应是毋庸置疑的。如在做办公楼的室内设计时，首先想到的是将空间分为办公、接待、会议、休息、餐饮等几个不同类型，然后根据这几个类型分别予以设计。办公空间多是均匀的日光灯盘，照度较高，以满足工作的需要；休息空间则是布置较暗的暖光灯，以给人一种家的感觉，使人得到很好的休息；接待空间和会议空间往往是重点照明与环境照明相结合，从而给空间一个视觉中心。在做酒店空间的室内设计时，对于大堂、客房、多功能厅的照明的设计方法又各不相同，有的突出富丽堂皇的气氛，有的突出优雅静谧的感觉，有的讲究摇曳多变的氛围，其中心目的就是为每个独立的空间服务。

2. 建筑形式

不同的建筑形式往往需要不同的室内照明与之相对应，以形成空间的整体感。我们在进行室内设计时，对于一些矩形的空间，如会议室、办公室的照明设计多是采用方正平直的、均匀的布灯方式或突出一个重点照明的手法；对于一些圆形的空间则多以圆形或放射形的布灯方式相对应；对于一些异形的如三角形空间的照明设计，也多与空间的形体取得一致。

3. 建筑构造

一般来说，建筑的构造会影响室内设计的层高的设定，也就相应地会影响到灯具的布置和选择。不难想象，由于顶棚、墙体的凹凸空间增多，顶棚上面的空调、通信、消防与照明设施集中在一起，都会影响布灯方式。

4. 建筑材料

不同的建筑材料有不同的质感和颜色，当它们与光的性质结合后，会影响光环境气氛。在室内设计中，对于这些问题都应予以考虑。什么时候需要反光，什么时候需要亮光，什么时候需要弱光，都要将材料的因素考虑进去，或者说，要根据不同的材料采用相应的照明类型。

5.3.4 室内光环境营造的设计原则

在充分利用现有建筑的有利条件和避免不利条件的基础上，照明设计本身还有许多问题需要设计人员在设计过程中予以考虑。

1. 注意照明的实用性

要满足这个要求，需要在设计过程中处理照度均匀与稳定、适当的亮度分布等问题，而且要限制眩光和阴影。这是一个空间照明设计基本的要求，尤其是办公室、会议室、接待室、餐厅等操作性强的空间更是如此。

2. 注意照明的艺术性

光的运用是一种艺术，需要创造性思维和想象力，特别是对于一些要营造特定氛围的空间，光的艺术性的运用就起着举足轻重的作用，如柔和的灯光使空间具有亲密和舒适的感觉，明亮的灯光则显得有条理，使人精力旺盛。大展厅或商场中，聚光灯强光照射下的展示商品能很好地吸引人们的注意力，唤起顾客参观或购买的欲望。在酒吧设计中，往往整个空间照度不高，而单个座位上空则有局部重点照明，以形成一个个小空间，利于人们进行比较亲密的交流。有时为了烘托空间氛围，使用间接光源也是一个好的选择，因为间接光往往是在界面上形成成片的光晕，而不是直接将光投向室内空间。

3. 注意照明的安全性

每年发生的大量的火灾给室内设计师敲起了响亮的警钟。虽然并不是所有火灾都是照明引起的，但照明系统经常是引发火灾或一些意外的罪魁祸首。为此，要求室内设计在进行照明设计时至少要考虑这样一些问题：①注意照明器具自身的安全，要选择质量较好的灯具、线路、开关，其设计要有可靠的安全措施。②对于有危险性的工作场所（如一些实验室），要有较高的照度。③有些重要场所，除设计一般照明外，还必须考虑事故照明，以备不时之需。④防火出口的标志、疏散走廊、消防楼梯等处要有独立于普通用电设施的特殊线路提供照明。

4. 注重照明的经济性

在大力倡导可持续发展的今天，合理而节制地利用能源是各行各业所必须遵循的原则，室内设计也不例外。要在能满足照明要求的基础上节约电力开支，是室内设计师在进行照明设计时应注意的问题。这就要求设计师在设计过程中考虑这样几个问题：①尽可能利用自然光。在前面已提过，室内设计很难对自然光进行二次设计，但充分利用自然光，接受大自然的恩赐是我们的不二选择。②选择发光效率高的灯具。由于光源的种类不同，各种灯具的发光效率也不相同，而选择发光效率高的灯具无疑可以大大地节约能耗和开支。现在市场上大量的节能光源应是我们选择的对象。③正确比较各种因素，合理布置灯具。在满足照明技术要求的前提下，我们应认真处理艺术因素和经济因素的关系，正确地进行照明计算，合理布置灯具，力求以最少的容量达到最佳的设计效果。这里面的关键就在于艺术性与经济性的关系的掌握，具体的就在于设计时设计师的考虑了。④减少安装维护费用。照明器具经常会老化，易被破坏，需要维护、修理、清洗甚至更换，这就要设计师在选择灯具及光源时对它们的寿命和抗破坏力以及维护、修理、清洗等问题有所考虑，并加强保护措施。

照明的目的是提高可见度，便于人们完成某种工作。同时，“照明可以传达人对空间的看法，营造空间氛围，唤起人们的美感，调动良好的心理情绪。”[14]但要实现这个目的并不是一件简单的事，常常会遇到相互冲突的情况。在餐馆中，昏暗的“烛光情调”会形成一种愉悦的气氛，但却使看清菜单和菜肴变得困难。在许多空间中可能同时或不同时进行一系列不同的活动，故需要为不同工作和氛围设置不同的照明，如起居室可能会被用于阅读、交谈、看电视等多种不同活动。单一的照明系统就不可能满足所有的需求，想要面面俱到也是不可能的，所以，我们在认识到照明多样性的前提下应当统筹考虑各方面的因素，力求抓住主要矛盾和主要问题，灵活多变地处理好空间中的工作照明、环境照明、重点照明之间的相互关系，合理安排，以期达到最佳的综合效果。

5.4 室内声环境的设计与处理

声环境是室内物理环境中很重要的一项内容，在室内设计中，它也是衡量环境舒适度的必要指标之一。由于室内空间的功能不同，对声场质量的要求也不同，如广播电台、电视台的录音室、演播室、播音室等场所，对声场的质量要求非常严格，需要由专业的人员经过精确的测量、计算后进行设计，这超出了室内设计的工作范畴。“但一些大型的会议室、歌舞厅、报告厅等声学环境要求不是特别专业但又不同于一般的功能用房的室内空间，对于其音响系统的设计和吸声降噪的处理则应是室内设计师在工作过程中应予以考虑的事情。”[15]还有一些小型体育馆、游泳馆、娱乐室、健身房等空间，面积、人流密度相对较大，设施较少，往往会人声嘈杂，混响严重，声学环境差，这就需要在室内设计时充分考虑声场的质量，采取必要的技术措施来避免或减轻噪声的发生，提高声场的质量。对于一些讲究环境氛围、需要背景音乐的室内空间，其音响系统的设计、设备的摆放和处理都是设计师要认真思量的问题……

室内设计是一项融艺术性与技术性为一体的活动，室内设计的艺术性、美观性的要求常常会与声环境的技术要求有一定的矛盾，使相关的设计工作具有很大的难度。因此，有必要在借鉴和总结设计、施工经验的基础上，对室内设计中声环境处理的一些原理、方法进行探讨。

5.4.1 室内声环境的外界条件

要对室内声环境进行处理，首先要明确产生声环境的原理和条件。“在声学上，按声波振动的频率高低，声音可分为高频、中频、低频三大类，属于125 ～ 4000Hz 多个音频带。”[16]普通民用建筑的室内声音，如谈话、行动、工作等，基本上都属于低频声音，这些声波在空间中的传播方式主要有直达、反射、吸收、穿透等。直达声是声源发出的声波直接传入人耳，对于这类声波，室内环境基本上无法影响它的强度和传播，也就不包括在设计需要处理的范围内。反射声是声源发出的声波，经过各种界面反射后传入人耳。一般情况下，反射的声波在空间中分布、扩散均匀，不会影响声场的质量，但在一些特定的空间中，如大面积未经处理的平面墙体和建筑结构，由于界面整齐单一，反射率高、散射面小，反射声波具有很强的方向性和规律性，形成梯次，产生长时间的混响，甚至产生回声聚焦，使音质下降。“室内的各种界面，都会对声波有一定的阻挡、吸收作用，使声波的声级衰减，这也是设计中可以有效利用的一个重要方面；还有一些空间的围护隔断等由于反射、吸收性能差，声波在穿透障碍以后仍有相当的能量，也会形成噪声和二次反射。”[17]从上面的分析中我们发现了室内环境与形成声响具有因果关系的几个关键环节：环境对声波的反射性能，环境界面的吸收、穿透性能，空间的几何形状等，这样就可对症下药，有针对性地安排设计工作。

对于室内设计中的声环境的处理，往往有以下几个步骤：

1. 确定室内声源的性质、声级

对于不同功能属性的室内空间，首先要了解其主声源的构成性质和频率，确定由其产生的声源属于哪个频带，是高频、低频还是宽频？这项工作没有专业的设备也可以进行，只需按声源类型查阅有关资料或进行混响时间测定，即可以得出结论，作为设计的基础依据。

2. 确定影响声环境的因素

通过对室内空间的几何形状、尺度，界面材料的性质、使用状况等的测定，分析声源在空间中的位置，空间的尺度是否符合理想声场所要求的适当比例，空间的几何形状是否会产生定向反射和声波聚焦，各界面材料的物理性能（反射率、吸声系数等）的正常值与高峰值的差异等，就可以找出影响声环境的主要因素，为下一步工作提供正确的方向。

3. 确定声环境处理量和处理范围

根据业主的要求和对声音的类型、成因以及原室内平均反射率、吸声系数的掌握，就可以大致确定切实有效的声环境处理量、混响时间和室内平均吸声系数，并以此为依据，确定吸声处理的范围。例如噪声量大、空间容积小的吸声设计，要对顶棚、主要声波反射面同时作吸声处理，而一些面积较大、高度有限的空间，则只作顶棚吸声处理就可以了。应当指出的是，声环境处理的效果并不是随吸声处理面积成正比增加，所以，必须合理地确定吸声处理面积和处理方案，以避免浪费。

4. 确定吸声材料、结构类型和施工工艺

在声学环境要求不同的室内设计中，选用具有不同吸声性能的材料，选择与之相适应的结构类型和施工方法,经过适当的处理就可达到想要的吸声效果。

5.4.2 室内声环境的设计与处理

根据前面的声学原理和声环境成因的分析，我们主要可以从界面的反射和吸收入手，采用降低表面反射率，增加散射面积，增强界面材料对声音的吸收、衰减等手法来对室内声环境进行设计和处理。具体来讲，有以下几种方法：

1. 改变空间的几何形状、比例、布局

在条件许可的情况下，通过分隔空间，顶棚、墙面的造型处理和设施摆放等方法来增加散射面，消除室内定向反射和声聚焦，提高环境音质，改善声场质量。例如一些健身房、活动室等，一般空间比较开放，可以设置一些半封闭的围护或矮隔断，既能保证使用功能畅通不受影响，又能形成一些子母空间，丰富空间的形式，对消除噪声也很有好处。在各种影视厅、大中型歌舞厅等场所的设计中，通过包房、雅座等封闭空间的排布，可以改变空间的形状和比例，使其声场趋于合理，同时对墙面、顶棚作造型处理，按声波均匀散射的方向和角度，制作各种几何形状的反射块面，并重复、交错排列，能够极大地改善声场的质量。空间内部的各种设施的摆放位置和数量（包括人员的聚集、流动）也是一个不可忽视的因素，通过合理安排这些因素，也能发挥降噪的作用。

案例 5-4-1 在江西师范大学行政楼室内设计中，对于二楼报告厅的吸声处理，就是结合墙、地、顶面的造型与界面装饰，通过局部界面的凸出和转折来减少声波的直接反射，如墙面采用规律性转折的木质吸声板，并且与装饰性灯带相结合；平面根据座位做成渐次升高的台阶，而顶面则相对应地采用渐次降低的手法，从而形成一环一环递进的空间层次（图 5-8）。

2. 选择吸声结构

根据声学原理，对不同频率的噪声，可以选用以下的吸声结构：

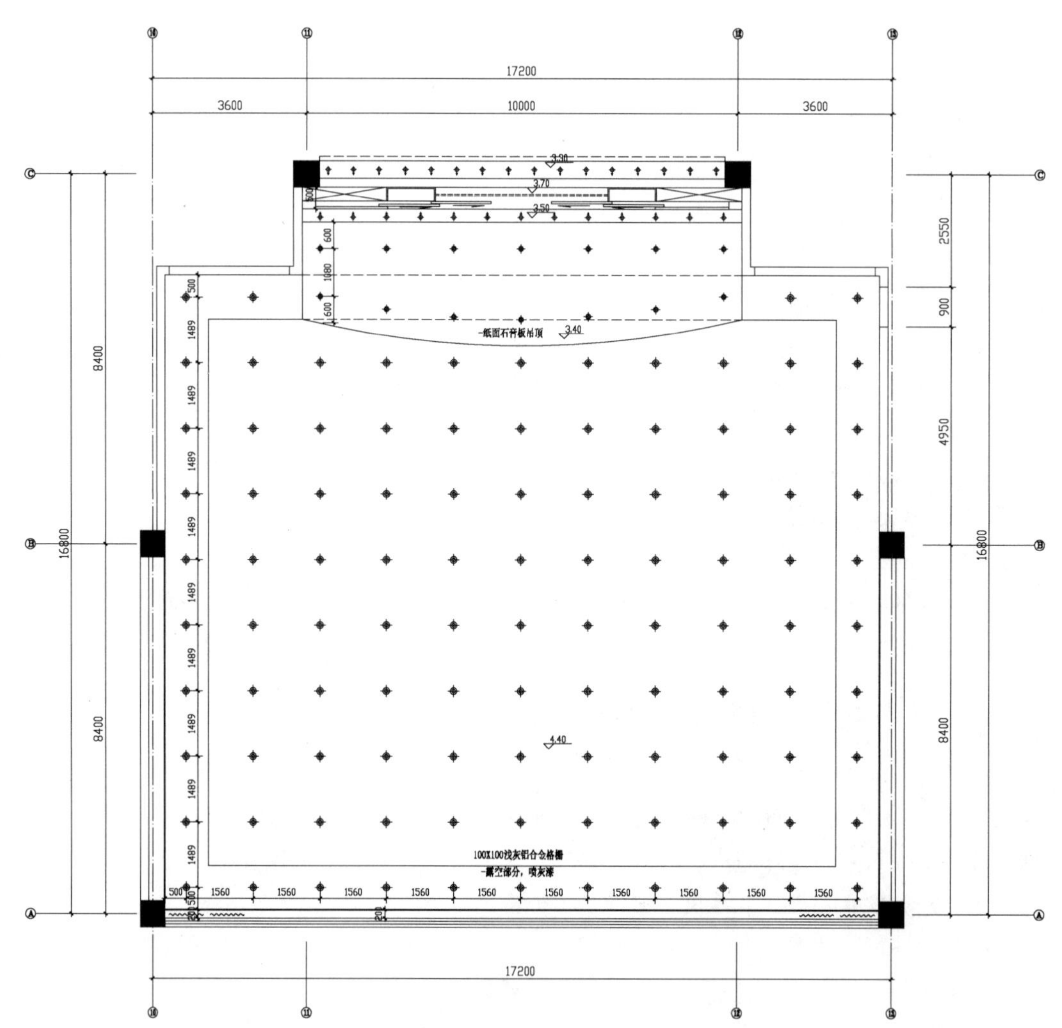

二层报告厅天花布置图 1：50

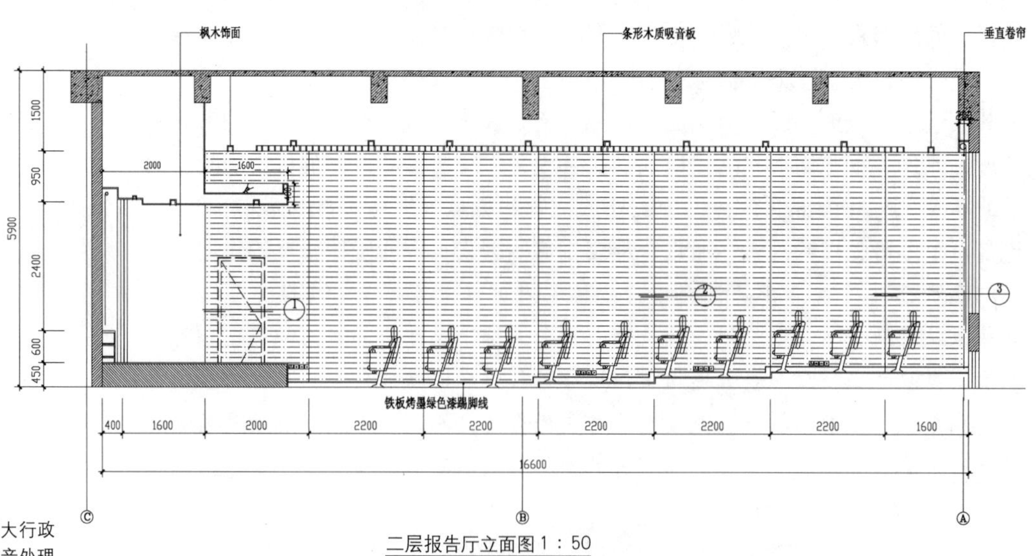

二层报告厅立面图 1：50

图 5-8　师大行政楼报告厅吸音处理

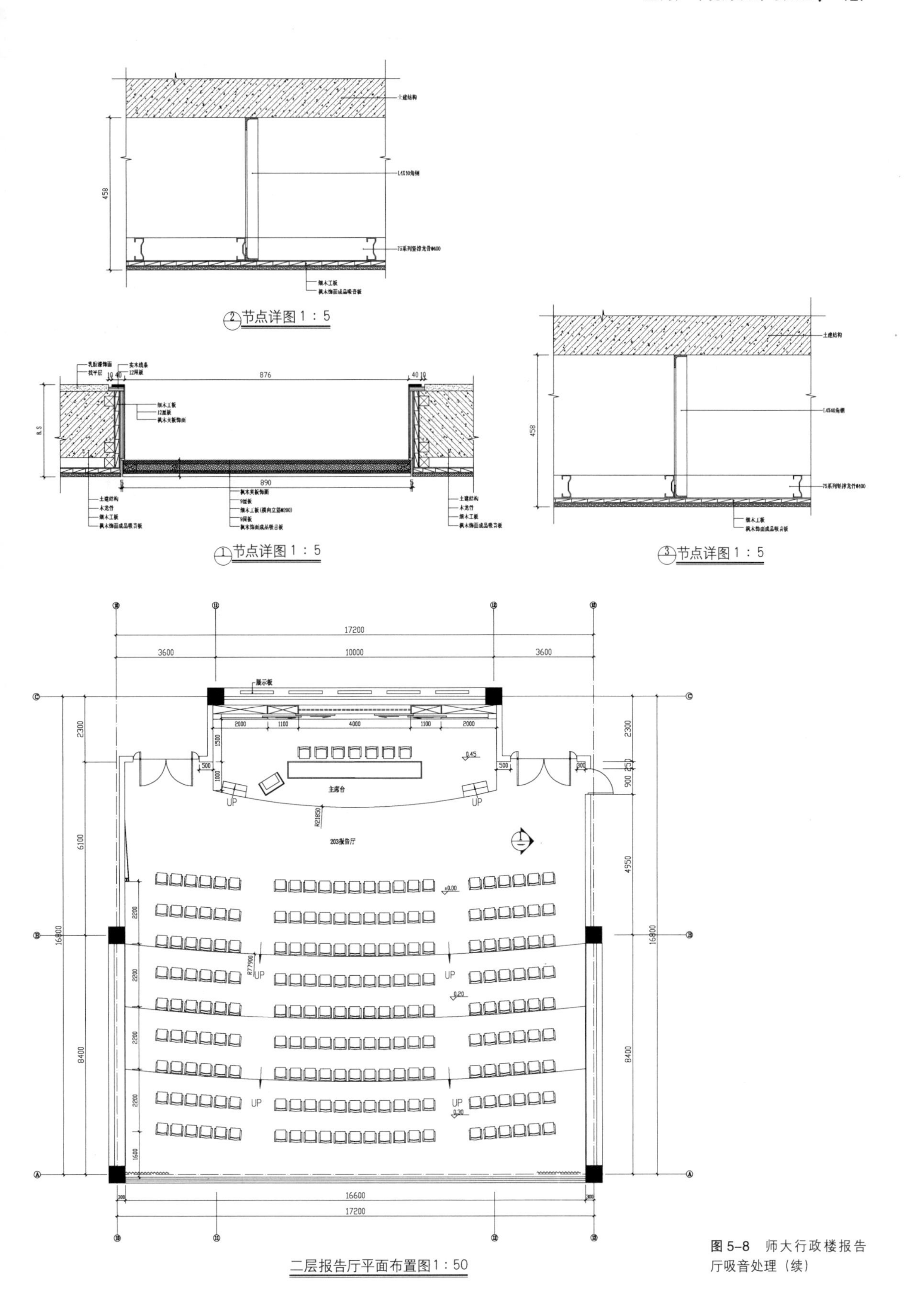

图 5-8 师大行政楼报告厅吸音处理（续）

（1）对于中高频的声源，一般可用 20 ～ 50mm 厚常规吸声材料，如岩棉板；若声源音量大或要求高时，可用 50 ～ 80mm 厚的超级玻璃棉等多孔吸声材料，并选择适宜的饰面。如果饰面材料选择不当，表面的反射率反而会提高，其内部吸声材料的作用就会大打折扣。对于低频噪声，则可以采用穿孔板共振吸声结构（板厚度 2 ～ 5mm，孔径 3 ～ 6mm，穿孔率小于 5%），这种结构处理方式也是大多数声场要求较高的空间所普遍采用的措施。

（2）当空间高度较高，条件允许时，还可以采用悬挂吸声体的方式。在符合整体室内设计风格的前提下，选用适当的造型、色彩，用吸声材料制作吸声体，在空间或声源上方悬挂，既是对顶棚形式的点缀和丰富，增强观赏性，同时也能吸收部分声能，增加散射面，不失为一举两得的好方法。

实际上，对于吸声处理，往往根据空间要求的不同而综合地使用各种不同的方法，使其互相补充，合理配置。例如在声源或主反射面的位置，选用合适的吸声结构和造型，在次要反射面上，采用拉毛、弹涂等施工方法，再辅以吸声体悬挂、各种软性装饰材料等，综合发挥吸声降噪诸因素的作用，既能降低成本，又能达到最好的降噪效果。

案例 5-4-2 在江中会所小报告厅的声环境处理上，设计人员采用在织物软包内放置吸声棉的手法来解决问题，通过有规律地分块排布，既解决了吸声问题，又有较好的装饰效果（图 5-9）。

3. 选择吸声材料

目前国内生产的具有吸声作用的装饰材料和填充材料种类很多，用于面层的有各种矿棉板、穿孔板、铝合金板、弹性壁布、吸声壁毯等，用于填充的有岩棉、超级玻璃棉、泡沫塑料、海绵等。选择配置时，主要依据其装饰效果、吸声系数、实用性等因素综合考虑，因地制宜、灵活掌握。例如矿棉板，其感观效果一般，吸声能力较强，易于施工、更换，造价适中，是使用较多的一种吸声材料，但缺点是档次低、防潮性差、强度低、难清洁；而铝合金穿孔板则正相反，属中、高档装饰材料，感观效果好，防火、防潮，易更换、易清洁，但表面反射率高，吸声效果不很理想；再如吸声壁毯，感观效果较好，吸声能力强，但其

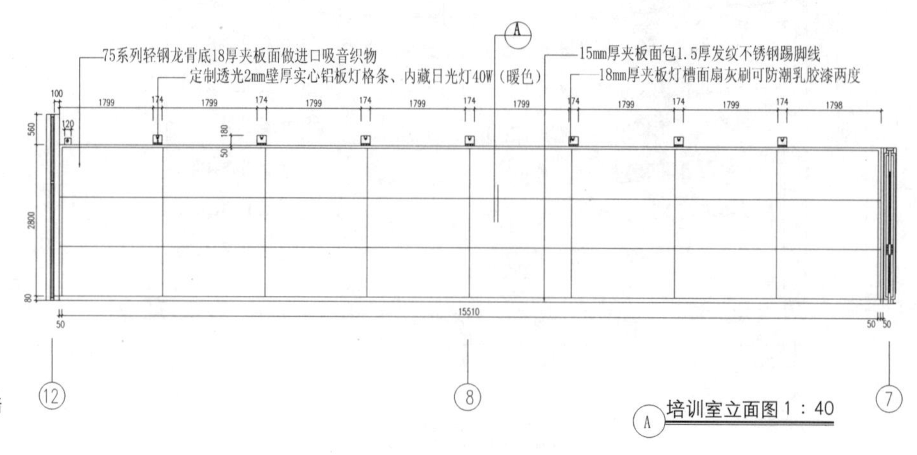

图 5-9　江中会所首层培训室吸音处理

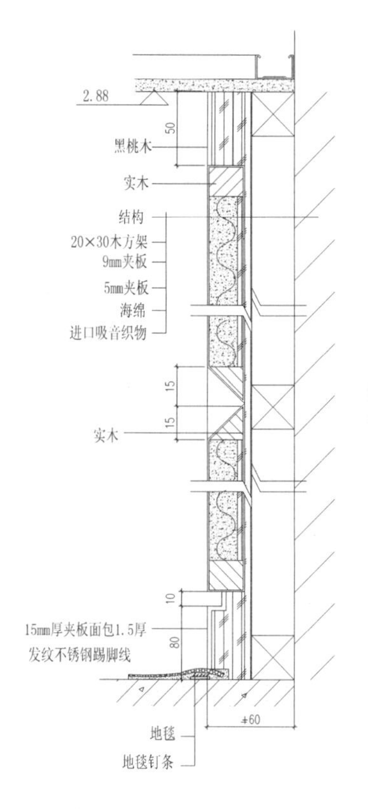

A 大样图 1 : 10

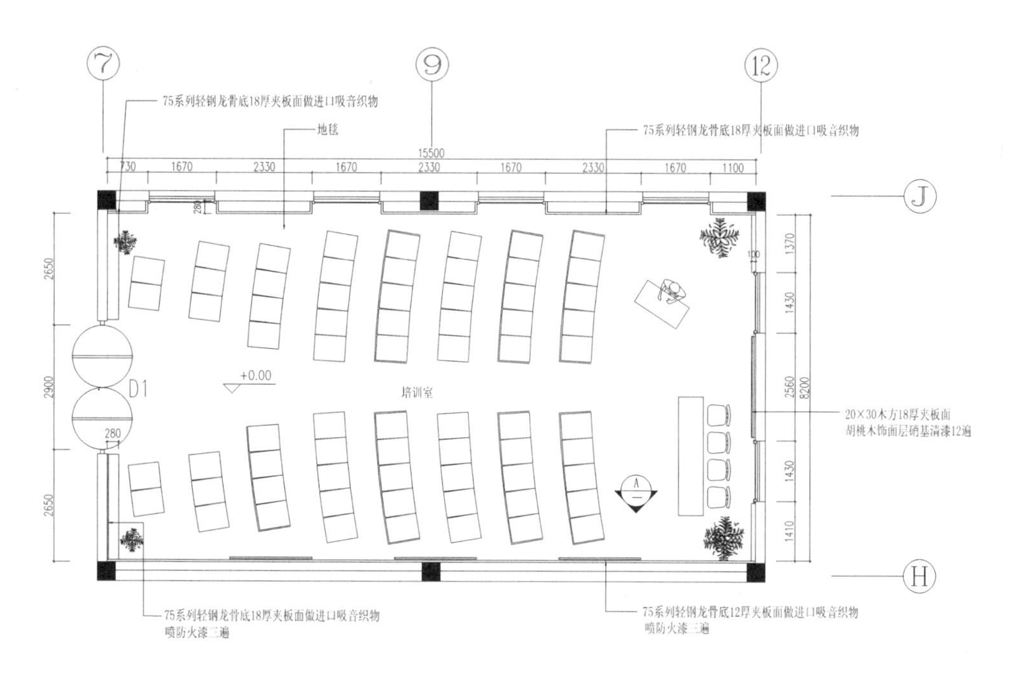

首层培训室平面图 1 : 50

图 5-9 江中会所首层培训室吸音处理（续）

燃点低，需要做防火处理，它也极易污染、积灰，很难清洗，使用寿命短。因此，要合理地配置、取舍，兼顾美观、吸声、实用三方面的要求，这也是室内设计在声环境处理上的一个难点。

案例 5-4-3 上海科技馆四楼多功能厅中的顶棚处理，通过悬挂四棱锥状的穿孔金属挂件来起到吸声和装点室内空间的作用（图 5-10）。

要想有一个宜人、悦耳的室内声环境，就要在设计过程中综合考虑各方面的因素。有的空间需要静谧，就要尽量采取吸声降噪措施；有的空间需要喧嚣、热闹，就要多设置反射率高的材料和处理手法；有的空间想要环绕立体声效果，就要适当地设计一些具高、中、低音效果的音响；有的地方需要背景音乐，就要按规律设计暗藏式音响。对于空间界面的处理、吸声结构的运用、材料的选择，都是为了达到人们想要的良好的声环境的手段和途径。

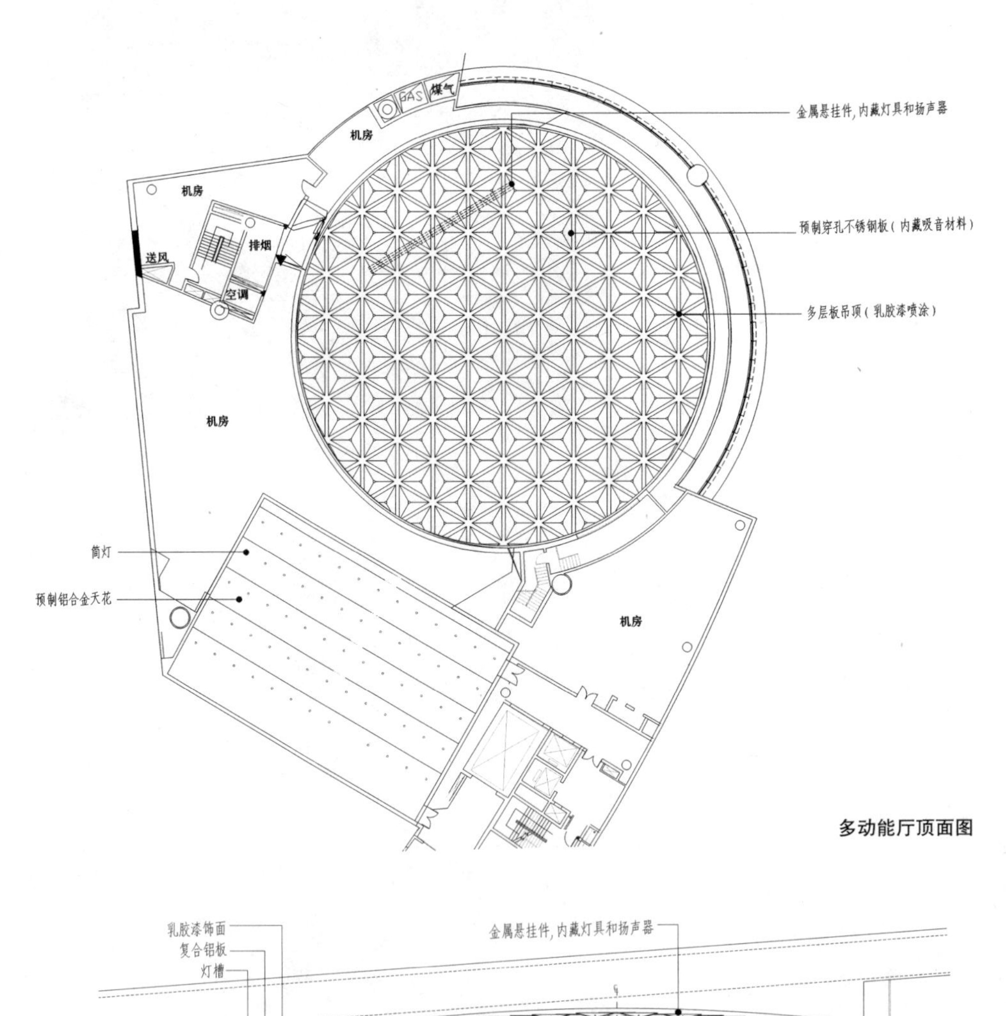

图 5-10　上海科技馆多功能厅吸音处理

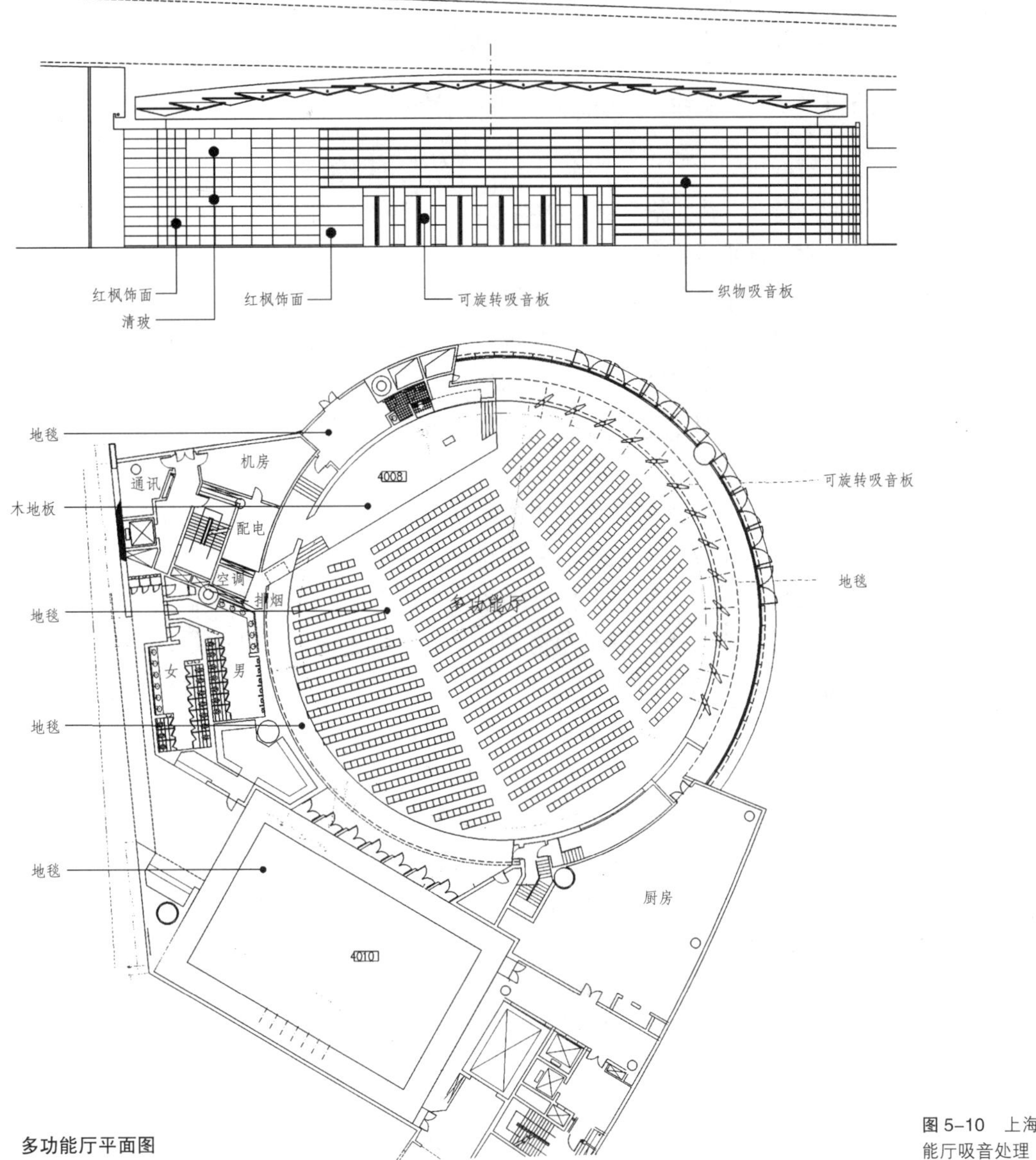

图 5-10 上海科技馆多功能厅吸音处理（续）

5.5 与水电风设备专业的协调

在居室及一些小型工程设计中，涉及的水电风专业技术问题很少，而在较大型和复杂的工程中，这方面的技术问题则显得尤为重要，对室内设计有着巨大的影响。一般而言，“室内设计师就是最高指挥官，应有相关的基本的专业知识，会协调各方的关系，会与建筑师、工程师及其他专业人员进行交流，以创造一个更舒适、温馨的室内空间环境，达到所想的室内设计效果。”[18]但在现在的大多数室内设计中，由于多方面的原因，许多设计师对水电风专业方面的问题无能为力。要形成一个好的室内设计系统，对于水电风这些建筑物理相关问题的处理，对于它们与室内设计的结合，一定不能忽视。

5.5.1　与给水排水、消防系统的协调

在室内设计中，涉及的水专业不仅有给水排水方面的问题，还有消防系统方面的问题。其中，给水有生活给水、生产给水和消防给水，排水有生活排水、生产排水和雨水排水。

由于考虑的问题不同，室内设计经常会对原建筑设计的给水排水有一定程度的调整。在进行这些变更之前，室内设计师首先要清楚建筑设计在给水排水方面的考虑，有时还必须向建筑师、工程师或管道施工人员请教，以确定管道系统的某些调整、变更的可能性和最佳方案。一般而言，由于给水管较细，所以新增给水器具比较容易，只需一根从下至上贯穿整个建筑的给水立管，然后接一根横管通向新增的给水器具就可以供水了，其中新管道可藏于墙内、地板下、顶棚上等。新增排水器具处理起来就比较困难，因为排水管一般较粗，并要有一定的倾斜，连接洗脸盆或水槽的排水管坡度较小，但连接厕所的大排污管的倾斜角度则可能很大。更应该注意的是，每一个排水立管需要连接一个通向室外的排气管。所以，新设计的位置必须尽可能地靠近现有的排水立管，这样才能保证所需要的坡度，并且不影响下层的顶棚高度，同时不破坏上、下层相应位置的空间，不增设排气管。若取消某个用水器具，其相应的给水或排水横管可以拆除，但立管则由于和其他空间及设备部件的关系密切而不能随便拆除

在室内设计时，给水排水管道常常已经被建筑师、工程师设计并安装到位，室内设计师通常遇到的是如何进行重新调整、改道的问题。如建筑设计对卫生间的设计未予以太多关注，缺乏人性化和细节的设计，在进行室内设计时往往要对此作些调整，有些可能要完全重新设计。在这种情况下，对原有给水排水系统的调整是必需的。

案例 5-5-1 在师大行政楼室内设计中，室内设计介入较早，在建筑设计施工图和给水排水专业尚未完成时就从更为细致的角度出发对卫生间进行了进一步的调整，不会对原建筑设计造成太大的破坏，并且可以根据室内设计的要求作适当的变化，不会影响其他如造价的调整、结构的更改等牵涉面较大的问题（图 5-11）。

对于水专业设计的考虑，还有一个问题，就是消防喷淋系统。对于室内设计来说，最好就是所有的设备如烟感、喷淋头都不会出现在室内空间的装饰面上，当然，这是不可能的。所以，设计师往往就希望能将这些不得不存在的东西有规律地、不显眼地纳入室内界面（主要是顶界面）的系统中来，与照明系统、空调系统、音响系统形成一个良好的对应关系。在建筑设备设计中，水专业工程师多是根据现行规范予以规则设计，这本身并没有错，只不过经常与室内设计师的想法和要求不合，因为，有时室内设计在进行空间的二次分割时可

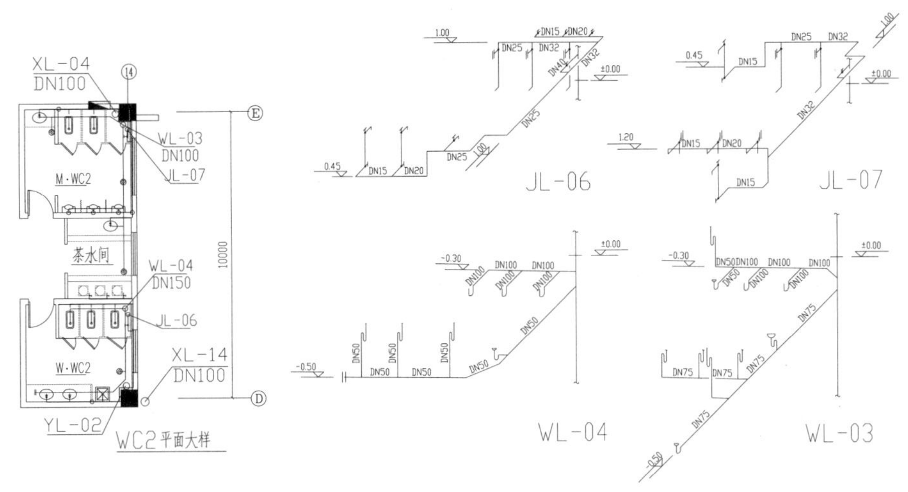

图 5-11 师大行政楼卫生间给排水处理

能会连原来的消防分区都会变，在吊顶设计时多是先考虑照明问题，如灯具的布置。在这种情况下，喷淋头的位置甚至是消防分区作出调整有时是必需的。但是，若我们面对的是一个建筑设备安装已完成的项目，要进行这方面的变化则要面对极大的障碍。一是经费原因会让甲方对是否调整犹豫再三，因为这会牵涉到要先拆除再安装的二次费用，设计师有时也要考虑一下工程经济的问题。二是这些调整，特别是消防分区的调整都要经过建筑师和工程师的同意和重新核算，要重新报消防局审批，里面有许多复杂的问题要考虑。

案例 5-5-2 在江西师大国际交流中心室内设计中，设计师从装饰效果出发对原建筑设计的消防系统作了一些改变。由于对这个专业的知识和规范了解得不是十分透彻，最后有些方面的设想没有实现。在室内设计中，对客房区和裙楼区的消防喷淋都作了大幅度的调整，将客房的顶喷改为侧喷，将四个喷淋头改为一个，将裙楼的喷淋位置理想化地增大以适应整个顶界面的装饰系统（图 5-12）。

所以说，室内设计师应懂得一些基本的相关专业知识，这样，在对这些设计作调整时能知道可调整的幅度，如“一个消防分区的最大面积不能超过 2000m^2，一般情况下喷淋头之间的间距不能大于 3.6m”[19]，这样一些常识性的原则，我们在进行调整时不能违背。若不了解这些，则必定会在设计中出现很多违反规范的问题，其结果是费时、费力又费事，多数情况要返工，这就不利于室内设计系统的通畅运行。

5.5.2 与电气系统的协调

对于室内设计来说，电气系统主要是建筑电气系统在室内的应用。目前的电气系统有强电系统和弱电系统两类。强电系统包括“提供自动扶梯、电梯、HVAC 设备和其他特殊设备所需的电路，提供日常照明、插座和一些日常家电设备所需的电路，提供应急照明所需的电路”；弱电系统包括“提供计算机网络、闭路电视系统所需的电缆导线线路，提供电话、报警、监控及其他低压电器设

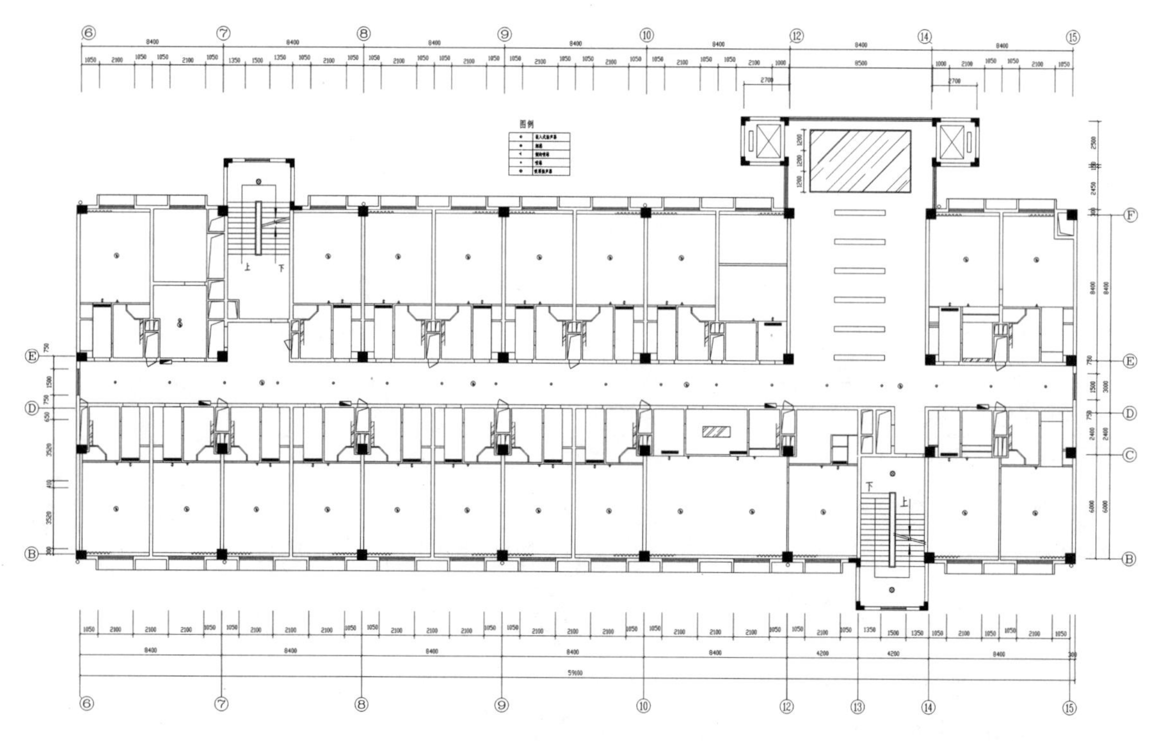

图 5-12　师大国际交流中心喷淋方式调整

备所需的控制线路”。[20]

有一点是非常明显的，建筑电气系统和室内电气系统有相当程度上的一致，如应急照明在室内设计中基本上都不会更改，插座和一些弱电系统也基本上是能用则用。但是由于室内设计考虑的问题毕竟和建筑设计有差别，要想完全使用原来的建筑电气系统基本上是不可能的。就照明系统而言，建筑电气设计是根据建筑预定的房间的使用功能，选用具体的灯具（多为日光灯管或矿灯），按规范的有关规定制定照度标准，利用相应的照度计算方法计算出房间所需要的照明用电容量，所要解决的主要问题是照明（照度）。室内电气设计大多是由室内设计人员根据房间的使用功能及使用单位的具体要求，主要从烘托室内装饰效果入手来确定灯具的造型、安装方式和灯具设置的多少，而后由相关专业人员根据设计要求出具相关的照明电气系统图。对于同一房间，不同的室内设计方案，用电量的多少也不同，有时差别很大。目前，室内装修以暗槽式荧光灯、发光顶棚、点光源筒灯方式居多。为此，往往要比原建筑电气设计的用电量高出许多，势必会造成很多建筑电气设计中配电线路管线偏小、配电箱回路偏少等情况。这就要求室内设计时要对原来的建筑电气设计作一定程度的修改。

案例 5-5-3 在南阳总部的室内设计中，在室内设计开始实施时，建筑安装单位已根据原建筑的电气图进行了相当程度的施工，如总配电位置、干线的桥架、插座的位置，都基本施工完毕。但是室内设计是有不同的要求的，比如说，在讲解厅要设计两个方向的投影，要增设音响系统，要增加间接光源，这

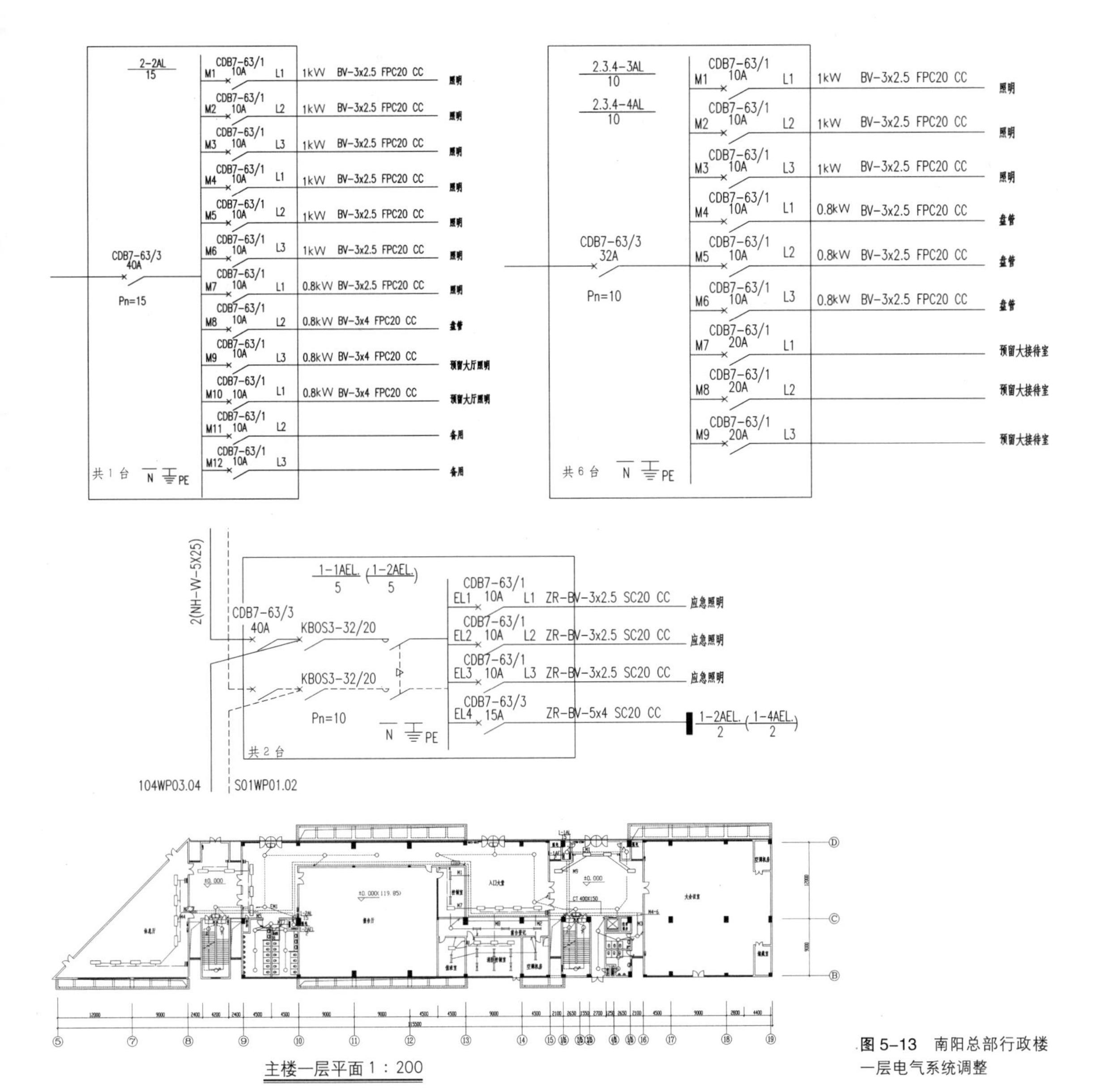

图 5-13 南阳总部行政楼一层电气系统调整

些都是以前的建筑电气所没有考虑到的问题。修改是必然的，关键是如何修改。甲方已花了大量的资金在建筑电气的施工上，室内设计不能全盘否定前面的成果，而是要在前面的已有成果的基础上进行优化设计，对于以前的配电箱、桥架、电缆、插座、预埋的灯位要尽量利用。最初，室内设计的相关人员并没有考虑到这方面的问题，没有考虑到原有电气系统的利用问题，也因而受到了甲方和安装公司的质疑。后来，室内设计人员在现场与相关单位开会协商，根据现场情况对原来的电气系统作了一次较大的修改，包括配电箱的位置，回路和设置，用电的容量乃至开关的位置等，再由电气设计人员根据会商结果重新设计。虽然问题最终得到解决，但这其中也说明一个问题，室内设计是一个系统工程，孤立地、片面地考虑问题总归是行不通的（图 5-13）。

在这里，有一问题要提一下，在中国目前所进行的室内设计中，许多业主还没有想好他的房间具体是干什么用的，对里面的功能要求没有明确的想法，特别是一些较大的办公楼，对于好多房间，只知道是办公室，而不知道是普通办公室、财务室还是其他的办公室。这就给室内设计，特别是电气系统的设计带来了一定的困难。因为不同功能需求的房间，其对电气系统所提出的要求是不同的，如会议室可能要考虑网络、电话、电视、投影等问题，财务室可能要考虑监控、警报等问题，办公室要考虑网络、电话、插座等问题，有的办公室还要考虑地插。如果连房间的功能都不知道，如何布置家具和设备都不清楚，让设计师如何来处理这些问题？对于这个问题，就要求设计人员在电气系统设计中多考虑一下可变的因素，将动态的设计方法应用进来。据悉，现在上海一些高级写字楼在室内设计中都要求铺一层架空地板，所有相关的电气设备管线都可从地下走，而且相关的网络、电话、强电插座都可根据实际情况来确定，这样就解决了许多会因实际使用而产生的复杂的问题。

实际上，如果有可能，室内设计与建筑设计同步进行是最好的选择，这样可使好多问题在建筑工程施工前得到解决。同时，还需要具体的使用单位对自己所要建的工程中各房间的使用功能和具体要求有比较完整和详细的说明供设计参考。

电气设计的许多细节问题也常常需要室内设计师来解决，如各种电器的位置，开关、插座和面板的外观等，这就要求室内设计师有一定的电气设计知识，了解电气使用的有关规范和要求，读懂相关的电气图纸，熟悉图中的电气标志。

5.5.3　与 HVAC 系统的协调

在所有的建筑设施中，对室内设计的效果影响最大的就是 HVAC 系统，因为这个系统的管道、出风口、回风口的大小都会对室内空间的设计和效果产生相当大的影响。现在有些建筑的层高本来设计得很高，但由于 HVAC 系统在设计时未充分考虑各方面的因素，最后留给室内设计的高度往往很低。还有一些 HVAC 系统所选的风口非常大，使人感觉室内顶棚上就像打了一个个大补丁。一般情况下，室内设计都会对 HVAC 系统作些调整，具体调整的幅度就要看具体情况而定。

实际上，“HVAC 系统有三大构成要素：供热系统、通风系统和空调系统。其目的就是要给建筑室内提供一个温度适宜、湿度合适、空气清新的环境。”[21]所以说，它是目前室内空间中必不可少的一个环节。在三个系统类型中，通风系统和空调系统往往是同时考虑和处理的，是几乎所有大、中、小型的室内空间中都会使用的，供热系统则基本上只用于北方需要长期供暖的地方，在南方（黄河以南）基本上都不会使用。大部分供热系统都是市政项目，室内设计基本上不能对它有什么改变，而且它的散热器常常布置在外墙窗口下，从而使经其加热的空气沿外窗上升，以阻止渗入的冷空气沿墙及外窗下降。对于室内设计来说，要做的是对管道和散热器作适当的装饰性处理。

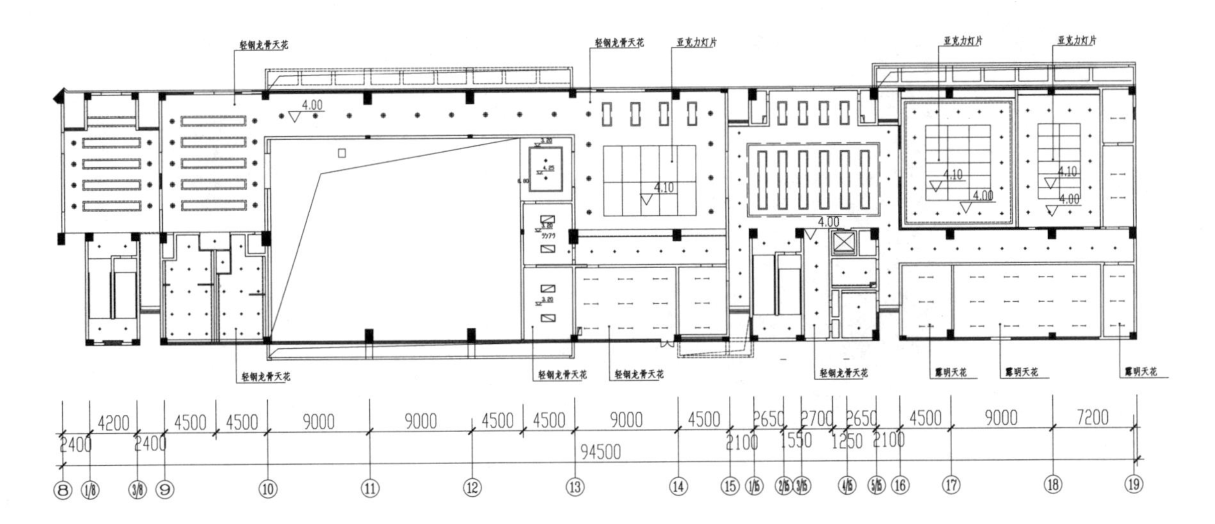

图 5-14 师大国际交流中心空调系统调整

在我们所接触到的略具规模的室内设计项目中，空调系统经常会将通风系统合并到一起来考虑，对室内设计师的设计提出挑战。归纳起来，空调系统与室内设计之间的问题主要表现在以下几个方面：

1. 风量与冷量的变化

空调系统设计基本上是与建筑设计同时进行的，当建筑设计完成后，它也基本上完成了而且会在土建封顶后就开始安装工作。当室内设计介入时，出于更为细致的功能性考虑，往往会对原有建筑空间进行二次分区，这样就会使得有的房间变大，有的房间变小，而原有空调系统是按建筑设置的，它的某些冷量和风量就必定不能适应新的室内空间的正常要求，就需要重新予以设计。

案例 5-5-4 在江西师大国际交流中心的室内设计中，对原有建筑分区作了不小的调整，好多房间的尺度都有相当程度的增大或减小，甚至在原有公共空间中分隔出一些小空间，这些变化当然会对以前的空调设计提出新的要求。还好，室内设计在这几个工程中介入的时间不算太晚，还有时间和机会对以前的设计作出一定的调整，包括风量的调整和管道的重新走线，从而在满足室内设计要求和建筑物理要求的基础上大大节约了开支（图 5-14）。

2. 吊顶高度的约束

对于一些面积较大的空间，室内设计希望吊顶高度能大些。但是由于房间大，所需的风量就大，风管的截面积就相应会增大，这样就会给室内设计留下更少的选择。特别是当这些大风管要经过室内的大梁下时，所造成的影响往往是致命的。

案例 5-5-5 在中医学院留学生楼室内设计中，设计人员所碰到的这个问题就特别典型。留学生楼的建筑层高为 4.8m，应该说不算低，但是由于建筑设计的空调系统的主管非常粗大而且直接从主梁下穿过，要使整个顶界面平齐，吊顶高度只能做到 3.0m。现场的这种情况让人觉得非常可惜。实际上，如果暖通工程师在进行暖通设计时能仔细看一下建筑图纸和结构图纸，将一个主管分解成两个主管，则这个问题完全可以避免。这时室内设计对空调系统的调整往往仅限于支管的变化，想大动干戈是一件非常困难的事情（图 5-15）。

图 5-15　中医学院留学生楼餐饮区空调系统处理

对于这些高度的问题，在一些新型的办公、娱乐、餐饮建筑中也有一种简单易行的处理方法，那就是不做吊顶，将整个顶棚喷上白色或其他颜色，配上一些工业灯，让所有的管线、设备都暴露在外，效果也不错。也可对整个吊顶采用金属网作装饰，则既可保证空间平整，又不会显得太过局促，因为人的视线可透过网孔，这种视线的穿越反而有一种不一样的意味。

3. 末端位置的冲突

在建筑设计中，暖通工程师已将整个建筑的空调末端（即出风口和回风口）的位置都定好，它们的位置，就单个房间来说，也算是有规律的。但是，室内设计中对于顶界面的设计一般是先从造型和照明的角度出发，这样，空调的出风口和回风口的位置与关系多数会和顶棚造型和照明系统产生冲突。还有，多数室内设计师为了顶面的简洁，希望在顶棚上基本上看不到风口，所以经常会选用侧送风，将风口掩藏在顶棚造型中，而原建筑的空调系统基本上是从顶送风角度出发的。

这一个问题对于室内设计师来说是必须面对而且要解决的。就这个问题，作者曾咨询过一些设计师，得到的答案有三种：由室内设计指定位置，请原暖通设计师作调整或安装公司在现场略作调整；由室内设计指定位置，并在原空调系统的设计方案上重新设计；对原设计不闻不问，在设计时根本不加考虑，到施工时再稍作调整。

案例 5-5-6 在进行南阳总部的室内设计时，室内设计人员按常规对原有的空调末端作了一定的调整，以适应设计的需求。但是，在室内装修开始施工时，原有的空调末端基本上已经安装到位，这时如要修改的话，有一些改装所引起费用是必定会产生的，这样会增加额外费用。从经济性角度考虑，室内设计只能在现有条件下修改原有的设计方案，保持已有的空调末端和系统不变，对部分吊顶作出调整。特别是对于一些重要的空间，如楼梯厅、接待室、会议室、老总办公室的吊顶，予以重新设计，将中间原有的吊顶造型统统改成金属网吊顶或木条板吊顶，将所有的风口、管线、灯具都放到吊顶上面，从而保证整个吊顶平齐，以适应简洁、现代的设计风格（图 5-16）。

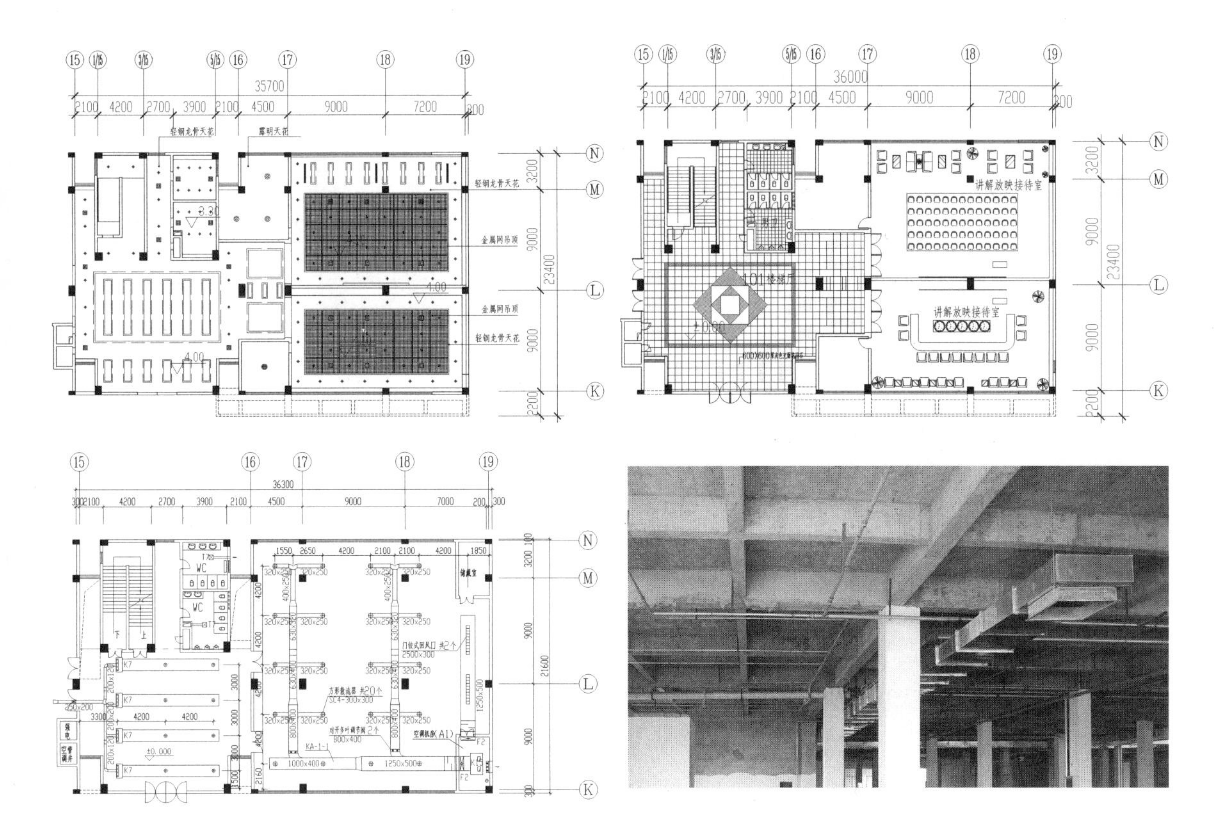

图 5-16 南阳总部一层接待区空调处理

不管怎样，做室内设计就会遇到这样或那样的问题，就会有各种各样的矛盾和冲突发生，认识这些问题和解决这些问题才是使室内设计系统顺利运行的保证，才是一个好的室内设计所具有的特征。对于水电风系统在室内设计中的存在和处理，我们应了解它，并学会如何有效地利用和开发它的效用与潜力。要善于请教、协调，统筹安排，使各相关专业人员共同协商，力求各技术工程的布置合理、紧凑，最大限度地满足使用的要求。

5.6 小　　结

本章通过对室内细部、材料、光环境、声环境、水电风的专业协调等问题的系统分析和讨论，对处理这些问题的成功或失败案例的分析，可以看出室内设计不仅是一个含有艺术性的活动，也是一个具有相当技术含量的活动。对于这些技术问题处理的好坏，都会直接影响设计的成败，影响设计实施的顺利程度，影响室内设计系统的运行。只有对室内设计系统中一些主要的技术问题有一个明确的认识并提出有效的解决方案，才能保证使室内设计系统顺畅地运行。

注释：

① （明）李渔 . 闲情偶记 . 居室部 .

② 张枫丹 . 细节决定命运 [M].1996：3.

③ 金长铭 . 阅读贝聿铭 [M]. 田园城市出版社，1992 ：76.

④ 陈镌，莫天伟 . 建筑细部设计 [M]. 中国建筑工业出版社，2002 ：21.

⑤ 陆慧民 . 浅议室内线路装配艺术 [J]. 室内装饰装修天地，09/1996 ：16.

⑥ 陈镌，莫天伟 . 建筑细部设计 [M]. 中国建筑工业出版社，2002 ：76.

⑦ 陈镌，莫天伟 . 建筑细部设计 [M]. 中国建筑工业出版社，2002 ：77.

⑧ 郑曙旸 . 室内设计思维与方法 [M]. 中国建筑工业出版社，2003 ：124.

⑨ 张青萍 . 室内环境设计 [M]. 林业出版社，2003 ：209.

⑩ 陈世霖 . 建筑装饰材料 [M]. 中国建筑工业出版社，1999 ：27.

⑪ 沈志勤 . 建筑装饰材料与室内环境质量 [J]. 江苏建材，2/2003 ：47.

⑫ 易沙 . 分离与联系——浅议室内布光方式的层次化原则 .2003 年室内设计年会学术论文集，2003 ：39.

⑬ 吴家骅 . 环境艺术设计大全 [M]. 上海师范大学出版社，2004 ：566.

⑭ 行淑敏 . 室内光环境设计 ：以人为本 [J]. 家具与室内装饰，10/2002 ：60.

⑮ 王丹龄 . 室内设计中的吸声降噪设计 [N]. 甘肃师范学报，8/2003 ：36.

⑯ 吴硕贤 . 室内环境与设备 [M]. 中国建筑工业出版社，1999 ：11.

⑰ 王丹龄 . 室内设计中的吸声降噪设计 [N]. 甘肃师范学报，8/2003 ：37.

⑱ 高祥生 . 建筑设计中室内设计的早期介入 [J]. 室内设计与装修，06/1998 ：62.

⑲ 中国建筑建筑内部装修防火规范 [S].1995.

⑳ 张青萍 . 室内环境设计 [M]. 林业出版社，2003 ：428.

㉑ 张青萍 . 室内环境设计 [M]. 林业出版社，2003 ：431.

第 6 章　室内设计系统的运行轨迹

室内设计系统是一个跨度大、历时长、环节多的复杂体系，它的运行不是一件一蹴而就的事情，往往要经历长时间的构思、出图、修改、施工、后期等一系列的步骤，其间任何一个环节处理得不好都有可能破坏系统的顺畅性和完整性。要做好室内设计，运行好室内设计系统，就要对室内设计系统的运行轨迹有一个清晰的掌握，对其中的各个环节、各个节点予以重点照顾，解决在这些环节中所牵涉的各种问题，协调好在这些环节中所出现的问题和与其他相关系统的关系。

6.1　项目立项与信息处理

6.1.1　项目立项

一个设计系统的开展首先要具备的条件是要有项目存在。一个项目的存在与否，关键在于业主和设计师的相关关系。业主与设计师的接触有各种各样的方式，“包括设计师的声誉、老客户的介绍、社交往来，以及自我推荐等”。[1]最好的情形是客户主动与设计师接洽，且客户对拟定的项目已有一些设想和要求。许多潜在的客户可能同时与数个设计师联系，咨询了解他们的工作方法和做过的工程设计案例。最理想的结果是设计师与客户建立起真正的相互信任的关系并能默契合作。

在大体确立合作关系，接到任务的基础上，设计单位所要做的首先是进行项目立项，研究设计任务书，明确所要设计的项目的相关内容、条件、标准和时间要求等重要问题。设计任务书会在项目实施之初决定设计的方向，确定设计实施的难易程度。有时设计的委托方由于种种原因而难以提出设计任务书，仅仅表达一种设计的意向并附带说明一下自身的经济条件或可能的投资金额，在这种情况下，室内设计师还不得不与委托方一起作可行性研究，拟定一份合乎实际需求的，双方都认可的设计任务书。

了解设计任务书的目的主要在于两个方面：“一是研究使用功能，了解室内设计任务的性质以及满足从事某种活动的空间容量。”这如同器皿设计，首先要了解所设计的器皿容纳什么物质，以便确定制作它的材料与方法；其次是对器皿的容量研究，以便确定体积、空间大小等数量关系。“二是结合设计命题来研究所必需的设计条件，搞清所要设计的项目要涉及哪些背景知识，需要何种、多少有关的参考资料。”[②]

对设计任务书的了解程度决定了项目实施的难度，这个难度的关键在于对设计最终目标和相关因素的掌握，通俗地说，就是一个室内怎样使用、怎样装扮，这个最基本的问题的决定是否正确，会直接关系到项目实施的最终结果。

6.1.2　信息收集

在室内设计开始时，设计人员首先考虑的是设计前的准备工作，主要是收集与项目相关的信息，为后面的设计工作提供指引。所收集的设计资料可分直接与间接两种。其中，直接参考资料主要指那些可借鉴甚至可直接引用的设计资料，例如：根据设计任务书要求，满足某种特定活动，相应地收集人们对从事这种活动的人体尺度的研究成果（查阅设计资料集成一类的书籍，拷贝必要的动作、尺度图解），用摄影手段去收集并研究人们在类似空间中的行为、习俗以及有倾向性的人流线路。借助这类资料来明确所要设计的空间的功能分区问题，如静闹、主从关系。收集大量的与所委托的设计性质相同或近似的设计实例，如分析其他设计师成功的经验与失败的教训，从中找到自己的出路。在可能的情况下，对地面、墙体、顶棚等的建筑材料和照明、家具、纺织品、日用器皿等工业产品的品种从规格到单价都要有一个明确的列表，分出主要产品和样品。

案例 6-1-1 在进行江西师范大学图文信息中心室内设计时，由于以前没有做过这类空间，没有相关的经验和知识，室内设计人员就开始查阅大量的专业书籍，了解人们借、还书的流程，学习图书管理的相关知识，像如何进书、采编、入库、上架、借调，如何防盗、维护，如何进行信息化处理等一系列专业性内容。然后在这些专业要求的基础上，综合考虑人体工程学、环境心理学和建筑物理等方面的知识，从尺度、构造、材料、家具等方面着手进行方案设计。有了这样一个过程，掌握了一定的专业知识，做起设计来就有了明确的依据，也促进了设计工作的开展（图 6-1）。

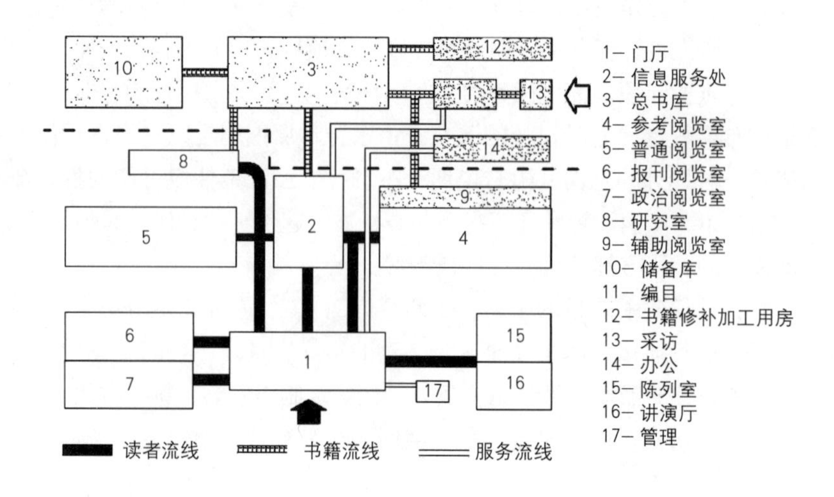

图 6-1　大型图书馆组成及功能分析（鲍家声 . 高校图书馆建筑设计 . 东南大学出版社，2003：32）

间接参考资料指的是那些与设计有关的文化背景资料。人们对任何室内空间的要求都不是从天而降的，任何室内空间的产生都有其深远的历史背景和文化渊源。以剧场内部空间为例，从古希腊到今天已发展了几千年，文化脉络不同，内部空间的要求则大相径庭。尊重历史地“回头看”对我们从事有文脉、有个性、有地方特色的室内空间设计是不无补益的。每个民族都有其特殊的审美习惯、生活习俗、经济条件和所在地区的物产特色，设计师不可能用统一的模式来解决问题。因此，要真正做好某项设计，就得去理解所设计的内部空间的服务对象。在信息化阶段，不断地收集并消化一些间接设计资料，室内设计师的构思、立意就可能自然而然地涌现。间接资料越多，资料的可靠性越大，设计构思的依据就越充分。

案例 6-1-2 在江西中医学院留学生楼室内设计中，设计人员就对中国的古典文化、中医理学的相关资料作了一些调查工作，了解了中华民族几千年的道家文化和禅学精粹。这样，在进行方案设计时，就有了一个清晰的设计主题，即在简洁、现代的室内空间里，以现代的设计手法再现博大精深的传统文化，以体现中医学院独有的历史文脉和人文情怀。如在客房区的管道井门的处理上，就对原来的管井门进行了改造，设计成一个个可以摆放装饰品的小龛，将传统中草药的标本以现代材料制作而成，再配以现代的饰瓶，就非常充分地再现了中医学院的特色。如此的设计处理手法多种多样，不一而足。

因此，资料工作并非是一件可做可不做的任务。信息收集工作完成的好坏会直接影响设计的成败和效率，我们所看到的很多的室内设计项目正是由于这个工作做得不到位，才导致设计的风格不统一，缺乏文化和风格的传承性。不过，对于资料的分析和利用应有一个吸收、消化和创新的过程，要解决“抄”与“超”的问题。

适当的信息收集是一个设计项目得以成功开展的先决条件，对于业主的要求和现场条件的了解程度决定了一个项目的设计系统顺利实施的程度。“兵马未动，粮草先行”，为了彻底避免“巧妇难为无米之炊”的难堪的设计局面，对做设计的条件反复进行考察是极为必要的。目前，由于甲方的要求，给设计师留的设计时间非常少，有时一个项目从接到任务书到方案完成只有几天时间，在这么短的时间内设计师不可能透彻地了解项目的各相关因素，只能是根据已有的相似经验来处理问题。可以肯定的是，这样做的设计在总体感觉上不会有太大差异，但随着后续工作的开始，矛盾和冲突就会接踵而来，这时再根据具体情况作一番更改也不无可能，但是必然会造成工作的重复进行和浪费，对室内设计系统造成破坏。

案例 6-1-3 在南阳总部办公楼室内设计过程中由于信息化程度不够，在设计方案完成后的实施过程中碰到了相当多的问题，引起了非常严重的后果。由于各方面的原因，在这个项目的室内设计开始时，设计人员并没有到过现场，不了解这个项目设计所具备的条件，只是根据最初的建筑施工图和甲方的大体要求进行设计。这样就造成了所设计出来的作品与现场情况有相当大的出入，在施工过程中不得不经常性地上工地，并根据现场情况做出大量的修改。由于设计修改太多，不仅使原来的设计方案毫无意义，也浪费了大量的精力和物力，造成了极大的浪费，也严重影响了甲方和施工方的施工进度和成本控制。分析下来，这个项目的室内设计可称之为失败，这个项目的设计系统因信息收集这个环节完成得不好而受到了极大的破坏。

对设计条件的考察与分析还有一个重要的内容是社会的认知能力和施工水平。“设计是靠施工环节来兑现的，设计构思再好，如施工能力低下，也难以充分地体现出来。设计做得再合理，施工方面一再延误工期，造价可能就会提高。”[③]如果对施工环节放任自流，定然会造成全面的损失，最后弄得面目全非，可谓是劳民伤财。

6.1.3　信息处理

信息处理是对收集到的设计资料整理消化的过程，其关键点是设计师要用自己的知识积累和认知能力对各种信息进行梳理、分析、酝酿，充分了解它们的关联性，从中发现创意的闪光点，为概念构思的出现提供必要的条件。

信息处理要采用科学的分析方法。系统分析法是使用系统论的观点分析设计对象的所有信息的方法，是系统设计的一部分。“系统分析法可分为设计因素罗列、设计因素分类、进一步收集信息、分析设计因素的相互关系等几个环节。”[④]系统分析法采用列表的方式将设计对象的各种信息进行梳理分类，通过优势、劣势、有趣的想法三大类别对信息进行分析比较，从中找出设计对象的优势、劣势，发现你所得到的创意点。在分析中，可以放开自己的思维去想象，尽量找出信息之间的联系，然后把分析结果放到各自的栏目中。这个过程是信息系统化的过程，经过这个过程的梳理，使各种信息的属性显露出来。各种信息的交叉重构，推动大脑进行创造性的思考，逐渐唤醒潜伏在大脑深处的概念构思雏形，为它的爆发提供条件。

总之，在设计开始前所做的信息化基础工作能帮助设计师清晰地认识任务性质与工作条件，预先了解该做什么、能做什么、这类现实问题。此后，设计师才能按现实的可能性展开设计程序。这是笔者所强调的室内设计系统的第一个环节。

6.2　概念构思与设计表达

6.2.1　概念构思

在掌握了各种不同的设计信息资源之后，开始进行项目的概念设计就是水到渠成的事了。室内设计的核心环节就在于概念构思的成立和图纸的完成，室内设计系统能否运行起来就看设计完成的质量。一个设计的好坏、设计水平的高低就是在设计方案的构思和图纸中体现出来的，这是目前设计师所做的最主要的工作，也是许多设计师在设计过程中出现问题最多的环节。

概念构思的目的是为设计方案提供设计思想。“概念构思反映了设计师对设计对象创造性的想法，反映了设计师的设计主张，是设计师对现实生活的深刻感受和艺术升华。”[5]同时，也是设计对象的各种需求的集中体现，是整套设计方案的纲领。因此，概念构思是设计项目的龙头，是设计过程的核心，有了概念构思就有了设计重点，设计风格的确立和展开就有了依据。没有概念构思就会造成设计缺少方向感，造成资源的浪费甚至设计工程的失败。

概念构思的思维过程是从模糊开始逐渐走向清晰的过程，是从一种内在的、隐含的、看不见摸不着的感觉，逐步向明确的、鲜明的思维状态过渡的过程，也是反复酝酿、深入思考，获取设计灵感的过程。设计灵感的闪现是思维过程的突破阶段，也是设计概念的升华阶段，往往是“踏破铁鞋无觅处，得来全不费工夫”，在不经意中突然闪现出设计灵感的火花。但灵感的闪现必须要经历大脑深处各种信息的积累和沉淀，在反复酝酿和深化的过程中，使思维在极度饱和的状态下突然找到突破口，喷发出来。这是艰苦的思考过程，没有这个过程是不会获得设计灵感的。灵感爆发是设计概念主要的呈现方式，通过灵感爆发可能同时涌现多个设计概念，需要通过选择、比较，最后确定一个。

从理论上讲，概念构思的产生应该不受任何限制；受限制的设计构思往往达不到最佳的艺术效果。然而，我们又不得不面对室内被建筑构造和使用功能所限定的现实。一方面需要思想像马一样在广阔的草原自由驰骋，另一方面又要受到缰绳和沟坎的羁绊，这就是一对矛盾。当然“矛盾着的两方面中，必有一方面是主要的，其他方面是次要的。其主要的方面，即所谓矛盾起主导作用的方面。事务的性质，主要的是由取得支配地位的矛盾的主要方面所规定的。”“因此，研究任何过程，如果是存在着两个以上矛盾的复杂过程的话，就要用全力找出它的主要矛盾。捉住了这个主要矛盾，一切问题就迎刃而解了。”[6]在限定概念的创意中，创意是主要矛盾，限定是次要矛盾。在设计的这个阶段，首先应该考虑的主要是概念的发展。在概念确立的前提下，再来看限定的制约条件。如果条件允许，自然不会有问题，如果条件不允许，回过头来再从别的方面寻找新的设计概念，一直到概念的创意符合限定的制约条件。这样的思维过程比较符合室内空间限定的规律。假定不按照这样的方式去构思，一开始就拘泥于限定的条件，可能永远也创造不出有新意的作品。“然而这种情形不是固定的，矛盾的主要和非主要的方面互相转化着，事物的性质也就随着起变化。”[7]当进入方案设计的阶段，限定就会转化为主要矛盾。这个时候，就需要在限定条件下来调整已经符合制约要求的创意。

概念构思有无内涵、内涵是否有深度是设计成功的重要方面。概念构思的内涵所反映的是设计思考的深度和对生活所做出的评价。“艺术反映不仅仅从现象上如实记录生活，同时还应解释生活，对生活现象做出相应的评价和判断。”[8]设计概念本身是设计师对社会认知的反映，只有对产生设计概念的环境背景、人文背景作深入的分析、思考才能获得具有深度、内涵的设计概念。对设计概念内涵的挖掘，必须把对政治、经济、文化和社会发展的认识加进去，

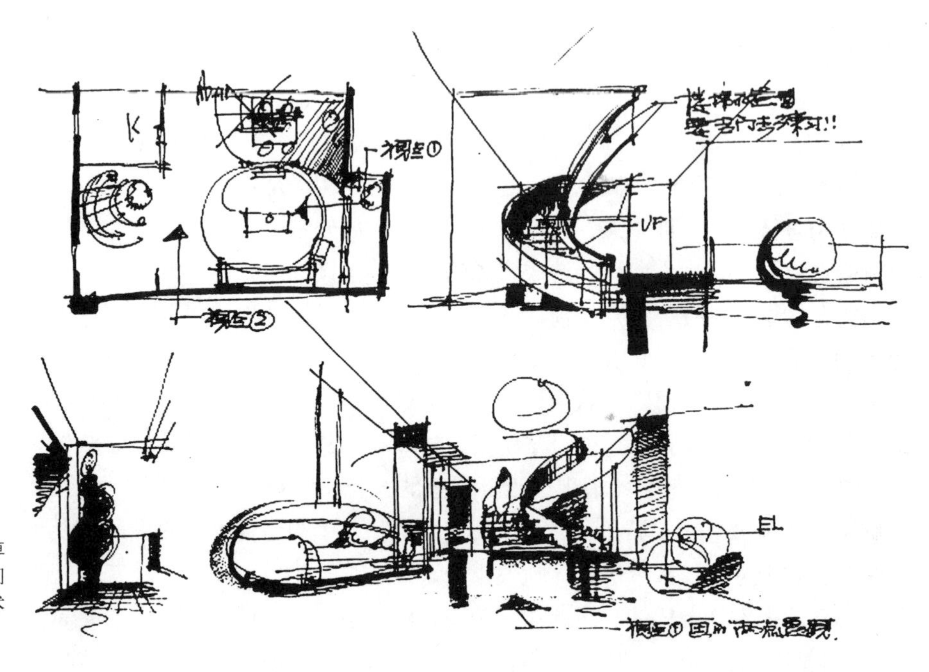

图 6-2　设计构思空间草图示例（杨健 . 室内空间徒手表现 . 辽宁科学技术出版社，2003 : 83）

才能使设计概念起到认识生活、评价生活、指导生活的作用。

概念设计阶段的一个重要工作就是概念的表达，实际上就是运用图形思维的方式，对设计项目的环境、功能、材料、风格等进行综合分析之后所做的空间总体艺术形象构思设计。表达室内空间形象构思的概念设计草图，自然是以徒手画的空间透视速写和平面功能分区为主。空间形象构思的草图应尽可能从多方面入手，不可能指望在一张速写上解决全部问题，把海阔天空的跳跃式的设想迅速地落实于纸面，才能从众多的图像对比中得出符合需要的构思。这种草图方案可以多做几种，然后进行比较以发展思路，内容包括空间分配、墙和入口的位置以及主要家具构件的位置等（图 6-2）。

案例 6-2-1 杭州城隍酒楼室内设计是反映杭州传统风情的餐厅设计，正如设计师陈耀光在文章中指出：他的概念构思是以“古城遗韵”为出发点，突出古城的风貌。他以杭州大井巷为设计依据，以井为景，在餐厅入口处特地设置盖着井盖的水井，揭开井盖，井底装有镜面，可以从井底的镜子中看到自己，融娱乐性与观赏性于一体。他在餐厅设计中所采用的符号是老房子、杭州古城、白墙黑瓦、书法挂卷，以福字为主题的大红印章，以福、寿、禄、禧为主题的符号组合，这些极具传统内涵的符号形象，是构成文化空间的基础。设计师以现代构成方式将传统符号加以排列组合，充分使用了点的聚合与分散，在直线与曲线的穿插中形成飘逸的节奏，增添了线的韵律，使用白、黑、红、金的传统色彩，增添了浓郁的喜庆气氛，用白色的马头墙、红色包间里的旧门牌以及墙上用阵列方式悬挂的青花瓷盘装饰着中药铺的抽屉柜，营造出浓郁的江南古城特有的韵味（图 6-3）。

由此，我们看出概念构思是室内设计的重要的环节。在这个环节中，设计概念内涵的深化、反映设计概念的符号的提炼是关键的部分，应该着重把握。

图 6-3 杭州城隍庙内景（室内设计与装修 09/2000：21）

设计概念的确立和实现与设计师的认知水平和综合素质的高低相关，因此提高设计师的自身素质是实现设计概念的重要保证。

6.2.2 设计表达

在概念确定、思路清晰的情况下进行室内设计就像是大海航行有了一盏明灯，在具体操作过程中不会出现太多的偏差。后面的问题就是具体的方案设计和设计的表达，这也是一个关键的环节。

方案的表达也不是一件容易的事，其间有很多的问题要处理和考虑。由于室内设计行业成立较晚，一直没有像建筑设计一样提出明确的设计表达方法和标准，设计的表达可谓是五花八门，良莠不齐。室内设计在大的方面可以借鉴建筑设计的表达方法，但相对而言，室内设计要表达的东西较建筑设计更为细致、具体，有些构造细部的表达用建筑图纸的方法是难以实现的。“新制人所未见，即缕缕言之，亦难尽晓，势必绘图怎样；然有图所能绘，有不能绘者。不能绘者十九之，能绘者不过十分之一。因其有而会其无，是在解人善悟耳。”[9] 在相当多的情况下，同一种表达方式面对不同的受众，会得出完全不同的理解。因此，室内设计的表达必须调起所有的信息传递工具才有可能实现受众的真正理解。这就需要设计者将已形成的设计概念，通过图形、文字、实物资料，包括口头的语言，综合地显现予使用者。同时，在方案的表达过程中，进一步校正与发展设计概念。

1. 图形表达

在室内设计表达的类型中，图形以其直观的视觉物质表象传递功能，排在所有信息传递工具的首位。对于室内设计而言，图形表达的内容主要包括两个环节，即设计概念确立后的方案图、方案深化后的施工图。

（1）设计概念确立后的方案图

概念设计阶段的草图一般都是设计者自我交流的产物，只要能表达自己看得懂的完整的空间信息，并不在乎图画表现效果的好坏，而设计概念确立后的方案图作业则是另一种概念。在这里，方案图作业具有双重的作用，一方面它是设计概念思维的进一步深化，另一方面它又是设计表现最关键的环节。设计者头脑中的空间构思最终要通过方案图作业的表现，展示在设计委托者的面前，因此，平、立面图要绘制精确，符合国家制图规范，透视图要能够忠实地再现室内空间的真实情况。可以根据设计内容的需要采用不同的绘图表现技法，如水彩、水粉或透明水色、马克笔、喷绘之类。近年来，随着计算机技术的迅猛发展，在方案图作业的阶段使用计算机绘图已是大势所趋，尤其是制图部分，基本已完全代替了繁重的徒手绘图，透视图的计算机表现同样也具有模拟真实空间的神奇能力，用专业的软件绘制的透视图类似于摄影作品的效果。在这方面，因为涉及艺术表现的问题，计算机绘图不可能完全取而代之，但至少会成为透视图表现的主流，而手绘透视图表现只有达到相当的艺术水准才能够被接受。

一套完整的方案图作业，应该包括平、立面图，空间效果透视图以及相应的材料样板图和简要的设计说明。比较简单的工程项目可以只要平面图和透视图。具体的作图程序则比较灵活，设计者可以按照自己的习惯作相应的安排。

在室内设计的方案图中，平面图的表现内容与建筑平面图有所不同，建筑平面图只表现空间界面的分隔，而室内平面图则要表现包括家具和陈设在内的所有内容，精细的室内平面图甚至要表现材质和色彩。立面图也是同样的要求。

有一个必须要提出的问题是，尽管方案表现图非常重要，但是在方案的表达上和设计本身所花费的精力应有一个相对应的关系，表达只是手段，设计才是灵魂。近几年，室内设计招投标盛行，而评定中标单位的评委多是甲方或一些非室内设计专业的专家，当面对大量的室内设计方案时，他们不可能去细致研究、推敲设计的思路、人性化的考虑和造价的问题，往往只是根据投标方所提供的效果图来说哪张图纸漂亮，然后根据效果图的漂亮程度来确定中标单位，或是从这些效果图中选出一批认为是好的效果图，做成一个大的拼盘。在这样一种竞争趋势下，许多室内设计项目的投标单位为了能够中标，往往会不惜血本来表现设计，在设计表现上花费巨大的投资和精力，远远大于在方案本身上的钻研程度。有时，一个项目甚至会出现效果图堆满几间屋子的情形，一个设计竞赛变成了效果图大战。这时，最大的赢家不是设计单位，也不是甲方，而是社会上专业制作效果图的“枪手”。

(2) 方案深化后的施工图

室内设计方案经甲方通过后，即可进入施工图作业阶段。如果说方案图作业阶段以“表现”为主要内容，施工图作业则以“标准”为主要内容。[10]在这个阶段的表现才是实现设计的基础，因为它是施工的惟一科学依据。再好的构思，再美的表现，如果离开标准的控制，就可能面目全非。施工图作业是以材料构造体系和空间尺度体系为基础的，施工图的绘制过程就是方案进一步深化与确定的过程。

施工图设计不是一个简单的任务，它要求设计人员具备相当广泛和深厚的专业知识，能协调各方的关系，需要把握住一些关键点。一套完整的施工图纸应该包括三个层次的内容：界面材料与设备位置、界面层次与材料构造、细部尺度与图案样式。

1) 界面材料与设备位置在施工图里主要表现在平、立面图中。与方案图不同的是，施工图里的平、立面图主要表现地面、墙面、顶棚的构造样式、材料分界与搭配比例，标出灯具、供暖通风、给水排水、消防烟感、喷淋、电器、音响设备的管口位置。

2) 界面层次与材料构造在施工图里主要表现在剖面图中。这是施工图的主体部分，严格的剖面图绘制应详细表现不同材料和材料与界面连接的构造，由于现代建材工业的发展，不少材料都有着自己标准的安装方式，所以今天的剖面图绘制主要侧重于剖面线的尺度推敲与不同材料衔接的方式。

3) 细部尺度与图案样式在施工图里主要表现在细部节点详图中。细部节点是剖面图的详解，细部尺度多为不同界面转折和不同材料衔接过渡的构造表现。图案样式多为平、立面图中特定装饰图案的施工放样表现，自由曲线多的图案需要加注坐标网格，图案样式的施工放样图可根据实际情况决定相应的尺度比例。

现实中，国内的设计行业普遍存在的设计费低、设计周期短的问题，极易造成施工图图纸质量低下。由于设计人员素质参差不齐，因竞争的原因存在重视效果图、轻视施工图的思想，导致校对、审核过程的不完善，对图纸质量造成极大的影响。施工图作为装饰施工的指导和依据，必须准确到位，作为设计师，首要任务就是不断提高自己的理解水平，树立设计的威信，更好地将设计方案转换为施工图。设计师必须思考采用何种材料更经济、何种工艺更利于施工，把握各种尺度以满足客户的使用要求，以较低的工程成本达到较高的艺术效果，满足方案设计的意图。

一般来说，在刚刚进入室内设计行业的设计人员开始进行实际的工作时，由于许多知识在学校里没学到，如设备问题、构造问题、材料类型、细部尺度，都难以深入，只能出一个草草的图，交给施工方自由发挥，不难想象这样的结果是什么。直到后来经过不断地学习，逐步了解室内设计施工图的设计和处理技巧，了解相应的施工工艺和材料规格，了解造价的控制和构造的处理，也学会了在施工图设计过程中对方案设计的修改和升华，才能逐步保证室内设计施工完成后的总体效果。做好施工图设计不是一个一蹴而就的事情，就是笔者现在在设计中也会出现或这样或那样的问题和错误。

2. 文字与口语表达

书面的文字同样是室内设计的表达工具。“图形只有通过文字的解释与串接才能最大限度地发挥出应有的效能，同时文字的表达能够深入到理论的深度。”[11]在设计项目的策划阶段，在概念构思的确立阶段，在设计方案的审批阶段，在施工图的交底阶段均能够达到信息传达的深化要求。

口语表达则是图形与文字表达的进一步深化。由于室内设计的最终实施必须经由使用方的最终认可，图形与文字的表达方式尽管具有信息传递的全部功能，但并不能替代人与人之间直接的情感交流。尽管现在的信息传递工具已经十分先进：移动电话、计算机网络、远程视频课程……然而单向的信息传递即使是爆炸性的，也不一定会被接受方理解。信息发送与信息接收和促使双方沟通的最佳方式，仍然是人与人面对地直接交流。由于交往中的口语伴随着讲述者的表情与肢体语言的辅助，能够产生一种特殊的人格魅力，从而获得对方的信任与理解。因此，在室内设计的各个环节:确立概念、设计投标、方案论证、施工指导，都少不了口语的表达。

3. 空间模型表达

要想能比较真实地体现室内空间关系、材料、色彩、比例等特征，制作模型是一个比较简单、实用的方法。它能够让设计者和业主比较直观地了解所进行的设计，并在此基础做出判断和调整。只是由于尺度、材料、时间和财力的关系，我们不可能对个个方案都做实体 1 ： 1 模型，而小尺度模型观看的角度与位置，很难达到身临其境的效果。而且室内设计是一个融时间与空间为一体的四度空间，制作模型的表达方式，在时间的介入上还有所欠缺。随着计算机技术的发展和各种先进工具的普及应用，虚拟技术的开发，Maya，3DSMAX等技术开始应用于室内设计领域。一个虚拟的室内空间动画可以让人在一个幻想的室内、建筑或其他环境中观看、移动和体验，而且这种体验会包括视觉、听觉甚至触觉、知觉等方面，使人对最终出现的室内设计成品有着非常直观的认识，从而能做出最切合实际的选择和判断。

6.3　方案实施与设计优化

6.3.1　方案实施

很多设计师认为室内设计做到施工图完成，与甲方和施工单位交底完成后，设计任务便告结束。实际上，这时，室内设计才算有一个粗胚，能否实现，还有许多的步骤和考验，就像有的植物只是开了花而已，能否结果还要看其他的外部条件是否具备。一个室内设计做得行不行，能否成为现实，是否切合实际，都要依赖于施工的实行和检验，依赖于施工单位的水平和各方关系的协调。很多设计师都有这样的体会：设计图纸交到施工人员手中，完成后再看现场的实际效果时，几乎有认不出该项目是自己设计的感觉，心中十分懊恼，恨不能说“别说是我设计的”。这到底是什么原因呢？可以认为是设计做得不好，以致施工时难以做出；也可以认为是施工水平不行，没有理解设计的意图或没有达到相应的施工水平。但有一点非常重要，那就是室内设计的实施是室内设计非常关键的一环，室内设计与工程施工是一对互补与辩证的关系。

“室内设计是一门融艺术性与技术性为一体的创造性活动，其技术性在相当程度上就体现在具体施工的可行性上。”[12]如果一个设计不能通过施工的检验，就难以称得上是好的设计，至少是可操作性不佳的设计。当然设计师也会遇到这种情况，设计师的设计作品在各方面都没有问题，在技术上、经济上都可行，但施工队伍施工水平不行或者偷工减料，其结果也是设计成品质量低劣，在这种情况下，室内设计系统同样是运转状况不佳的。针对这样一些问题，解决问题的关键环节也许就是设计与施工的密切合作和沟通，设计要能够有效地指导施工，必要的时候设计与施工进行一体化操作。

根据近几年在业内的工作经验和所作的调查，在室内设计与工程施工过程中，常常出现这么几种情况：

(1) 设计做得很好，施工图做得非常详细，即使是没有表达到的地方也用文字说明清楚了，给施工提供了极好的指导作用。应该说，这是一套合格的施工图具备的基本条件，目前中国的一些大型设计院、外资公司基本上有这个能力。施工队伍的施工水平也不错，能够透彻地理解图纸，在施工工艺上也能达到设计方和甲方的要求，并且能根据现场情况给设计提出更好的意见。设计与施工互相欣赏、精诚合作。这是最好的一种情况，也往往能得到比较理想的结果，有利于室内设计系统的顺利进行。

(2) 设计和图纸都出得不错，但与施工单位沟通不多，当现场出现与设计图纸不符的情况时，施工单位可根据自己的理解来调整。这时候就会有两种结果，一种是按照原设计的思路根据现场进行局部微调，施工后一般与设计意图相差不大；另一种是施工单位从省事的角度出发任意修改，其结果可能就是设计师都认不出是他的设计。

(3) 设计图纸出得一般，有些材料、尺寸、构造表达不清，材料的交接、空间的过渡、灯具的选择、颜色的选配等问题都没有一个明确的指示，这在那些从艺术家转行或毕业不久的年轻设计师的设计中常见。在这种情况下，若遇到一个有一定施工经验，也有一定设计经验的施工队伍，知道该如何与设计师沟通，并能提出一些中肯的建议，在设计师认可的条件下确定施工做法、材料样品、节点处理，或许能做出一个说得过去的设计成品。

(4) 设计图纸出得一般，与施工单位基本上没有沟通，加上施工单位技术水平较差，这种情况下所得到的结果往往令人扼腕，给人的感觉是没有设计或设计糟糕。这可能是目前设计与施工间最差的合作了。

从前面的分析中，我们可以看出一个问题，那就是设计完成的质量不仅与设计本身相关，而且与设计和施工间的配合密切相关。在现今中国，具有一定规模的室内设计和室内装修工程都要进行招投标，然后根据招投标的结果选出合适的设计与施工单位。客观地说，这样做的出发点是想选出最好的设计和施工能力、工程报价合适的施工单位，同时避免设计与施工联合起来欺骗业主，如果操作得当，所取得的结果也是喜人的。但是我们看到的经常是设计方与施工方相互埋怨。设计方大叫施工水平低，不能理解设计意图；施工方抱怨设计图纸表达不清，有些关键部位不知如何处理。更有甚者，施工单位在招投标时为了中标，拼命压低造价，一旦中标进入施工现场后，就不断地挑设计图纸的毛病，要求设计作出更改和补充图纸，而后根据这些图纸要求甲方增加工程款，同时对一些未明确注明要求的地方想方设法地偷工减料，以使自己的效益最大化。在这个情形下，设计与施工不是在互相配合，而是在进行着不停的斗争，其结果就是牺牲设计的效果和甲方的利益。

鉴于这样一种现状，寻求设计与施工一体化或许比较有利于工程质量的控制和减少无谓的浪费，也会减小设计方的压力。因为设计单位知道自己的施工水平和习惯的施工工艺和处理手法，在出图时定出大体原则的情况下，有些细节问题不用表达得那么详细和具体，从而既可节省在设计图纸上所花的时间，也有利于施工工程的快速开展。当现场出现问题时，施工负责人可迅速地与设计师沟通、讨论而得出切实可行的解决方案。

案例 6-3-1 在南阳总部室内设计与施工过程中发生的事情就充分地说明了这一点。由于设计周期短，设计人员的设计图纸出得不是很全，有好多部分未表达清楚，而且有些地方也与现场情况不同。甲方就是按这个图纸进行招标，选定了两个施工单位，其中甲单位与设计方有一定的关联，而乙单位与设计方无甚关系。由于设计图纸中有一些未完成的工作，设计方就加强了设计和现场配合，以解决工程施工过程中可能出现的一些问题。从工程施工开始，乙单位就不断地要求设计方补充图纸，对于有些图纸中未表达的部分就尽一切可能去节省材料，若有一点设计变更就要求甲方增加费用。对于一个甲级施工单位来说，应具备一定的设计能力和施工水平，了解基本的施工规范，若图纸有表达不详细的地方，就应当按规范施工（这在施工图设计说明中是明确说明的），在设计图纸中出现真正的笔误或错误时，应当即时提出并请设计方作出调整。但是，他们要么偷工减料，要么按照错的图纸来施工（有时图纸和现场有出入，设计方没发现，未作出整改时），给设计方和甲方带来了巨大的损失和压力。比如在做轻钢龙骨纸面石膏板隔墙时，它的竖撑龙骨间隔是 600mm（正常间距是 400mm），在中间也不加任何固定，当设计人员发现并提出这个问题时，他们的理由是图纸中没有表达，并且坚决不改，其结果是工程还没有完工，隔墙就出现了变形问题（图 6-4）。

还有一个更为严重的事件，严重地影响了施工进度和工程质量。在所有大厅和楼梯间的墙面装饰中，原设计选用的材料为干挂白色微晶石，根据不同高度，我们选定的石材厚度为 18mm，16mm，14.5mm（标准材厚度）。由于设计方绘图

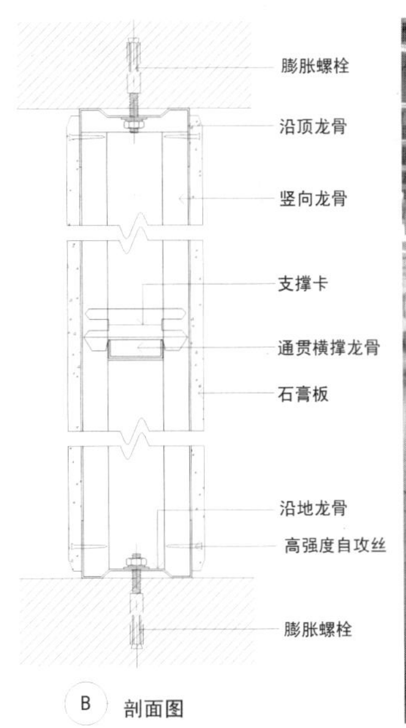

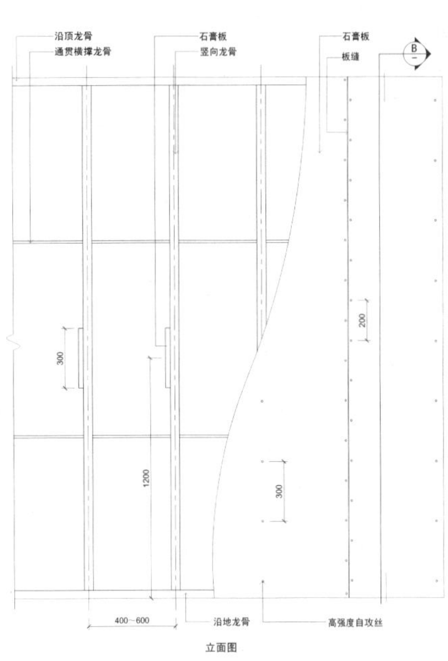

图 6-4　南阳总部轻钢龙骨隔墙节点及现场照片

人员在用CAD制图时的失误，其中14.5mm在图纸中出现的尺寸为14mm。实际上，稍微有点施工经验的人都知道14mm厚度的石材不适合干挂，这时如果他们提醒设计方及时作出调整，应该不会造成太大的问题。但是他们没有这样做，而是按14mm的厚度去采购材料，当在现场进行施工时，发现厚度太小难以施工，就在每个切槽的位置补了一块小石材。这种做法不但严重耽误了施工工期，而且也牺牲了原来的设计意图，对甲方和设计方都造成了巨大的损失。不可否认，在这个事故中，设计方有着不可推卸的责任，但如果施工方本着和设计方密切合作的态度，本着从工程质量和甲方利益的角度出发，即时提醒设计方或按正常施工规范进购材料，是完全可以避免这种不必要的事故出现的（图6-5）。

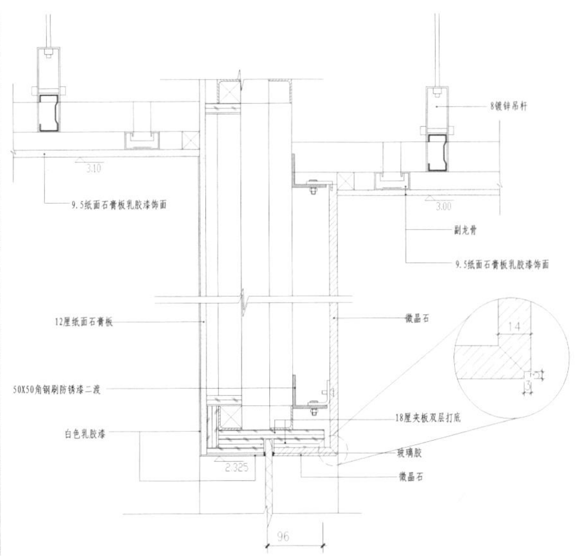

图 6-5　南阳总部干挂微晶石节点及现场照片

与此相反的是甲单位的密切配合。首先对于设计方在现场作出的设计调整和变更，他们不仅积极支持，而且向设计方提供让更多更为实际的、操作性强的处理手法意见，而且在必要的时候画出相应部分的图纸供设计方审阅和参考。对于有些图纸中未表达清楚的部分，他们严格按照施工规范甚至超规范地施工。其目的很明显，一切以工程为中心，以工程质量和设计效果为首要目标，然后才是合理的利润。通过密切地合作，这个项目中好多关键部分的节点处理和新的设计修改，都是在设计方在与施工方探讨的基础上对原设计作出适当调整的。相比原设计，调整后的处理方法更为科学、技术性更强，所取得的效果也更好。如对于展厅灯箱的处理，接待大厅入口展墙的处理和设计调整，一些定制吊灯的施工方法和材料的选择等等，都是为了做出一个更好的设计，有一个更好的工程质量和装修效果（图 6-6）。

在设计与施工分离的项目中，施工结果令人失望的案例多之又多，为了进一步证实这一点，调查了一下现今的设计与装修市场，发现一些大型的、成功的装饰与设计公司，如苏州金螳螂、深圳洪涛、上海康业等经常采取设计与施工一体化的操作方法。他们都有着非常雄厚的设计与施工实力，一般都是自己先行设计，而后再进入施工阶段。如果是一些大型的、由境外公司设计的项目，他们也基本上是在与方案设计单位密切合作，自己进行施工图深化设计的基础上进行施工的。

图 6-6　南阳总部展示大厅墙面装饰设计调整

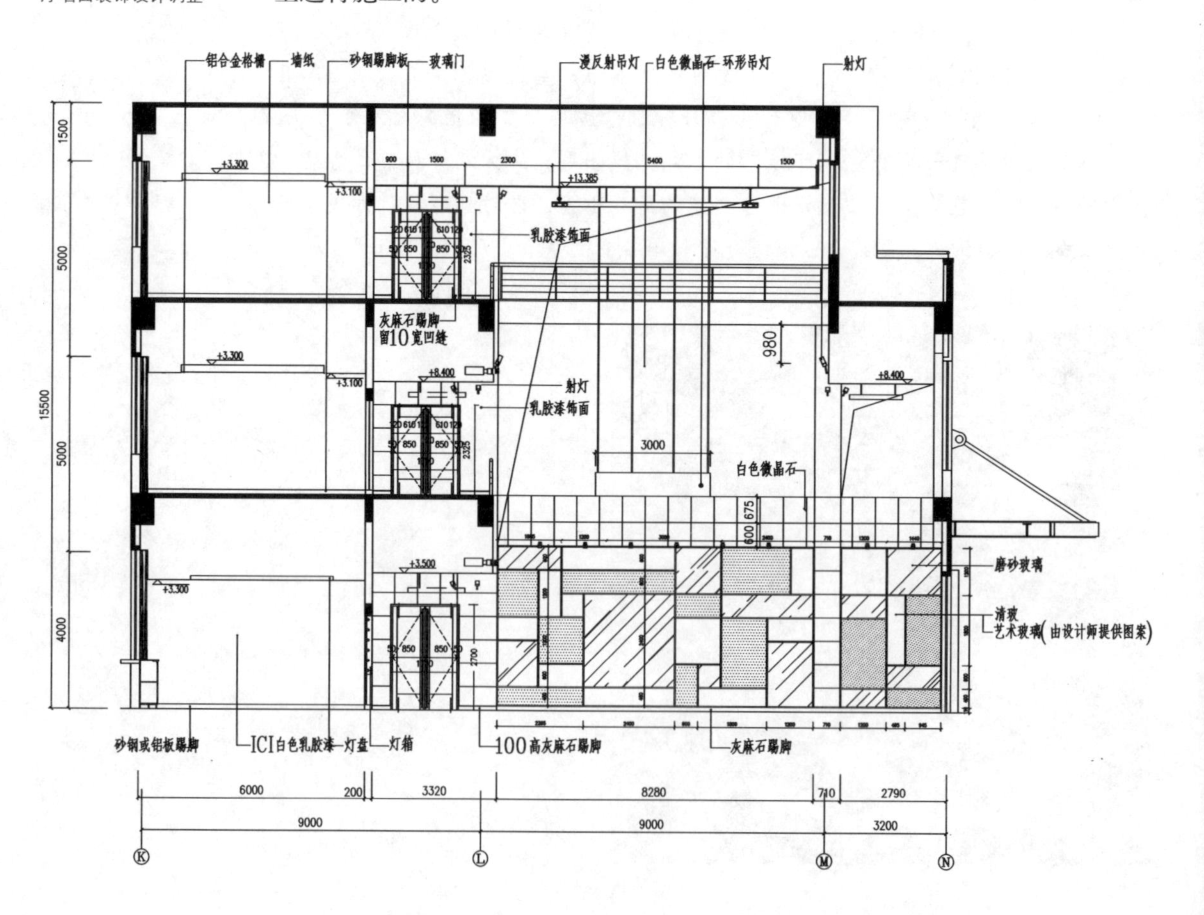

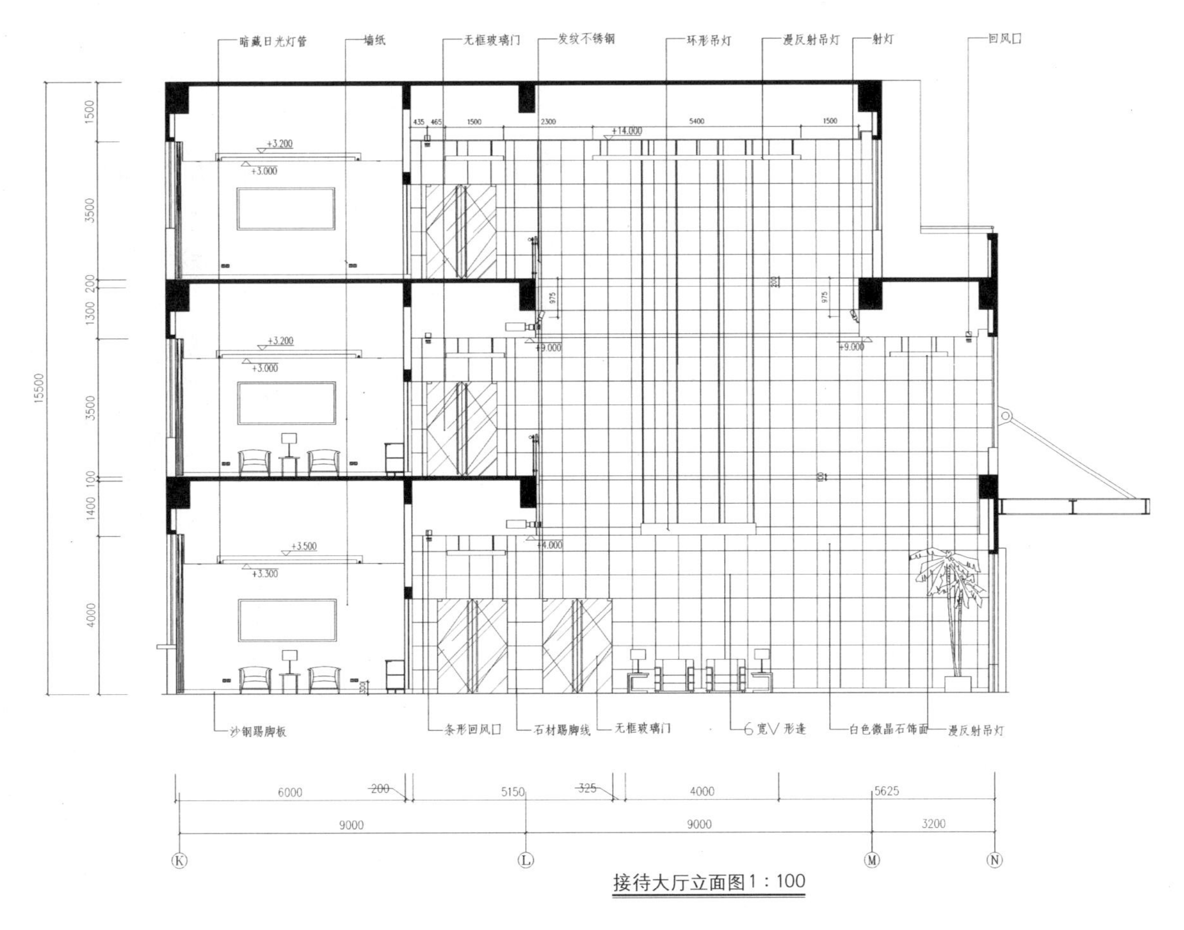

图6–6 南阳总部展示大厅墙面装饰设计调整（续）

所以说，为了进一步提高设计与施工的水平，为了设计与施工更好地配合，为了更好地实现设计意图，为了保证室内设计系统的顺畅运行，走设计与施工一体化的路线也许是一个可行的方案。对于室内设计师而言，熟悉施工工艺、了解施工规范，能有效地指导施工是保证室内设计思想得以贯彻的前提。

6.3.2 设计优化

有一个现实问题必须面对并要采取有效的措施来解决，那就是，任何一个设计项目，无论前面的工作做得有多具体、多完善，所出的图纸多完整，所表达的设计多细致，到具体的施工过程中都会出现或多或少的问题。对于这些问题，作为一名有责任心的设计师，必须予以足够的重视并积极采取相应的措施，做出合理的修改。随着工程的不断进行，设计师的更好、更新的想法可能会不断涌现，为创造更为理想的室内环境，在不会太大地超出预算的前提下作出适当的设计变更是可以理解的。这个工作和过程，笔者理解为室内设计的优化。

设计优化作为原设计的修正、补充和延续，是系统的室内设计中的一个必然的环节。设计优化的出现往往会伴随着各种现象的出现，如“施工时间的变化、工程费用的调整、设计效果的变化，又牵涉到各相关单位的利益甚至工程本身的成功与否”[13]，也相应地会影响室内设计系统的运行。长期以来，室内设计者一方面致力于提高设计质量，力求减少设计变更；另一方面又需要用设计优化来补充、完善工程设计。

1. 设计方案的优化

方案优化是针对最初设计本身存在的问题而产生的。设计方案产生问题有着多方面的因素，有设计人员本身知识结构不健全的原因，有设计师对现状情况不了解的原因，有设计周期短、问题考虑不周全的原因，有设计师工作不细心，造成图纸表达错误或表达不全的原因等。

目前从事室内设计的人员水平参差不齐，专业背景纷繁复杂。多样化的人员素质就会给一个系统庞大的室内设计的质量带来隐患。要做好一个室内设计，不是会 AutoCAD、会画几笔图就行的，它要求设计人员不仅要有艺术感觉，能创造出良好的空间氛围，而且要有综合的技术知识，要懂得建筑物理，了解建筑结构，知道水、电、风的基本知识，熟悉材料的基本性能与大体价格，学会控制造价，懂得施工工艺。另外，目前在中国，大部分设计项目往往会因为甲方希望尽快完成，以致留给设计师的时间相当少，设计师所面临的情况经常是以最快的速度把必须要出的图纸完成或大部分完成，而难以顾及设计方案的合理与完整与否，甚至连图纸中一些常识性的错误都无暇顾及。在这样的条件下所做的设计不可避免地会出现一些问题。对于这样一个现状，针对原设计所作的方案优化是不可避免的。

案例 6-3-2 河南宛西制药南阳总部办公楼室内设计，从方案到施工图完成仅有 20 天的时间，而且几个关键的设计人员是初次合作，很多制图习惯、表达方式都处于磨合和适应阶段。由于时间紧、路途遥远，在设计过程中，主要设计人员连一次现场都没去过，对现场的情况根本就不了解。设计单位就是在这种条件下完成一个 15000m^2 的一级办公楼的室内设计的。不难想象，在这种条件下所完成的设计总归会出现或这或那的问题，为此，在施工过程中，设计人员对原设计方案作了一定程度的优化，主要有这几个方面：

(1) 由于原方案中未考虑给水排水管等因素，职工食堂包间原配备的卫生间在优化设计时根据现场情况作一定的调整（图 6-7）。

(2) 原方案设计中，行政楼报告厅吊顶为纸面石膏板叠级吊顶，后改为金属网吊顶；墙面由木质吸声板改为实木饰条（图 6-8）。

(3) 原方案设计中，接待大厅与展厅间隔墙为白色微晶石装饰，后更改为蒙得利安艺术玻璃造型墙（图 6-9）。

(4) 原方案设计中，接待大厅屏风为点式驳玻璃装饰，后改为用夹板做基层，而后在其上贴玻璃再嵌不锈钢的装饰（图 6-10）。

(5) 原方案设计中，所有玻璃门都是无框玻璃门，后更改为不锈钢框玻璃门（图 6-11）。

(6) 原方案设计中，接待大厅圆形接待台为白色微晶石装饰，后改为艺术玻璃装饰（图 6-12）。

(7) 在优化设计过程中，设计人员对行政楼三层老总办公区功能布局、家

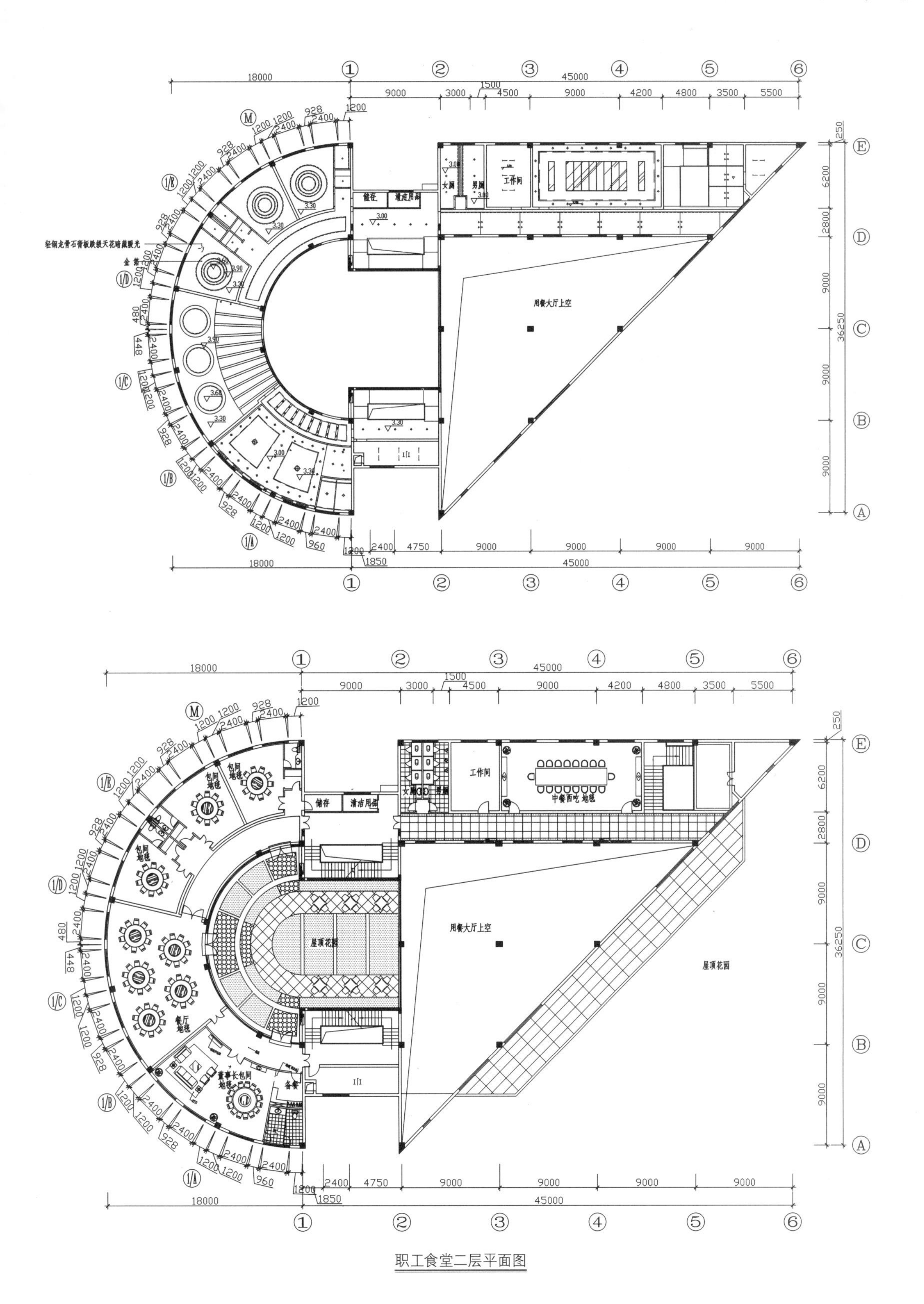

图 6-7 南阳总部职工食堂设计调整

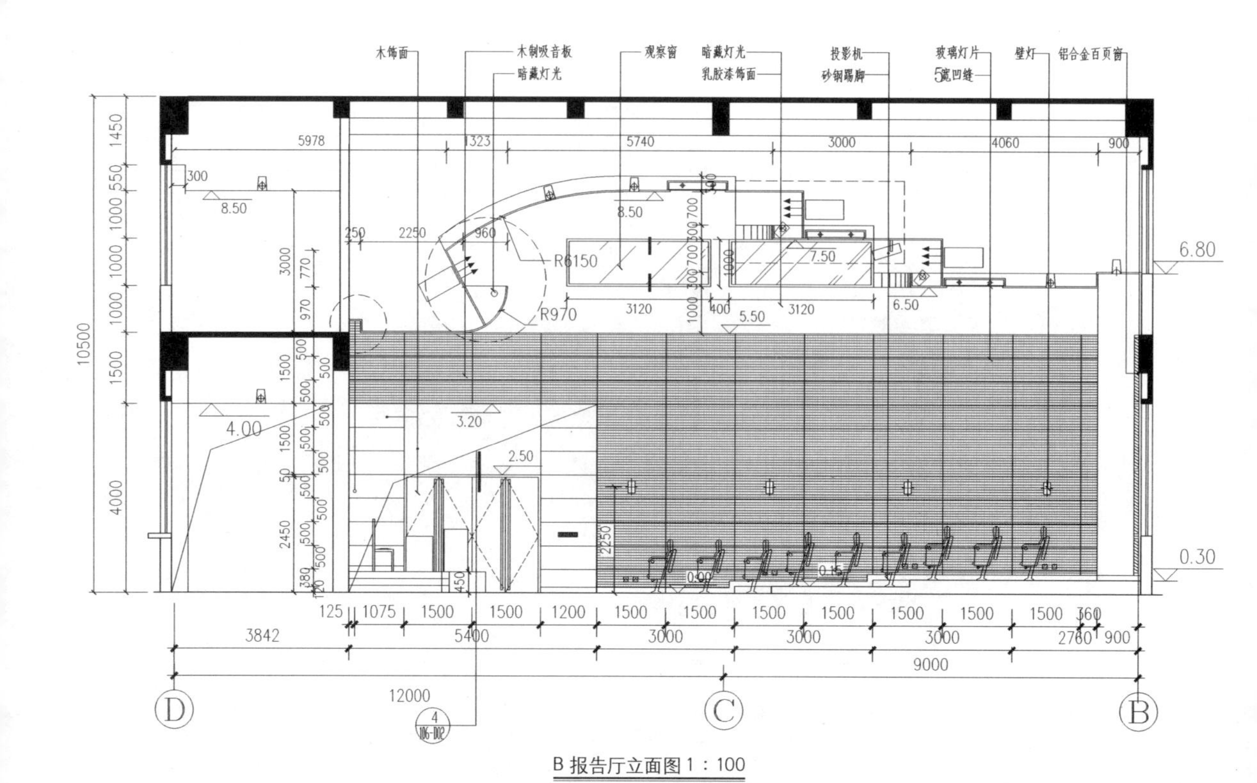

B 报告厅立面图 1：100

A 报告厅立面图 1：100

图 6–8　南阳总部报告厅设计调整

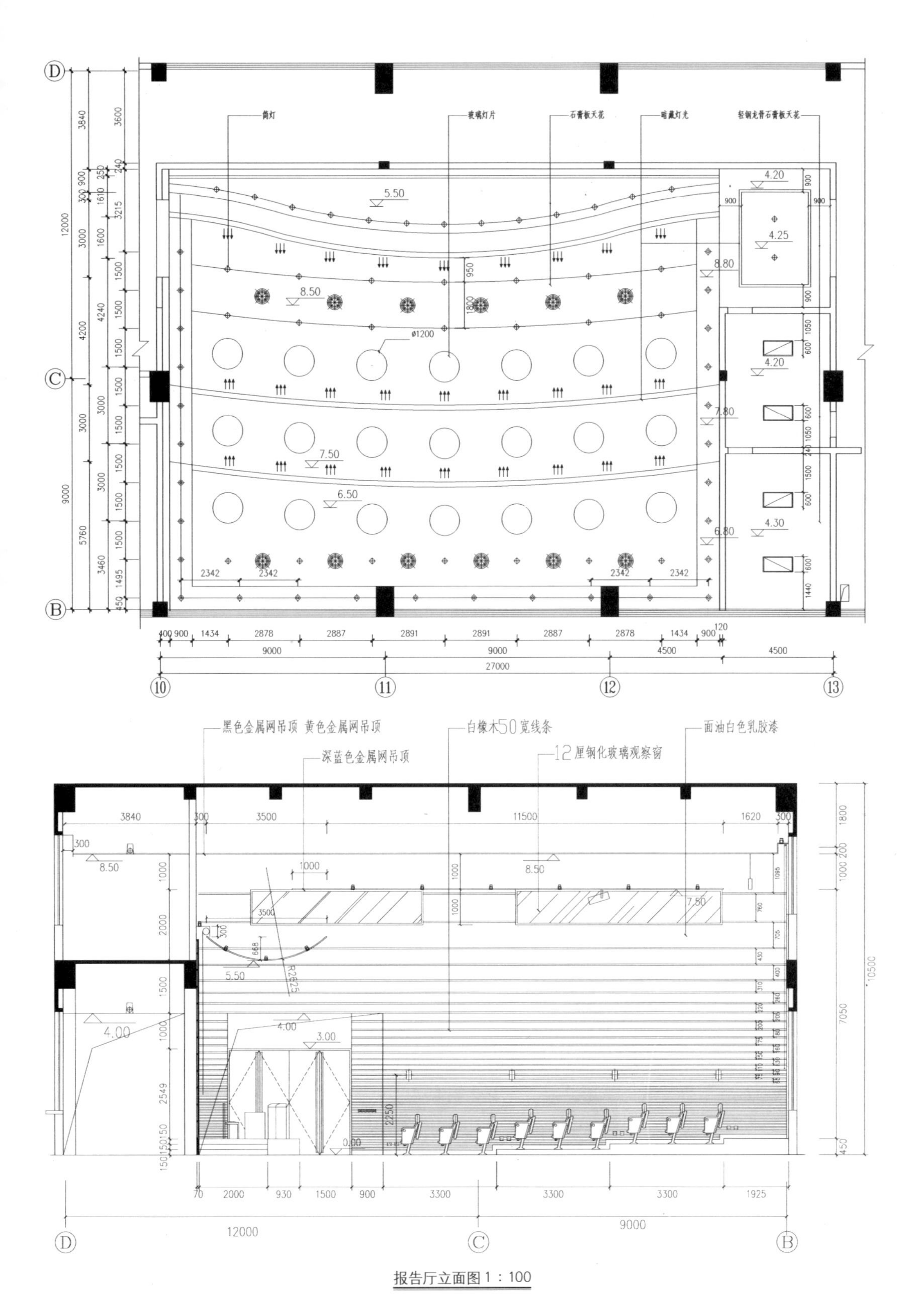

图 6-8 南阳总部报告厅设计调整（续）

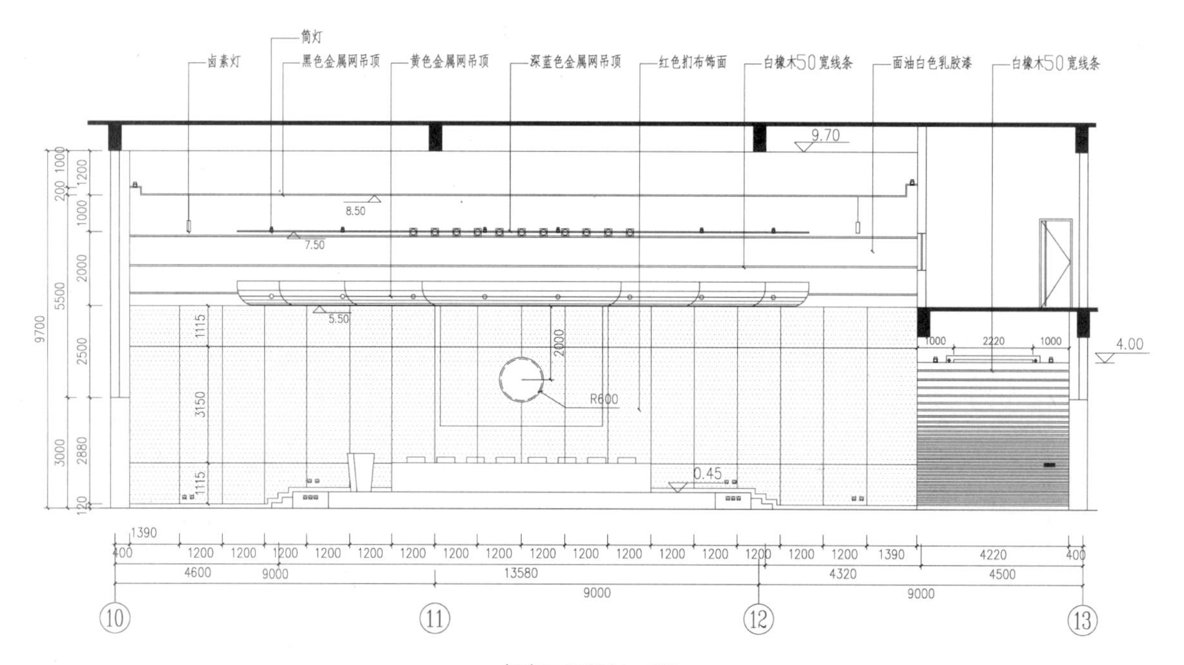

报告厅立面图 1：100

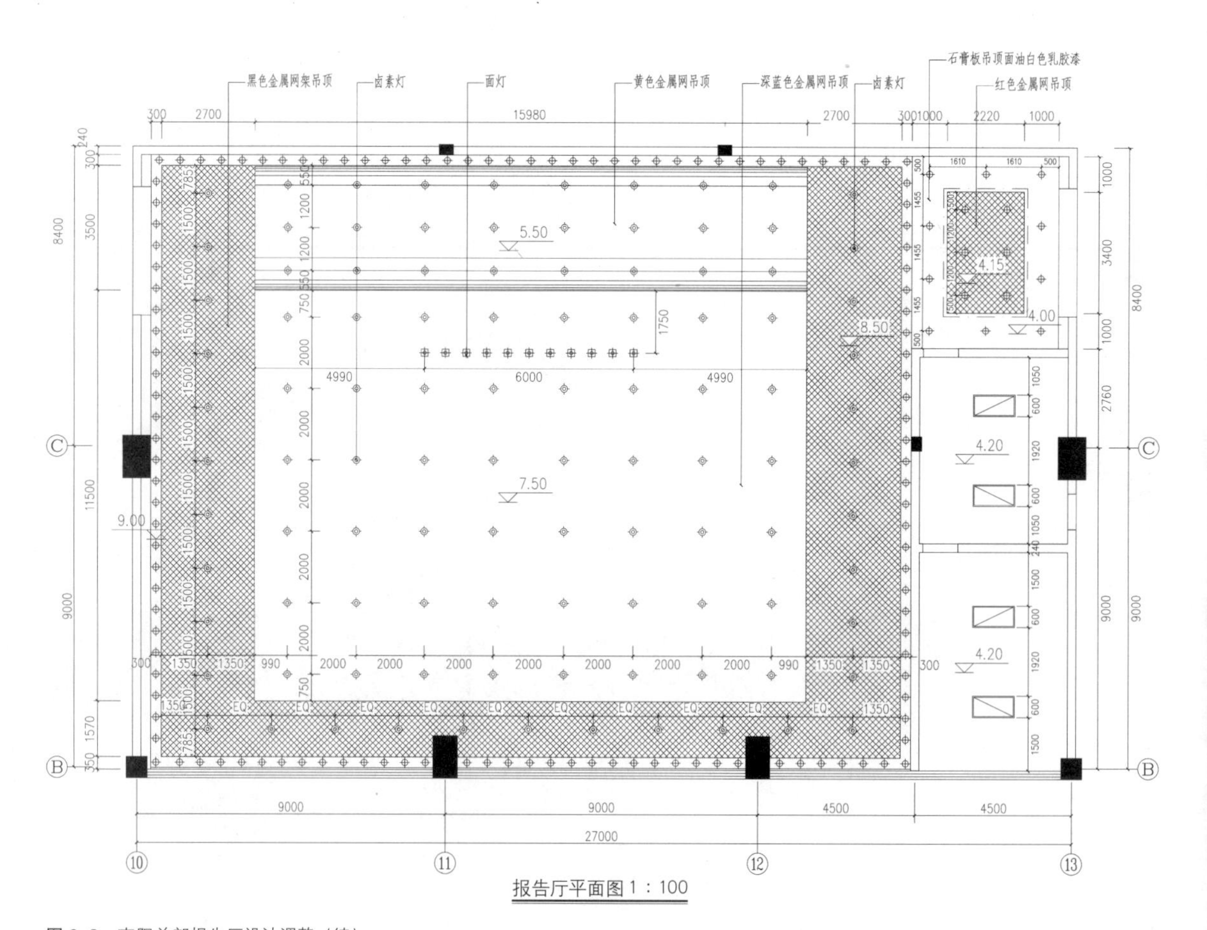

报告厅平面图 1：100

图 6-8　南阳总部报告厅设计调整（续）

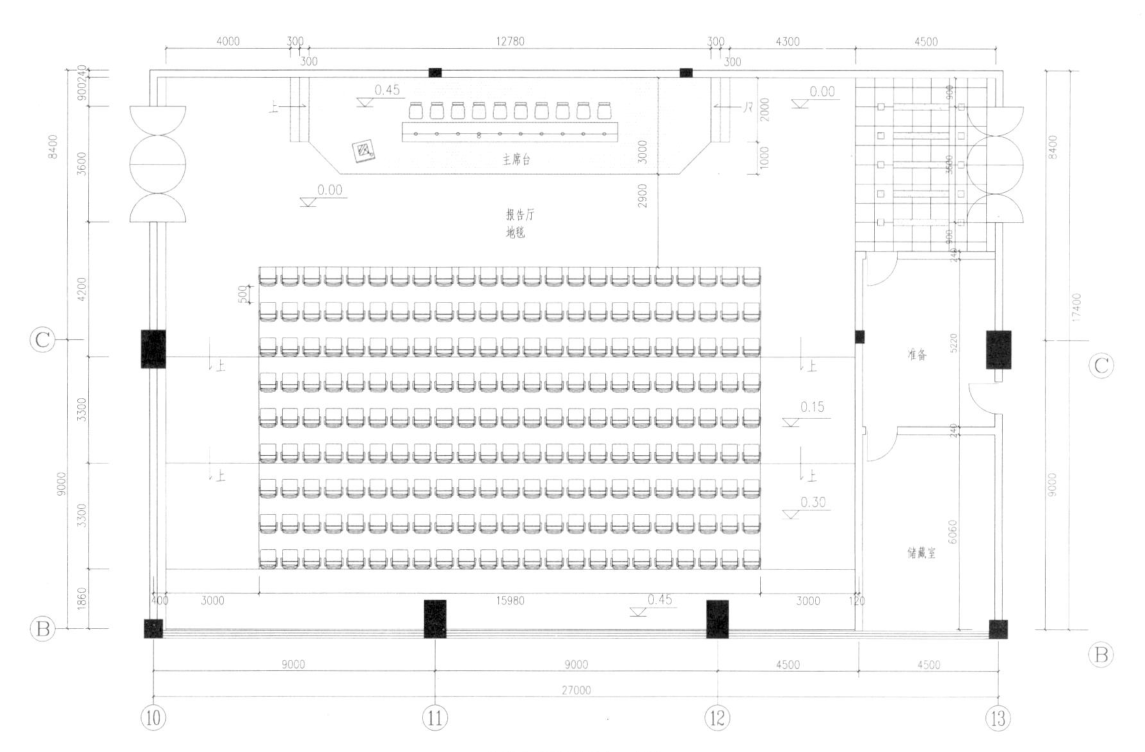

报告厅平面图 1：100

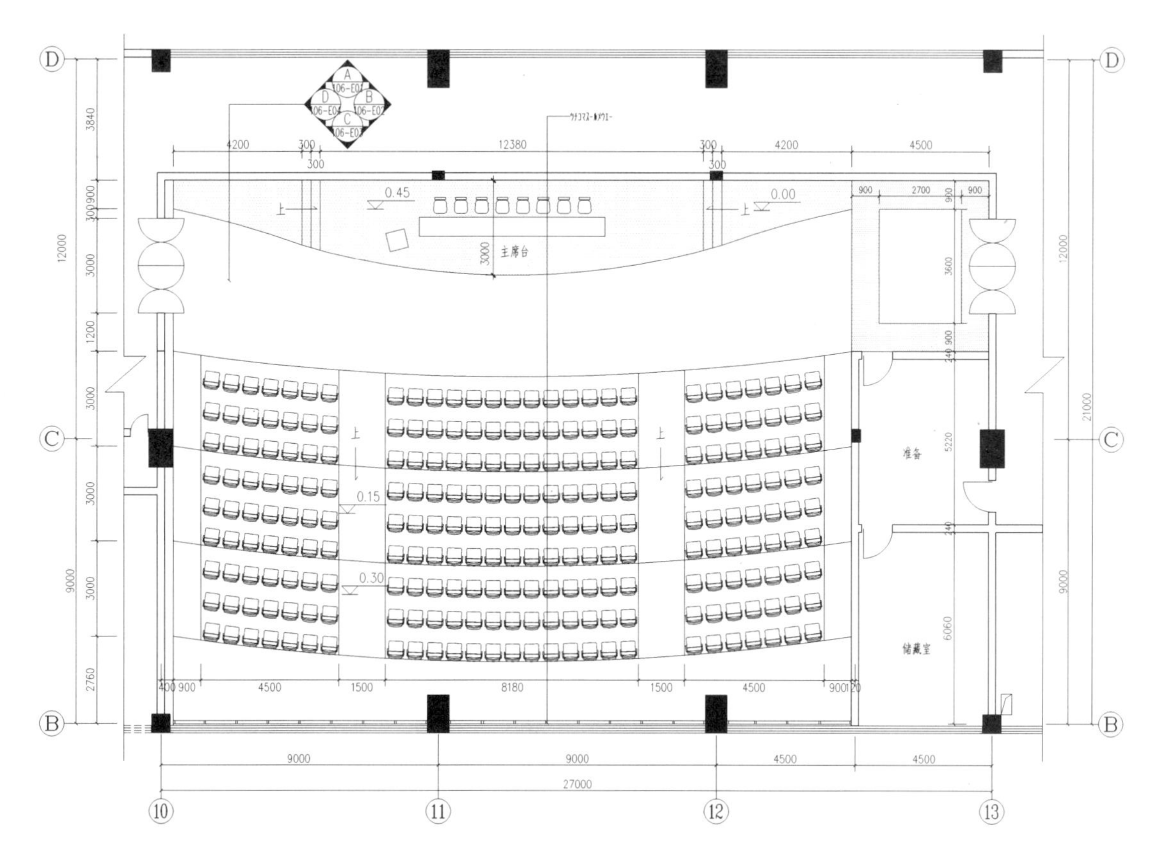

图 6–8　南阳总部报告厅设计调整（续）

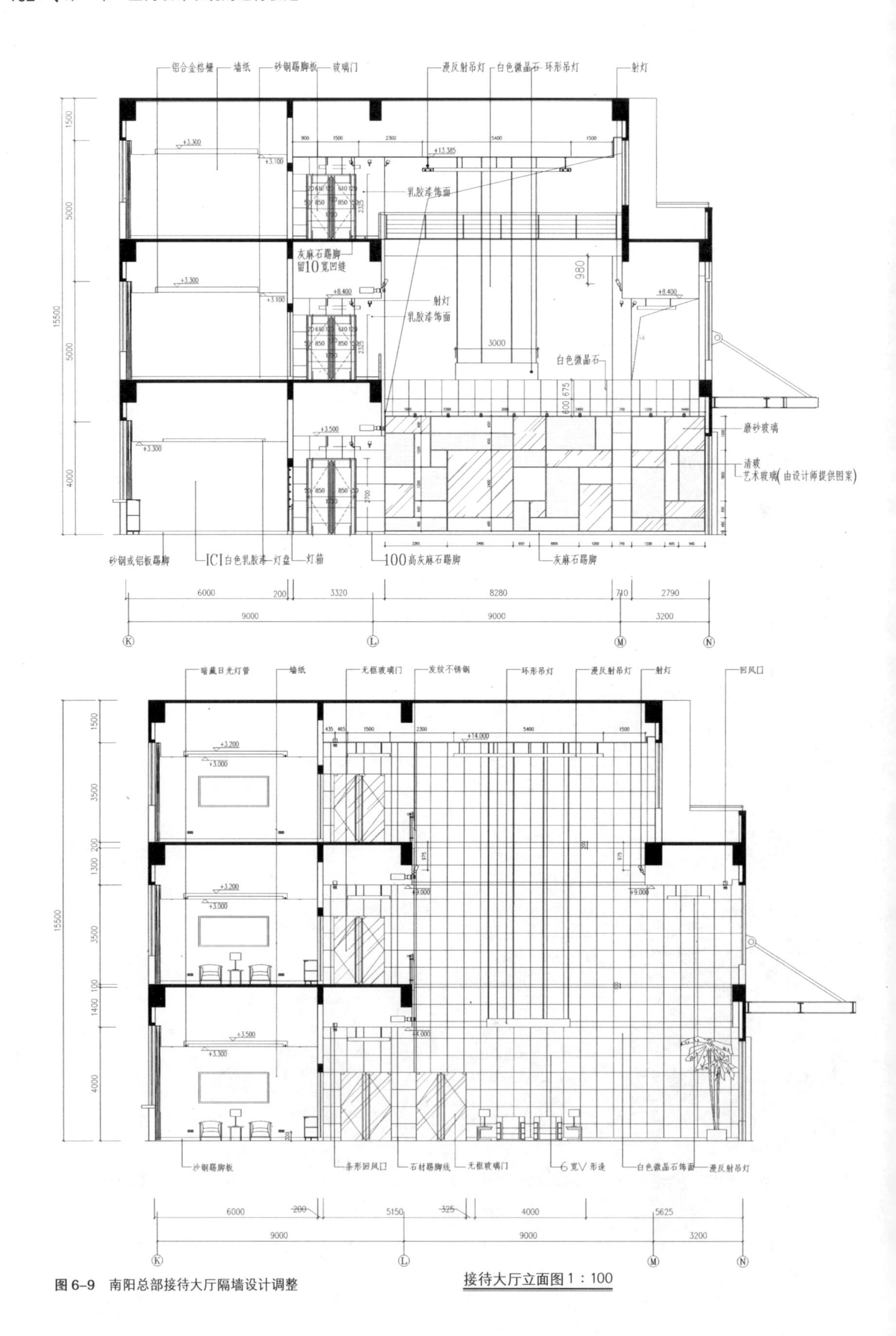

图 6-9　南阳总部接待大厅隔墙设计调整

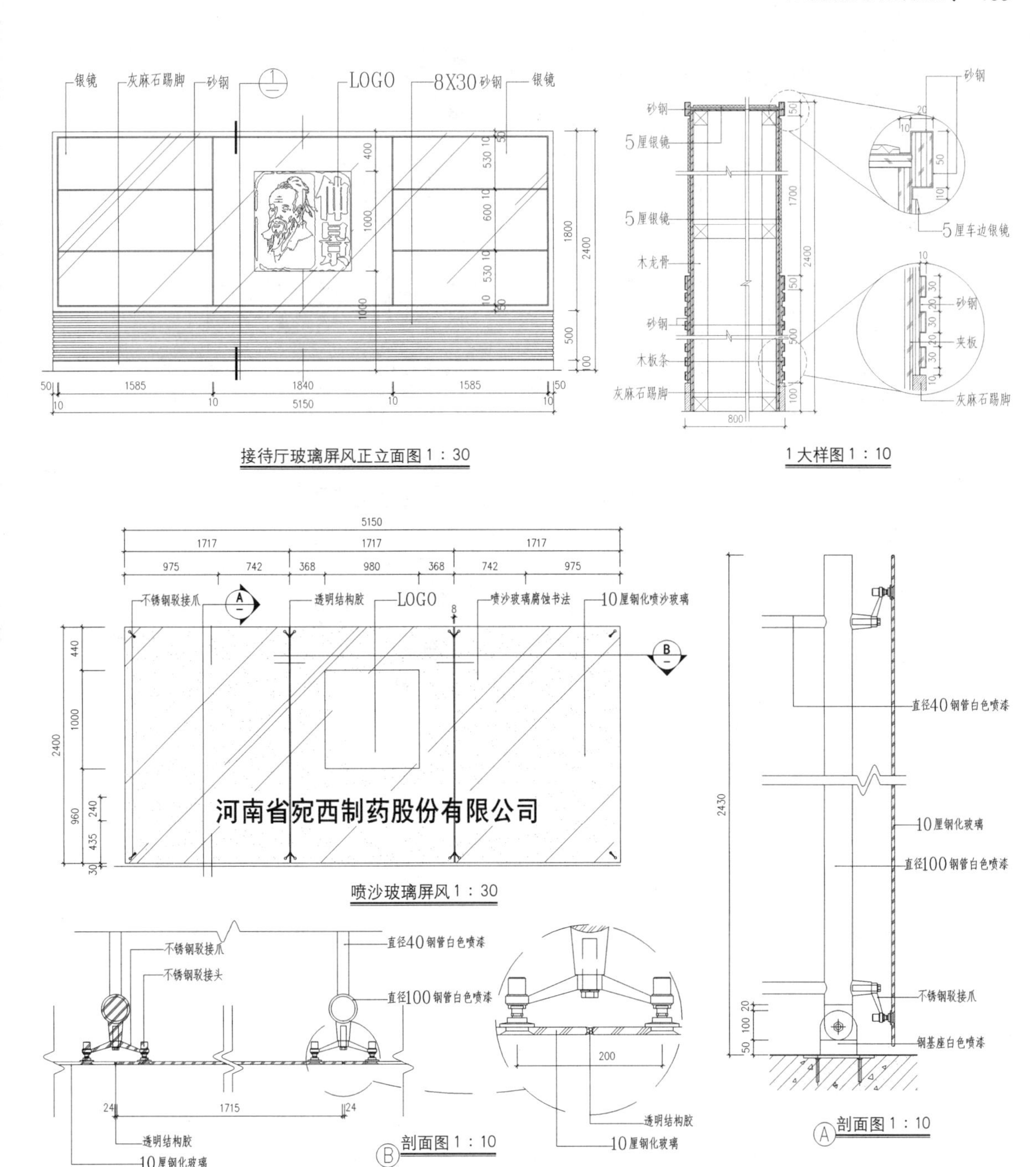

图 6-10 南阳总部接待大厅玻璃屏风设计调整

具布置都根据甲方所提出的意见作了一定程度的修改（图 6-13）。

案例 6-3-3 江西中医学院留学生楼室内设计所耗时间则更短，仅为 15 天。制图人员基本上都是相关专业的大三的学生。刚开始接手时，他们连尺寸标注、文字标注、图纸索引都不会，如何由平面图来生成立面图和剖面图都要学习，更别说考虑相关的大样图和节点详图。时间如此紧迫，相关工作人员又经验不足，不难想象，这样的设计总会出现一些毛病。

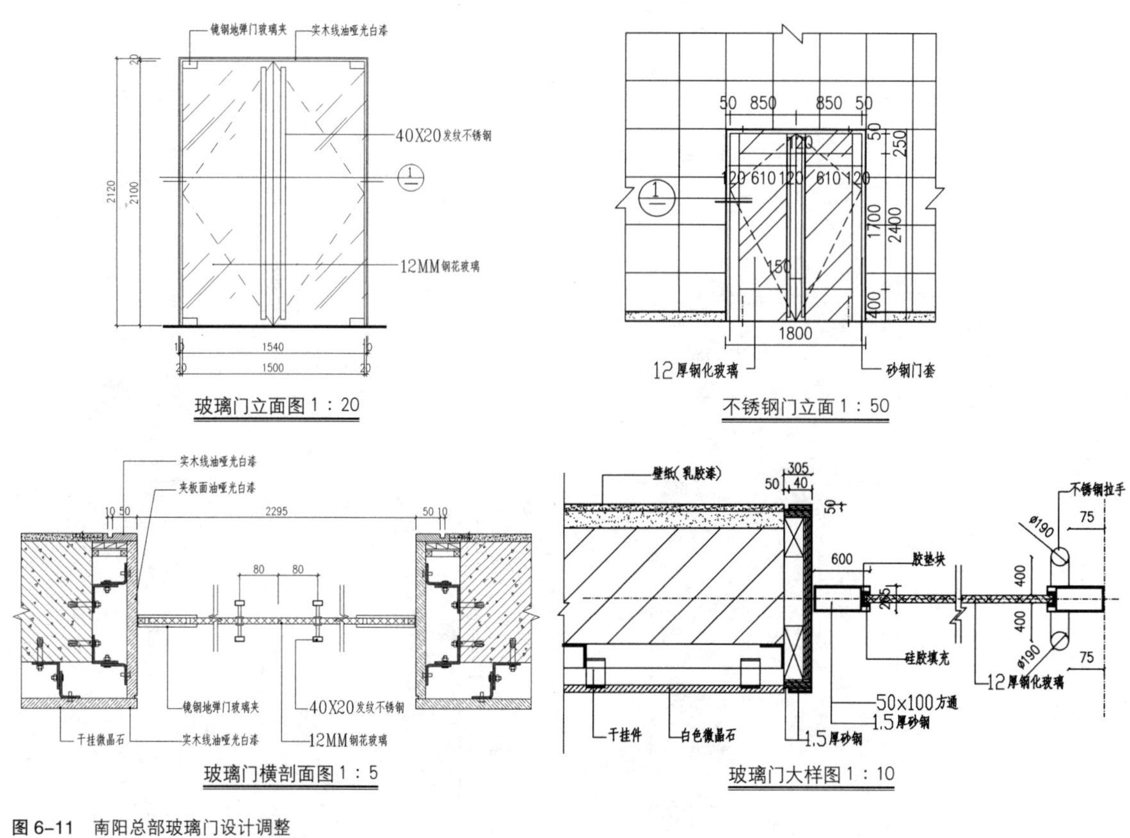

图 6-11　南阳总部玻璃门设计调整

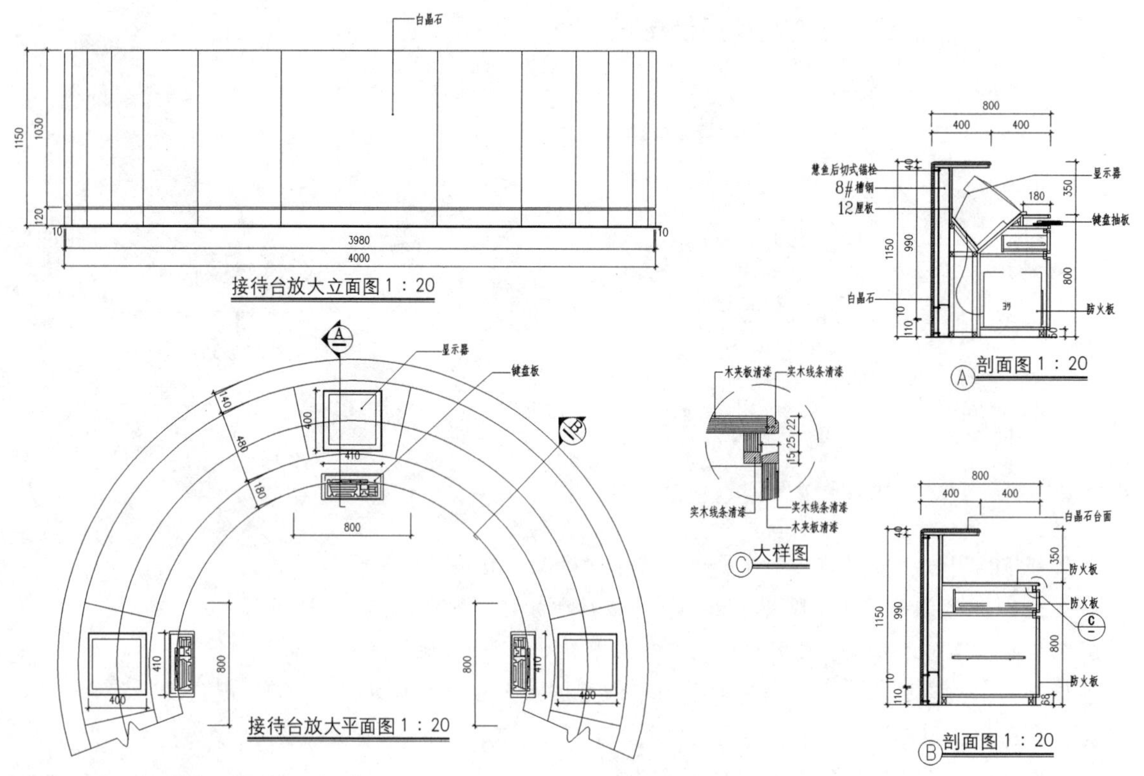

图 6-12　南阳总部接待大厅接待台设计调整

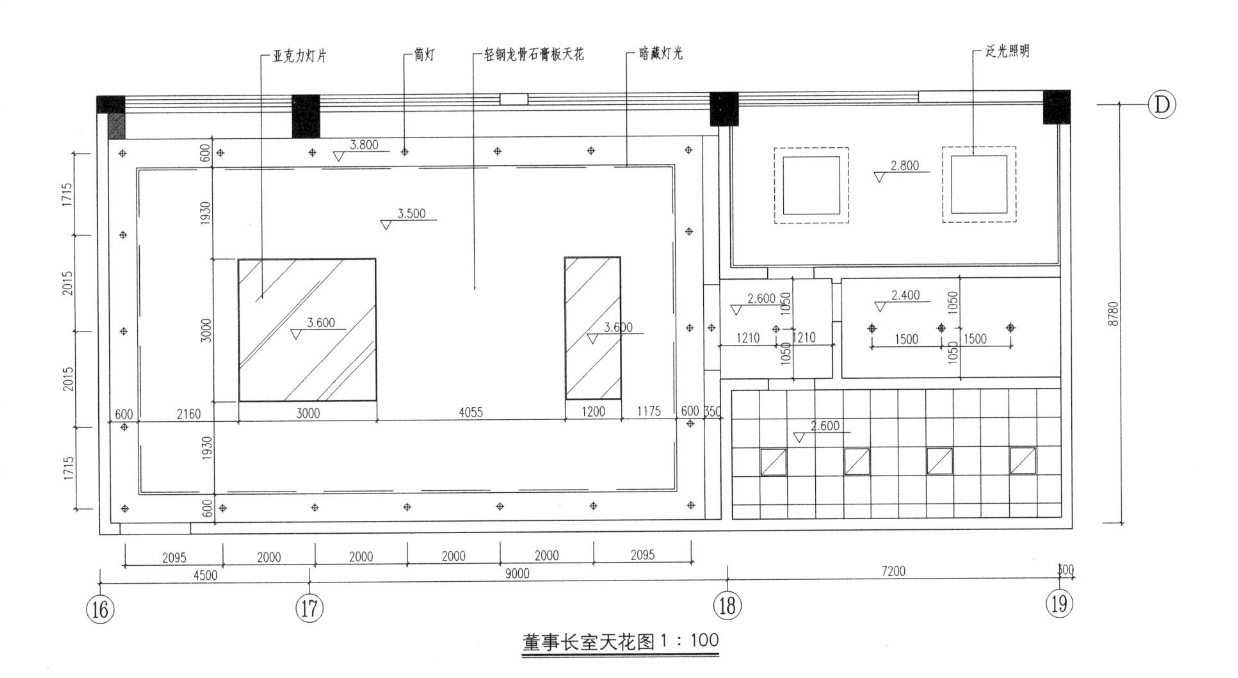

董事长室天花图 1：100

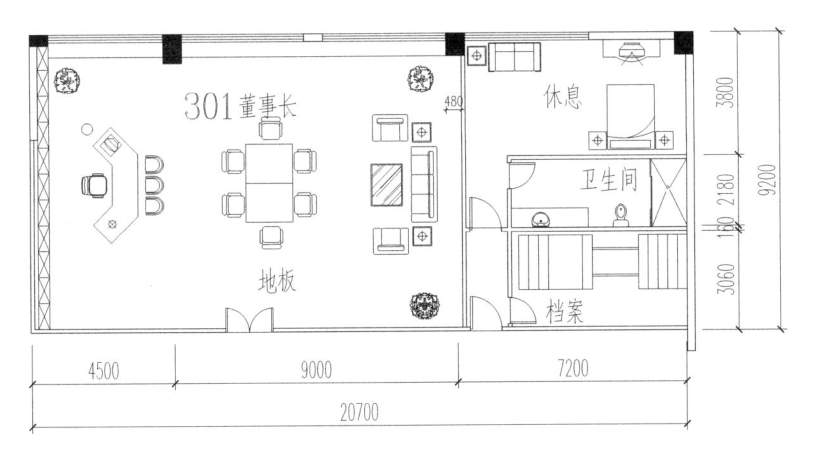

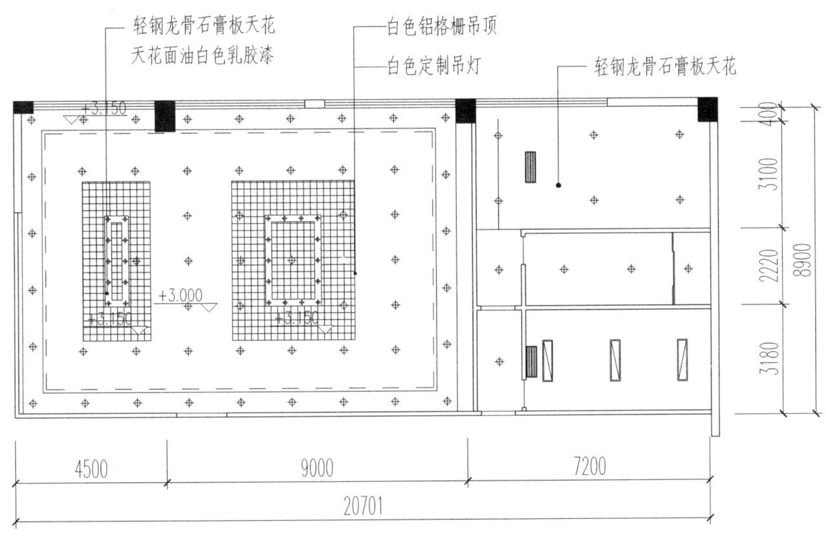

图 6-13 南阳总部三层董事长办公区设计调整

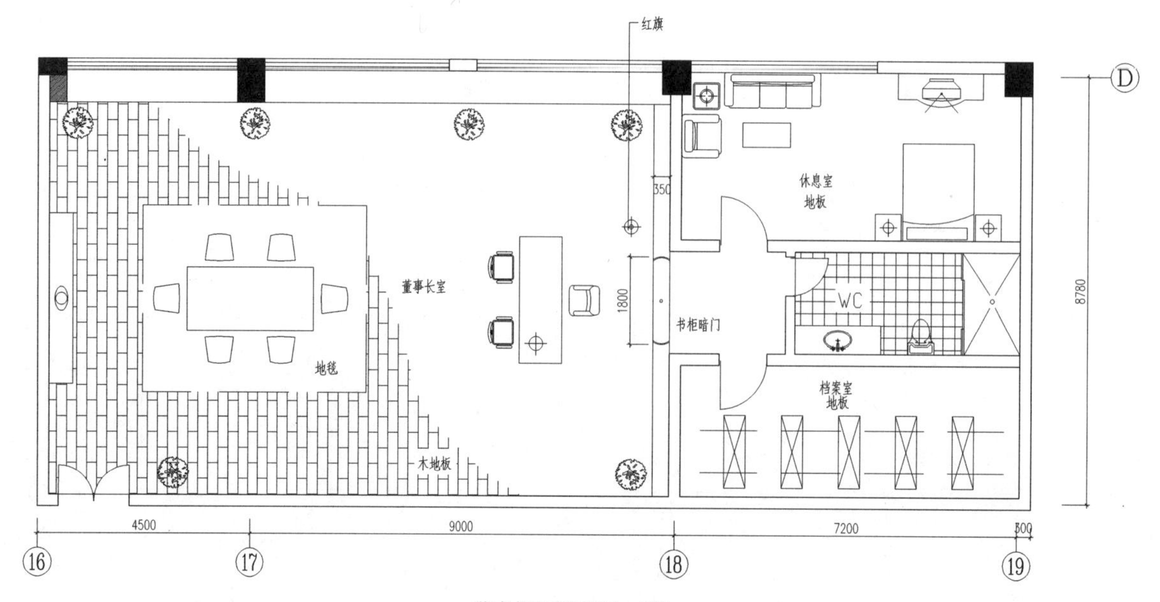

董事长室平面图 1：100

图 6–13　南阳总部三层董事长办公区设计调整（续）

为此，在施工过程中，设计人员对原设计方案作了一定程度的优化，主要有这几个方面：

(1) 对原方案中二层裙楼部分办公室、接待室、会议室和豪华套房的内部空间分割、家具布置都作了调整和变化（图 6-14）。

(2) 原方案设计中，大堂顶棚为白色亚克力灯片吊顶，后改为纸面石膏板吊顶（图 6-15）。

(3) 原方案设计中，二层走廊为灰色大理石墙面，后改为白色复合铝板造型墙面（图 6-16）。

(4) 原方案设计中，大堂背景墙为黑橡木饰面，后改为灰麻大理石与云石灯片相嵌装饰（图 6-17）。

(5) 原方案设计中，大堂的楼梯为大理石踏步，后更改为夹胶钢化玻璃踏步（图 6-18）。

2. 施工工艺的优化

当由于施工原因所造成的原设计不能顺利实施时，设计人员根据具体情况所作的设计变更可称为施工优化，也是施工工艺的优化。主要有这样一些问题：对原设计中节点处理的调整；对原设计造型设计的调整。这在室内设计的实施阶段也是不可避免的，有时由于设计人员对施工工艺不是特别了解，原设计中的施工工艺可能存在一些问题，这时，与施工人员协商解决，既可解决实际的问题和困难，又可使设计人员的构造知识、专业水平得到提高。

案例 6–3–4 河南宛西制药南阳总部办公楼室内装饰工程，在施工过程中，由于按原设计中的一些要求和做法有些工作难以完成，施工单位给设计人员提出了许多建议，设计人员相应地对原设计作了一定程度的更改，主要有这

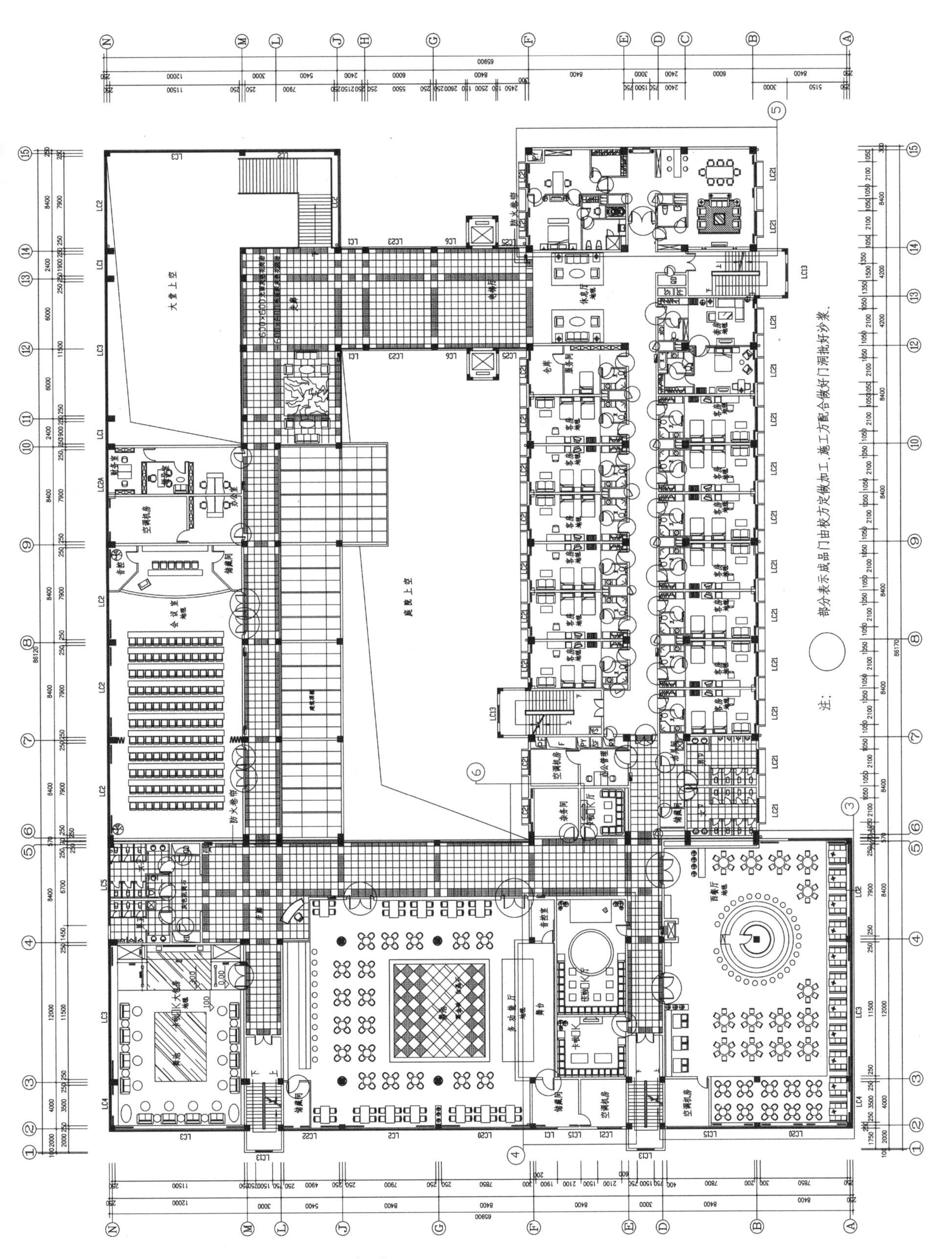

图 6-14 江西中医学院留学生楼二层裙楼部分平面设计调整

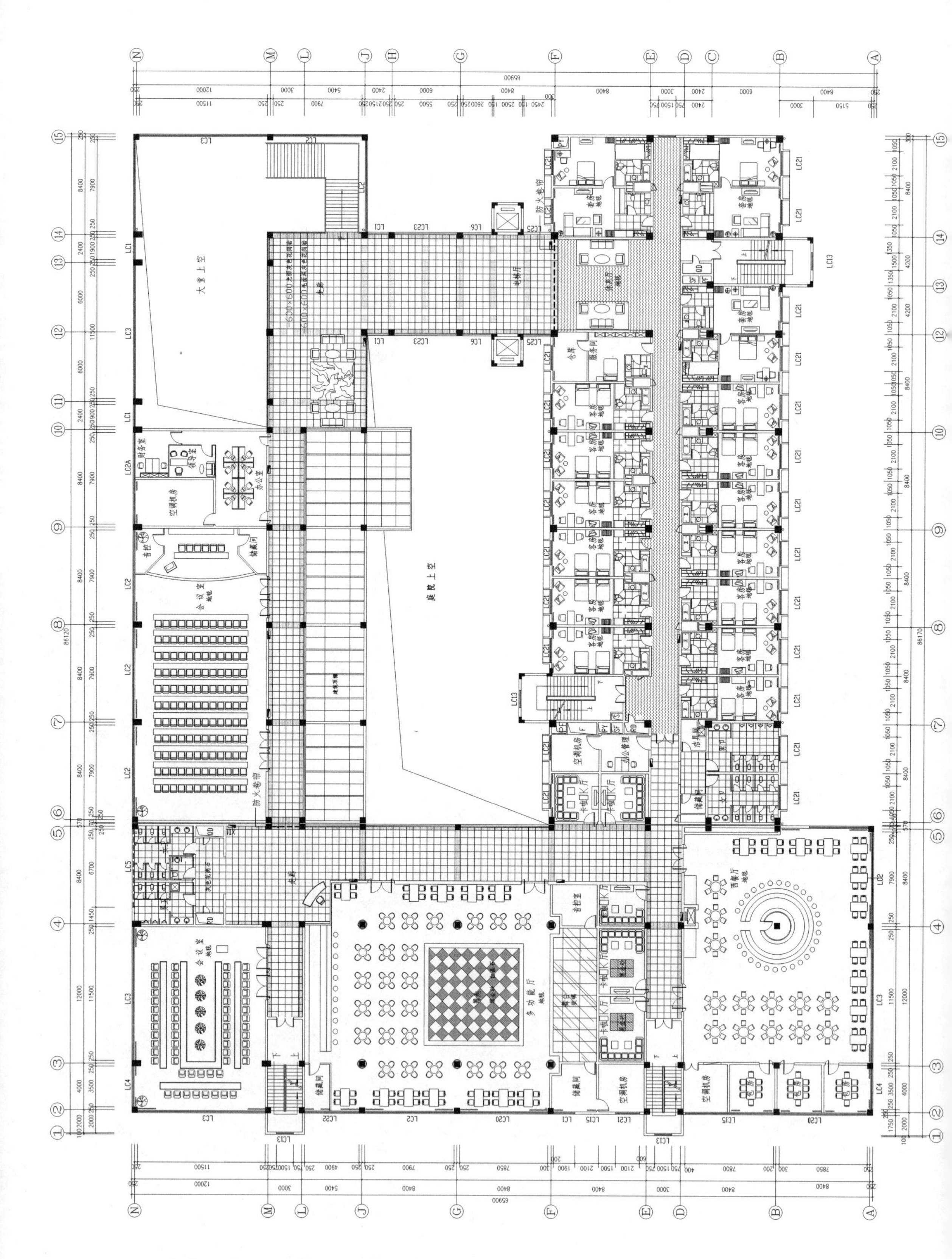

图 6-14　江西中医学院留学生楼二层裙楼部分平面设计调整（续）

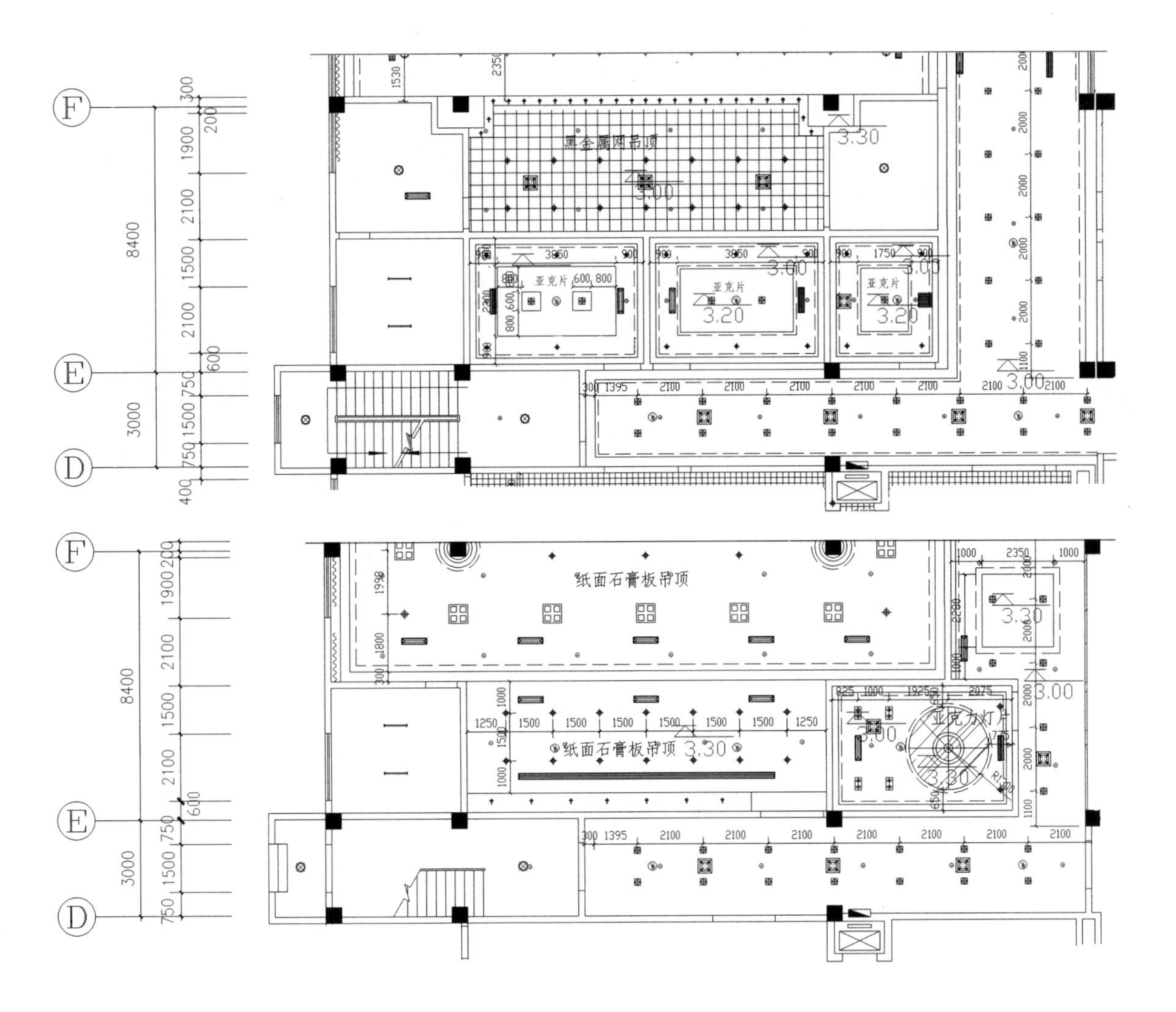

图 6-15 江西中医学院留学生楼大堂顶面设计调整

几个方面：

(1) 原方案设计中，楼梯间和大厅的微晶石墙面采用背拴式施工法，但由于现场墙面为轻质砖，不能将连接件直接固定在墙体里面，后改为满墙焊钢架，用干挂法施工（图 6-19）。

(2) 原方案设计中，多功能墙面大型装饰画采用在木夹板基层粘贴的做法，后改为将画面分块固定在基层板上而后采用装配法安装而成，既利于施工又可确保质量（图 6-20）。

(3) 原方案设计中，接待大厅屏风为点式驳接做法，后改为用夹板做基层，而后在其上贴玻璃再嵌不锈钢的施工方法（图 6-21）。

(4) 原方案设计中，接待大厅内圆形接待台内部构架为槽钢钢架焊接，后改为多层板做基层，更利于造型制作和移动（图 6-22）。

3. 装饰材料的优化

由于现场施工条件及当地材料供应等原因，一时供应不上与设计相符的材料，在不影响工程质量的前提下进行装饰材料的代换。一般情况下，这种装饰

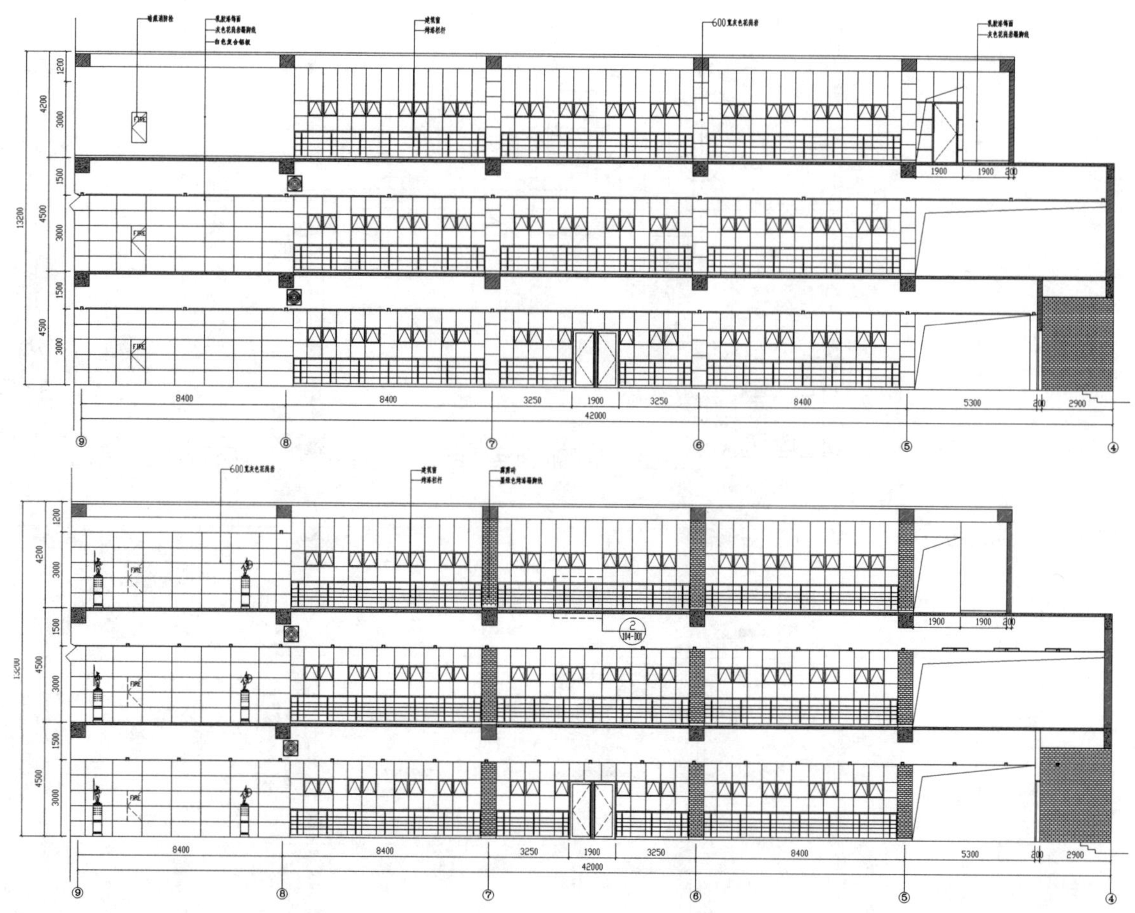

图 6–16　江西中医学院留学生楼裙楼公共走廊设计调整

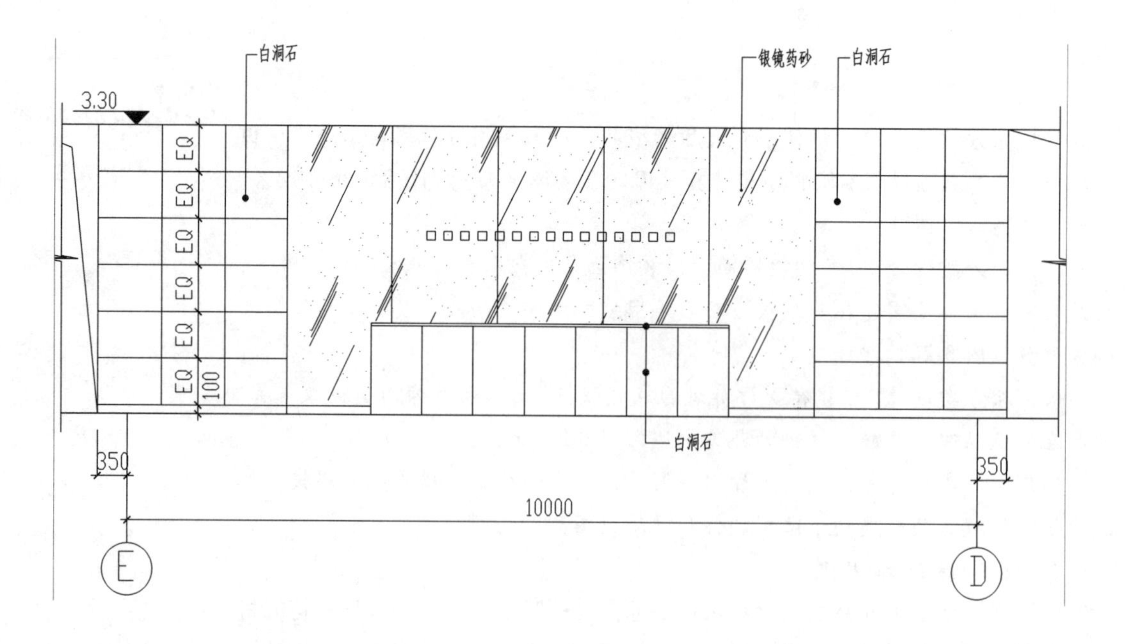

图 6–17　江西中医学院留学生楼大堂主立面设计调整

图 6–18 江西中医学院留学生楼大堂楼梯设计调整

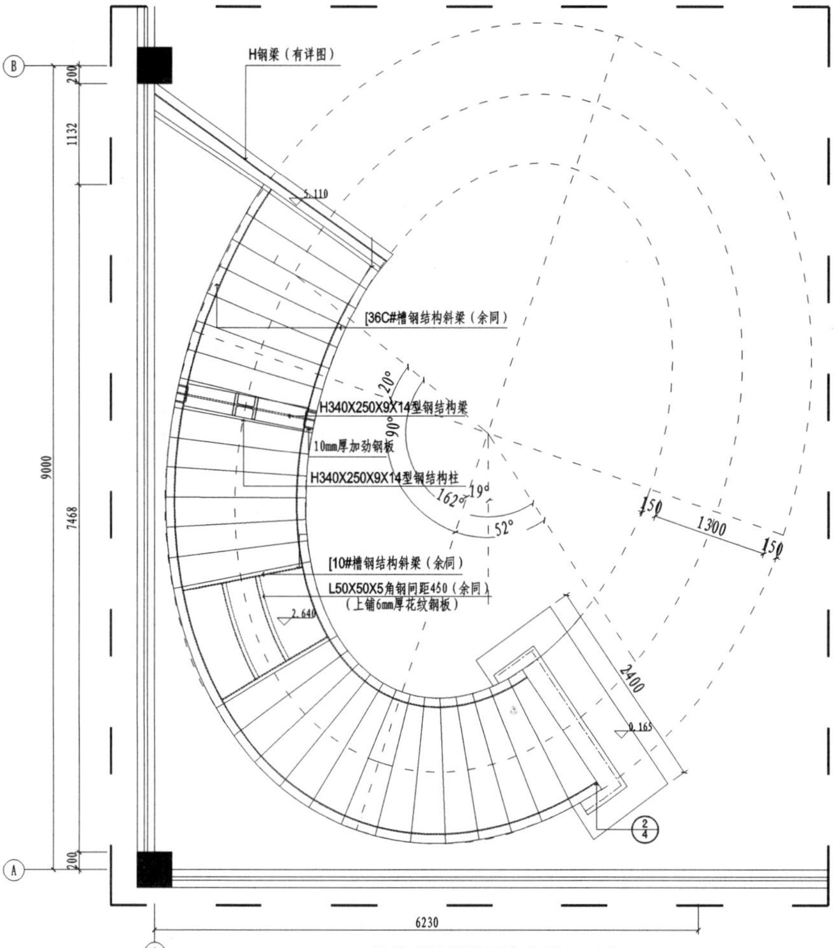
B
A
1
H钢梁（有详图）
5.110
[36C#槽钢结构斜梁（余同）
H340X250X9X14型钢结构梁
10mm厚加劲钢板
H340X250X9X14型钢结构柱
[10#槽钢结构斜梁（余同）
L50X50X5角钢间距450（余同）
（上铺6mm厚花纹钢板）
2.640
0.165
20°
90°
162°
19°
52°
150
1300
150
2400
200
1132
9000
7468
200
6230

一层楼梯结构平面定位图 1：40

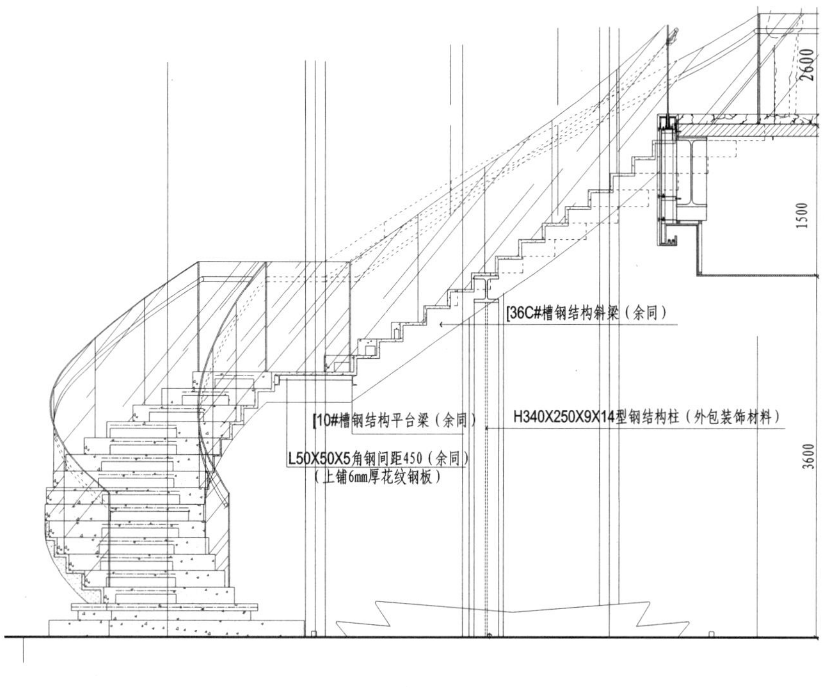
2600
1500
3600
[36C#槽钢结构斜梁（余同）
[10#槽钢结构平台梁（余同）
H340X250X9X14型钢结构柱（外包装饰材料）
L50X50X5角钢间距450（余同）
（上铺6mm厚花纹钢板）

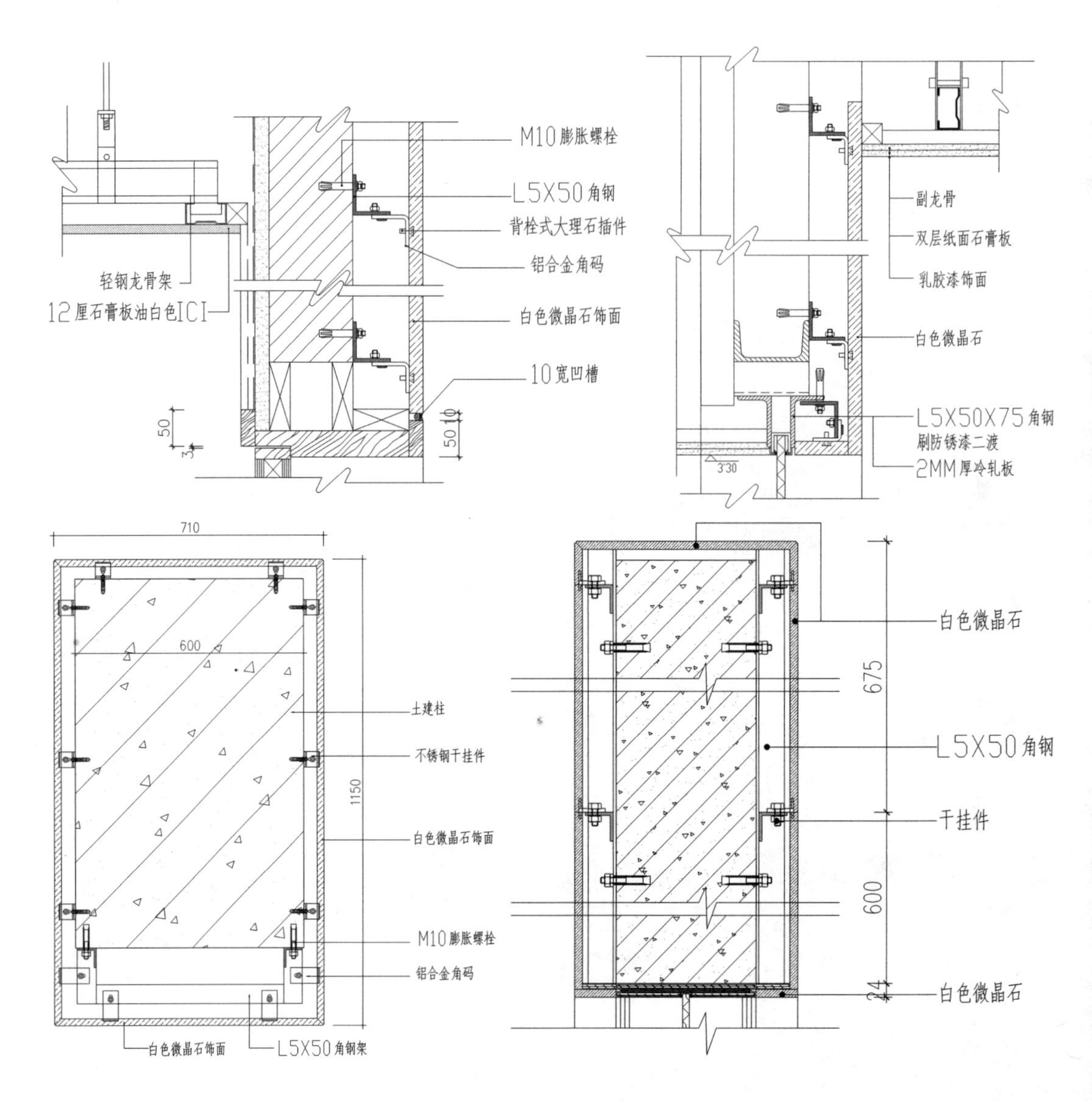

图 6–19　南阳总部微晶石墙面施工方法设计调整

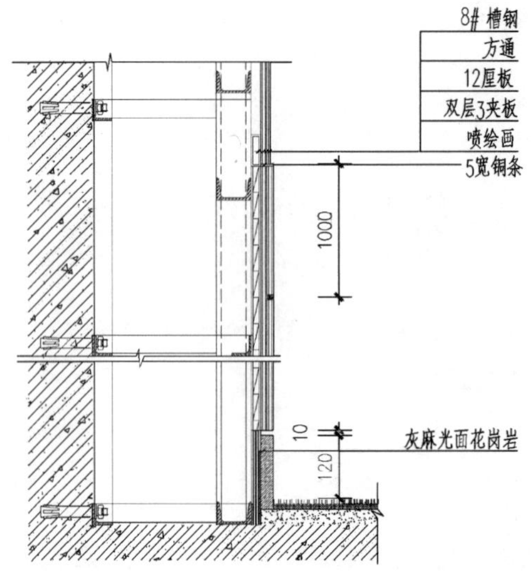

图 6–20　南阳总部多功能厅墙面施工方法设计调整

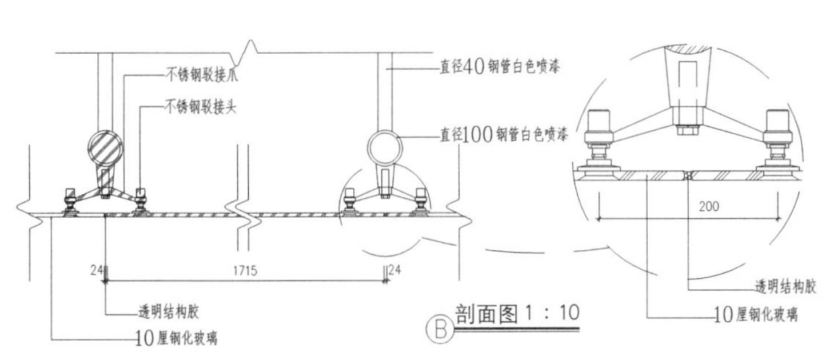

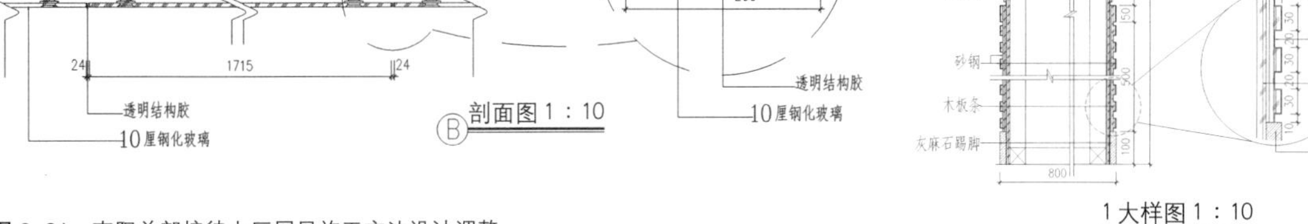

图 6-21　南阳总部接待大厅屏风施工方法设计调整

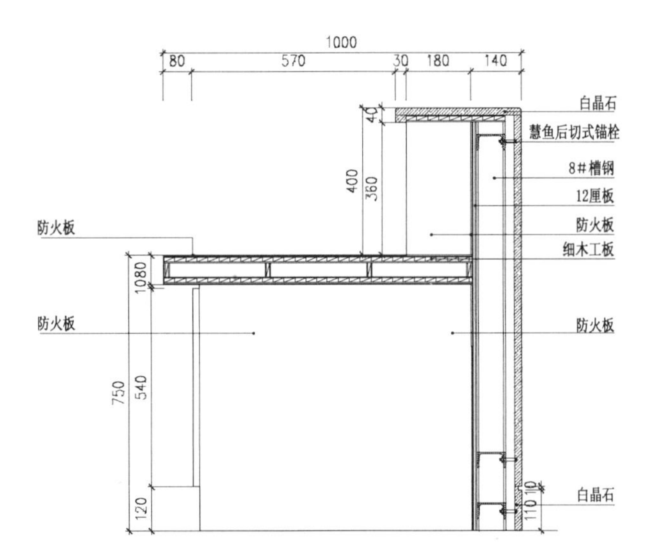

图 6-22　南阳总部接待大厅接待台施工方法设计调整

材料的置换不是很多，有时是由业主或施工方在设计方认可的情况下进行处理的，处理得当的话也能优化原来的设计。

对于在方案实施过程中所出现的材料替换、施工工艺的调整、设计方案的变化，室内设计人员应在充分认识到这个工作的必要性的基础上，在不过多超出预算、不影响施工工期的前提下根据具体情况积极地进行，以对原设计进行补充、优化和修正，从而创造出更合理、更美观、更宜人的室内空间环境。

6.4 后期陈设与设施选配

在室内设计中，空间是室内设计的灵魂，界面是室内设计的介质，陈设则是室内设计的棋子。[14]一个好的室内设计的创造，离不开空间的感觉、界面的装饰，更离不开这些棋子的装点。当所有的室内空间、界面装饰工作完成之后，后期家具、灯具、装饰、陈设、绿化的设计和选配工作就走上了前台。这是室内设计中非常重要的一环，它不仅会影响室内空间的功能和性质，而且会因所选的产品的形象而影响室内空间的整体氛围。室内设计的后期配置是室内设计在空间和界面完成之后装点空间的关键要素，是对室内设计的补充和完善，是室内设计的收官之笔。

6.4.1 家具的设计与选配

一般来说，家具是供人坐、卧、搁、架和从事案头工作所需要的实用家什。在室内空间里，家具应被看作为各种空间关系的一种构成成分，它有着特定的空间含义。人们的特定活动要求有特定的空间，完成特定的行为、动作，则要求有特制的、满足一定功能要求的家具和家具的组合方式。[15]

家具本身受其所在空间的服务质量和艺术效果的影响。例如居住空间的形状会限制满足居住功能的特定家具，如床、柜、椅、桌等的尺度、形状和组合方式。反过来，这些家具的色彩、造型和它们宜人的程度又影响着使用者对此空间的使用评价和心理感受。家具相对于室内空间来讲，是有可动性的。设计师往往利用家具作为灵活的空间构件来调节内部空间关系、变换空间使用功能，或者提高室内空间的利用效率。另一方面，家具相对于室内纺织品和装饰物来讲，又有一定的固定性。家具布置一旦定位、定形，人们的行动路线，房间的使用功能，装饰品的观赏点和布置手段都会相对固定了。家具的这种既可动又不可轻易动的特性规定了家具作为室内空间构成构件的重要地位，更何况在现实社会里，大量的住宅、办公楼、商场等建筑内部空间形象本来就很单调，建筑界所谓“方盒子”式的建筑设计作风一时还不能完全改变，因此，利用家具来改善内部空间艺术质量还是很有必要的，也是十分奏效的室内设计手段。在室内空间中，家具的实用性和艺术表现力使之获得了充分的空间意义。所以，在处理有关家具的设计和配置问题时，不能脱离整体、脱离统一的室内空间组合要求来孤立地解决家具的设计与陈设布置问题。室内设计师有必要了解家具的类型、造价及与家具有关的人体工程学知识，把握在室内空间中对家具进行合理布局的一般原则。

一般而言，家具与室内空间的关系是设计师从事室内设计的关键问题。有这样一些问题值得设计师去考虑和探讨：

首先应考虑的仍然是使用功能问题。一切都得从使用者的实际要求入手，从研究人在特定空间中的特定行为入手，例如在舞厅里，人以跳舞为主、休息为辅，所以家具的设计只限于少许桌、椅和部分演奏员的工作位子即可，东西少了就要做得精，材料、色彩、款式要与舞厅的格调一致。在设计宾馆的成套客房时，就得以人的起居休息为主要实用功能，根据宾馆的级别，按可能的投资额选用成套的家具产品。在设计视听厅堂时，就得关心批量生产，选择价廉物美的固定座椅，以服务于许多人的共同行为。室内空间的不同使用功能规定着不同类型家具的选择。如果在教室里布满了五花八门的桌椅，在宾馆客房里塞许多立柜，肯定是既不经济，又不合乎实际的。

除了实用之外，家具本身还有一定的“说明性”。“家具可以作为室内空间的标志，并显示出本身的属性。”[16]因此，设计师在选择和陈设家具时，对家具的“性格”要有了解，根据形象、色彩、用材、尺度的各种差异按不同场合的要求设置不同规格的家具。在实际生活中，我们常常碰到许多家具乱放的现象，比如将在咖啡室用的华巧钢管椅放到了庄重的会客室里，把就餐椅放进了客房里，把家用沙发摆到了大厅之中等。虽说这些座椅都满足了坐的功能，但由于布置者未深入了解家具的“性格”，因而错放了地点，使室内空间的属性模糊，以致降低了规格和影响了整体的空间气氛。我们要求选用或设计家具要与室内空间协调，即有一种“对话”的关系。如果比作“一台戏”，那么，作为重要角色的家具，除了要反映自己本色的“性格”之外，它还有一个“举止风度”的问题。家具可以非常“随和”地与建筑作风保持一致,也可以非常“顽强”地表现自己。在室内空间的不同部位、不同角度，家具则应有其不同的姿态。在旅馆的门厅里，组合沙发就像拉起手来的人，以其集合形象要么占据空间中的显要位置，要么非常“谦逊”地退到边角部位。在办公室里，经理或者某要员的桌椅总是摆在特殊的位置，甚至有时还有意倾斜一定角度以显示使用者的特殊地位。但是，这并不等于说家具的陈设可随心所欲。

无论怎样变化，家具的设计与陈设都得从室内空间的整体效果着眼。在处理家具与室内环境的关系时，一般讲来，有两种办法：一是对比，二是统一。试图取得家具与室内的对比效果，可以在家具的色彩、造型风格上做文章，使之有别于建筑环境。这种做法往往能起到画龙点睛、活跃室内气氛的作用。在大多数室内环境中，家具设计手法与建筑内部空间设计相互讲究和谐、统一的做法居多。在现代建筑的内部空间里，光洁、挺拔的内部空间形象和家具的材质和构造手法必然有一定的关系；大量现代化、模数化、批量化的工业产品对家具的色彩、造型也有一定的形式美的要求。

家具设计与布置的最后一个问题是如何关注人的问题。家具能用并不等于它令人感到舒适；家具布置得合理并不等于它合乎使用者的心理要求。“人是环境的主宰，室内空间中的一切东西都是以人为中心的。”[17]要让人舒适，就要研究家具的尺度和细部做法。要满足主人的心理要求，就得研究使用者的职业、地位、年龄、习惯、民族特点。

案例 6-4-1 在江中会所的室内设计中，由于设计师的精力有限，对于家具的选择没有予以足够的重视，最后是由另外一个家具厂给配置的。由于家具配置人员对于室内设计的整体空间氛围和设计思路未能理解，在一个非常现代的空间里配置了一些西洋古典和中式古典的家具，再加上许多或自然风、或现代风等多种风格的家具，对整个室内的环境氛围造成了极大的破坏（图 6-23）。

案例 6-4-2 在江西中医学院留学生楼的室内设计中，设计人员就对家具这一环节给予了充分的关注。在做完整个室内空间和界面装饰设计后，设计人员花了大量的时间和精力在所要使用的家具的设计和选择工作上，对于一些批量的、关键的家具，出具详细的图纸，并送交具有加工能力的家具厂加工。这样，室内空间中所用的家具在造型、色彩、材质、风格等方面都能和室内空间的氛围完美统一，也使得一个完整的室内设计系统得以完成（图 6-24）。

图 6-23　江中会所室内家具现场照片

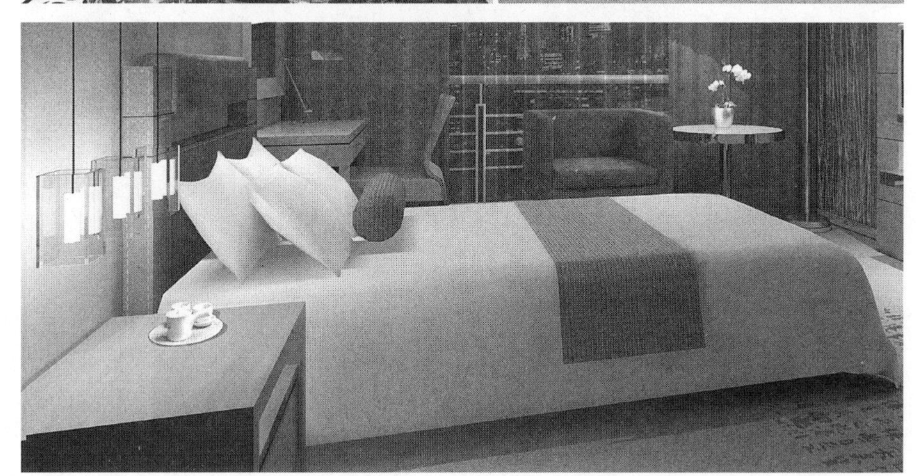

图 6-24　江西中医学留学生楼室内家具设计效果

在这里，要特别强调一个新的问题，那就是家具与室内两个行业在生产方式上的有效结合的问题。从行业关系上看，家具与室内，是两个靠得很近的行业，做室内设计的人经常要做一些家具设计，做家具设计的人也会考虑一下室内设计的事情。但是，从现实情况出发，两个行业间的维系方式至今仍显得十分落后，各自的资源优势均未被有效地加以利用。如果能细致分析两者各自的长处和缺陷并适度地加以调整和利用，使两者优势互补、资源共享，也许对家具业与室内业都是一个福音。

在现今的家具业与室内业有这样一个奇怪的现象。相对而言，"现在的室内业是设计强而加工弱，家具业则是加工强而设计弱。"[18]一方面，家具界有好的加工手段，却不能以"客户为中心"实现设计创新；另一方面，室内界有好的设计思路和想法，却还在用十分落后的手段实现加工制作。两方面在面对客户时，都不能做得尽善尽美。在这种情况下，走“资源整合”的新路，拆除两业之间无形的墙，试试两者之间的资源互补也许是一个可行的方案。

案例 6-4-3 深圳雅俗文化家具有限公司为了与室内设计师密切合作，进一步开拓业务，开设了专门与室内设计师合作的部门，派专人常驻专卖店现场，处理室内设计师对家具提出的设计方案和修改问题。对于固定家具和门扇则按设计师的要求在施工现场量出具体尺寸，根据设计在生产车间加工，而后运到施工现场直接加工即可。这样既提升了自身的业务量和设计水平，又较好地为室内设计提供了设计产品，同时也节约了室内装修的施工时间。

案例 6-4-4 上海大华装饰工程有限公司在进行上海南洋大酒店宴会厅和客房的室内装修时，由于整个墙面都是樱桃木饰面板，还有一些固定家具也是木质材料做成的，工作量相当大，而且甲方要求的施工周期非常短，只有 40 天。如果是按常规由木工在现场施工，做骨架，封基层板，再在上面贴木夹板饰面，再由油漆工一遍一遍地刮腻子、做底漆、罩面漆，不知道什么时候才能完工。经过讨论决定借用家具厂的力量，将部分工作放到家具生产车间去，在现场只做好基层和骨架工作。首先设计好施工方式和装配节点，而后根据现场尺寸按设计要求做好分割和加工图，将具体资料提供给工厂。在工厂则是由另外一套班子根据提供的资料，以生产家具的方法和工艺进行大批量生产。等现场其他工作做完后，饰面板和家具也在家具厂做好了，拉到现场安装就行。这样，不仅施工周期短（30 天就完成了），而且施工质量好，从油漆到接口各环节都比以前在现场施工的结果要强。

站在高一点的层面上看问题，室内设计与家具设计，室内行业与家具行业逐步走到一起，寻求两者的优势互补，追求资源，是行业发展的一个必然趋势。在进行室内设计时，更多地想到家具问题，更多地借用家具业的力量将室内设计的问题简化，也许是优化室内设计系统的一个美好的选择。

6.4.2 灯具的设计与选配

从实用的角度来看，“灯具在室内环境中起着调节室内光照条件的作用。”[19]同时，利用人工照明的手段，有意识地强调室内环境的某些要素，或是强调室内环境的某种格调，也能够达到渲染室内气氛的目的。至于照明的设计和光环境的创造，笔者在前面已经有专门论述，这里主要就灯具的设计与选择展开讨论。

对室内设计来说，大多数的灯具是直接选用市场上五花八门的工业产品。现在的灯具市场可谓空前发达，各种款式、规格、大小的灯具层出不穷，像筒灯、吸顶灯、吊灯、射灯、走珠灯、白炽灯、金卤灯、氙灯、氩灯等适用于不同场合、不同要求的灯具比比皆是，灯光的颜色也是红、橙、黄、绿、青、蓝、紫样样都有。面对这样一个种类繁多、风格各异的灯具市场，如何利用它们来创造舒适、美观的室内环境，关键就看设计师的选择与搭配能力。

对于灯具的使用，最好是从整体和局部两个方面来考虑。从整体上考虑，就是使室内空间中的照度均匀分布。此时，要考虑的是灯具设置的高度、灯具的间隔及光线从灯具中射出的方式。这时，可选择筒灯或灯盘，采取有规律的阵列布置方式或以日光灯管所组成的发光灯带或发光顶棚的方式来解决。只是在使用发光顶棚时要注意一个问题，那就是灯片的分割尺寸和灯箱的散热及防止小虫进入的问题。如果分割尺寸过小，会影响空间的整体氛围；如果分割尺寸过大，又容易使发光灯片产生变形。另外，还要注意在灯箱的背部留出一些小孔以利散发由于灯具使用而产生的热量，否则就会造成灯片变形和缩短寿命。从局部上考虑，则是在某些特定的位置上增设灯具，以加强室内某些物品或区域上的照度，以突出室内空间中的重点。在具体的工作之中，常通过加设吊灯、射灯（轨道灯）和壁灯来加强某些局部上的照度水平。局部照明的应用有利于营造空间环境的层次感，关键就在于灯具的选择和布置的方法。

案例 6-4-5 有时出于特定的设计目的的需要，设计师在选用大量成品灯具的同时也会设计一些灯具。在南阳总部室内设计中就设计了几种不同造型、尺度、材质的灯具，以配合室内空间氛围的营造。

在三个大厅中，设计师最初结合建筑的梁柱关系设计了一系列大体量的、矩形的、白色的、铁板烤漆的、内藏日光灯管的灯具，以大面积的泛光照亮整个大厅的吊顶，突出空间的高度和升腾的感觉。后来考虑到向下照明和材料的成本和施工方便的问题，将光源改为上射光和下射光，在提供大厅环境照明的基础上照亮大厅的整个顶面，以烘托简洁、现代、高效、透亮的室内气氛，并且将铁板烤漆改为由夹板制作，再在上面喷涂白色乳胶漆，这样既增加了照明的层次性，又降低了材料成本，同时也使灯具与整个天花融为一体。在大厅的几个中心区，相对应地设计了一系列圆形的、深筒的、铁板烤漆的、向下照射的灯具，由白色的钢丝从吊顶下挂至中心区上空，通过造型的突出和光照的呼应，强调了这些中心区在室内空间中的核心地位（图 6-25）。

在大厅的柱面上，结合柱子的照明设计了专用的壁灯，使灯具、装饰、空间有机地结合在一起。原设计柱面都为白色微晶石饰面，由于高达三层，如果就以一个材质走上去，略显单调，设计师根据具体情况对设计作了一些调整，对柱子在一层范围内用白色微晶石做装饰，一层以上则用夹板面饰乳胶漆来处理，对其面向大厅中央的一侧的中间开一条通长的“V”形槽，以镜面不锈钢做饰面，在“V”形槽上、下端埋藏射灯，从而使柱面、大厅显得透亮。同时在一层与二层之间的沿廊部位设计了一个由穿孔不锈钢制成的与“V”形槽成阴阳呼应的壁灯，使其与上部的“V”形槽组成一个有机的整体，在创造空间氛围的同时突出了中医的阴阳调和理论（图 6-26）。

还有就是一至三层的走廊上的灯具设计，也是与现场情况相结合的产物。在最初的方案设计中，我们根据模数关系，沿走廊设计了与大厅的矩形灯具相应的，与走廊相垂直的小条型泛光灯，以配合在走廊上行走时所产生的节奏感。但是，在现场施工时发现这种设计并没能突出大厅的整体空间感，也未能显现

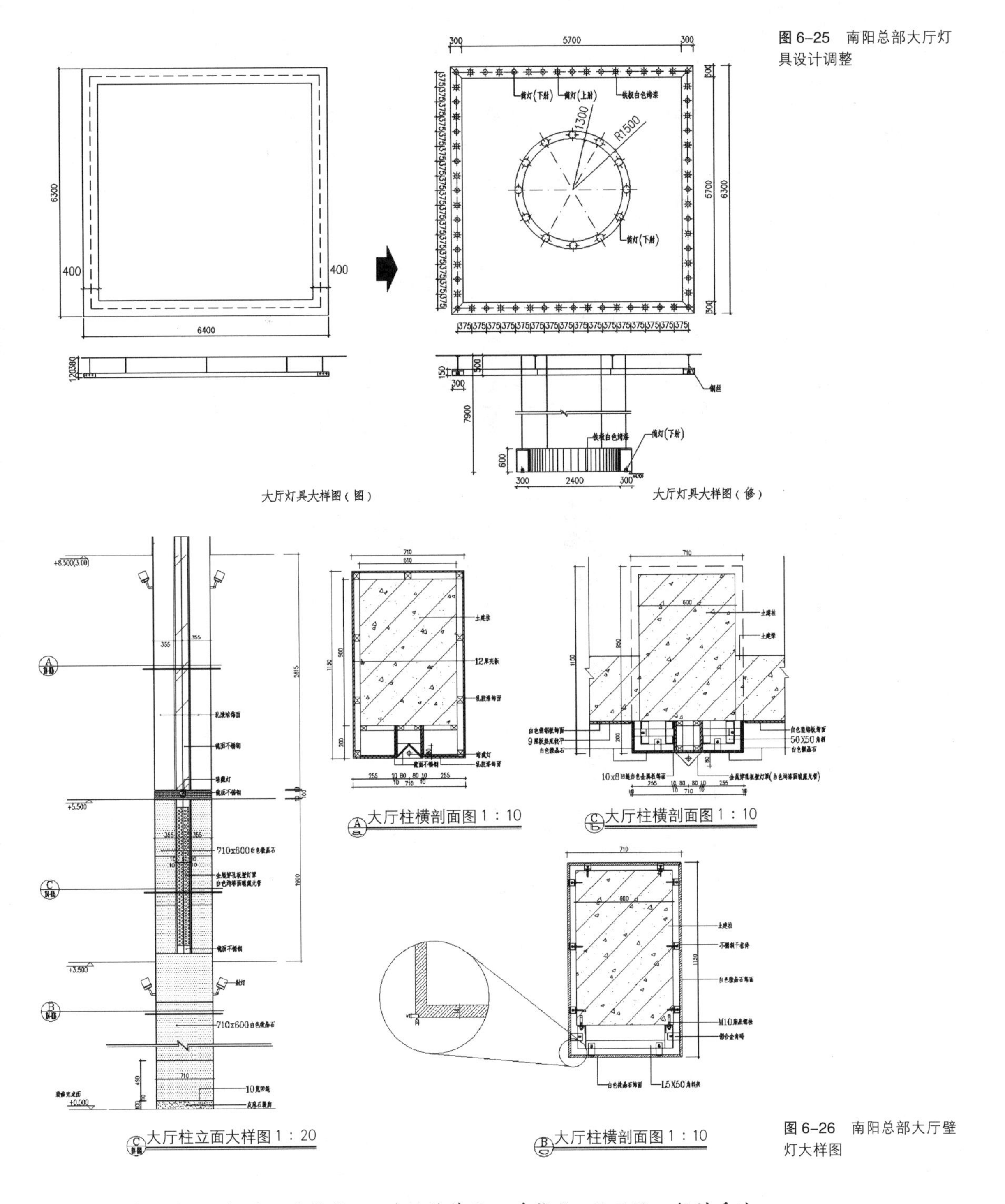

图 6–25　南阳总部大厅灯具设计调整

图 6–26　南阳总部大厅壁灯大样图

出灯具本身的体量。经过一番推敲，又对设计作了一番优化，以不同一般的手法，将灯具当作一个空间构件来处理，使其沿走廊的外侧与走廊成平行的角度来布置，以两块大面的铝板以一定的夹角组合在一起，中间空出一定的距离，镶上磨砂玻璃；在两块铝板的夹缝内走两条平行的、连续的灯带，从而形成了直接光与间接光相呼应的照明方式（图 6-27）。

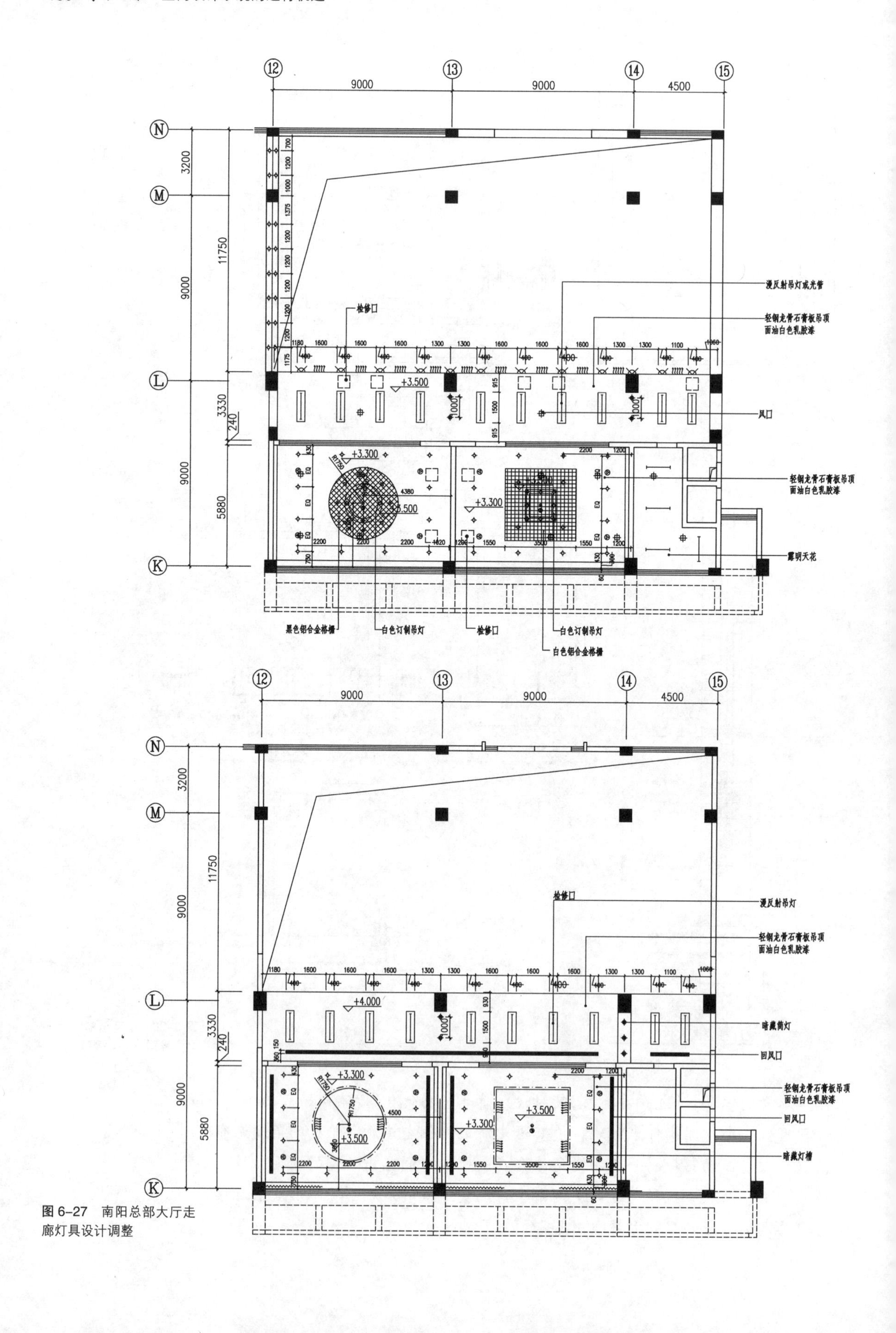

图 6-27　南阳总部大厅走廊灯具设计调整

案例 6-4-6 在虹桥上海城的室内设计中，设计师根据不同功能需要在不同部位设计了几种不同造型、尺度、材质的灯具，以配合室内空间氛围的营造。

由于上海城商场有一个很大的中庭，在中庭两端都设有自动扶梯，为了给宽阔的中庭增添活跃的气氛，设计师在自动扶梯一侧增设了两个通高的玻璃灯柱，既增加了大厅的亮度，又使整个空间更富现代感。另外，在商场公共走廊，设计人员在选用成品灯具满足环境照明和重点照明的基础上，还设计了一些造型独特的吊灯和灯箱，从而使用顾客在选购商品的同时能领略设计师通过不同的灯光和灯具所营造出的商业氛围（图 6-28 ～图 6-31）。

从这些灯具的设计中，我们可以看出对光环境的处理、对空间的营造、对界面的装饰、对细部的处理、对材料的选择、对韵味的追求和对造价的控制等一系列技术性、艺术性和经济性问题的处理和考虑，也体现出了室内设计的设计优化的重要性。

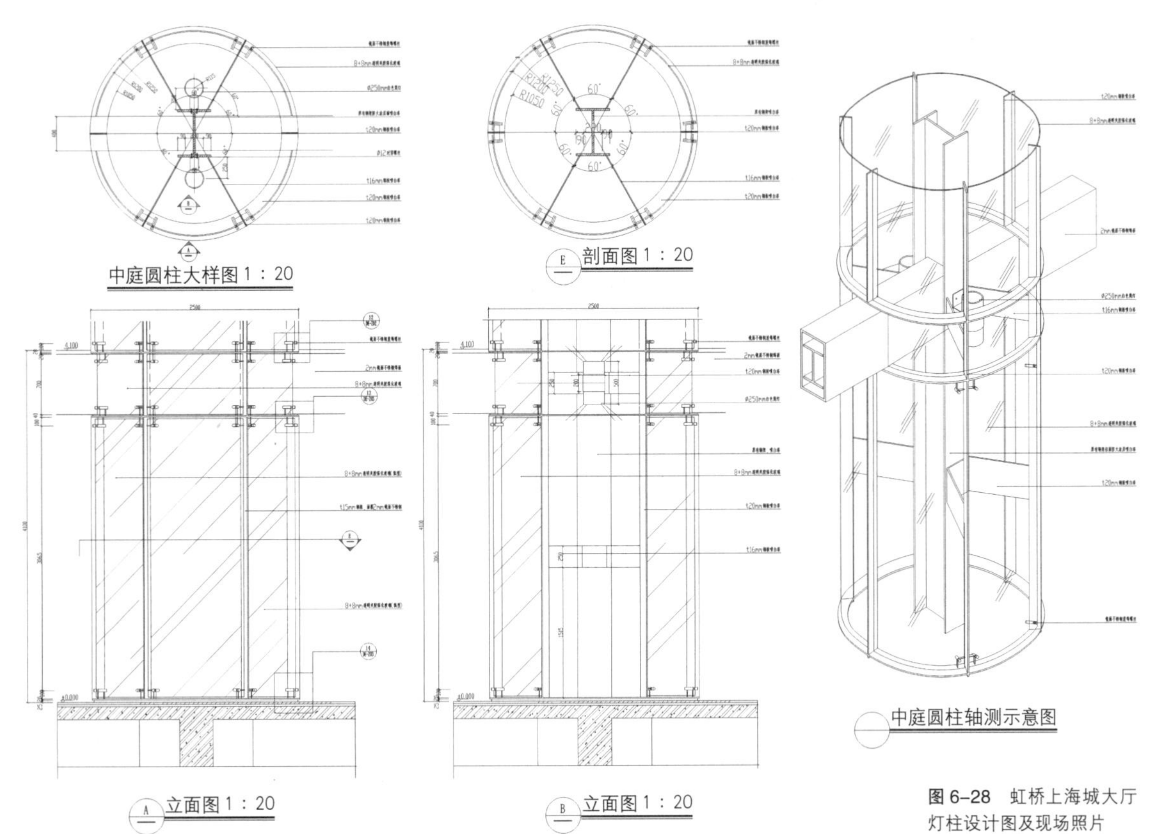

图 6-28 虹桥上海城大厅灯柱设计图及现场照片

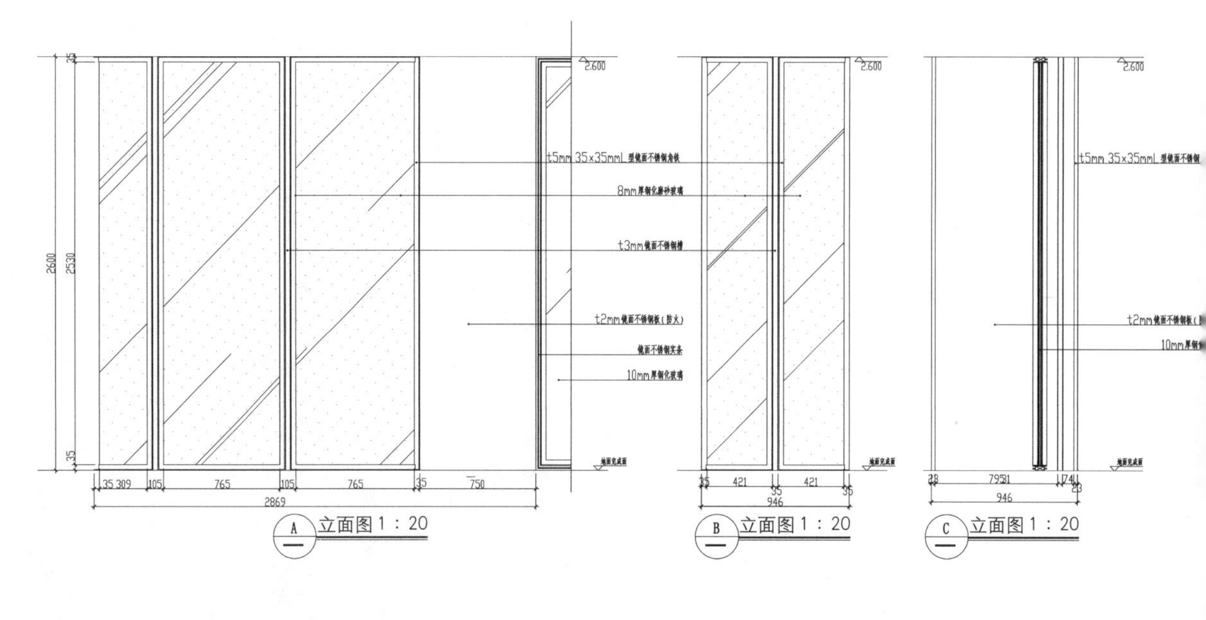

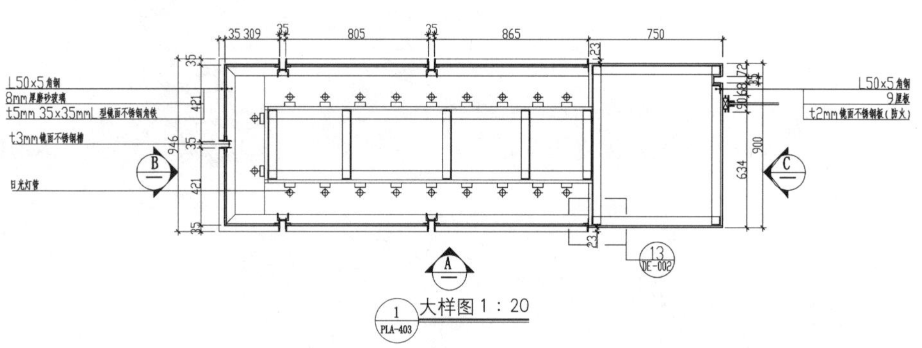

图 6–29　虹桥上海城走廊灯具设计图及现场照片

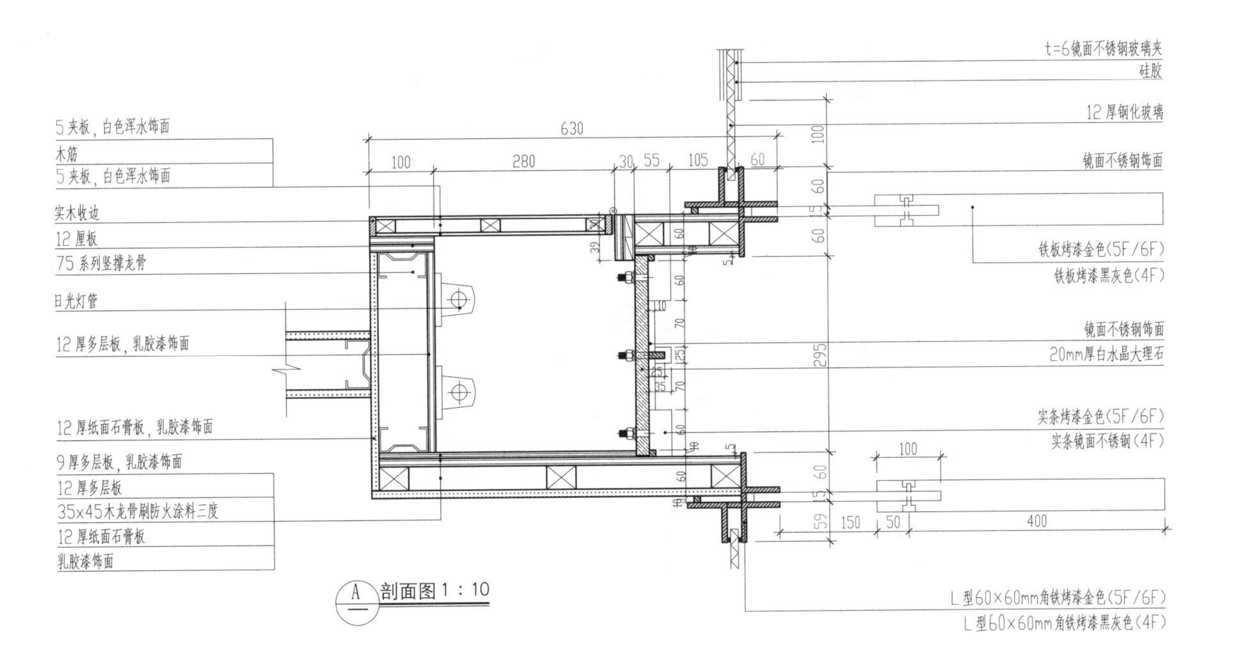

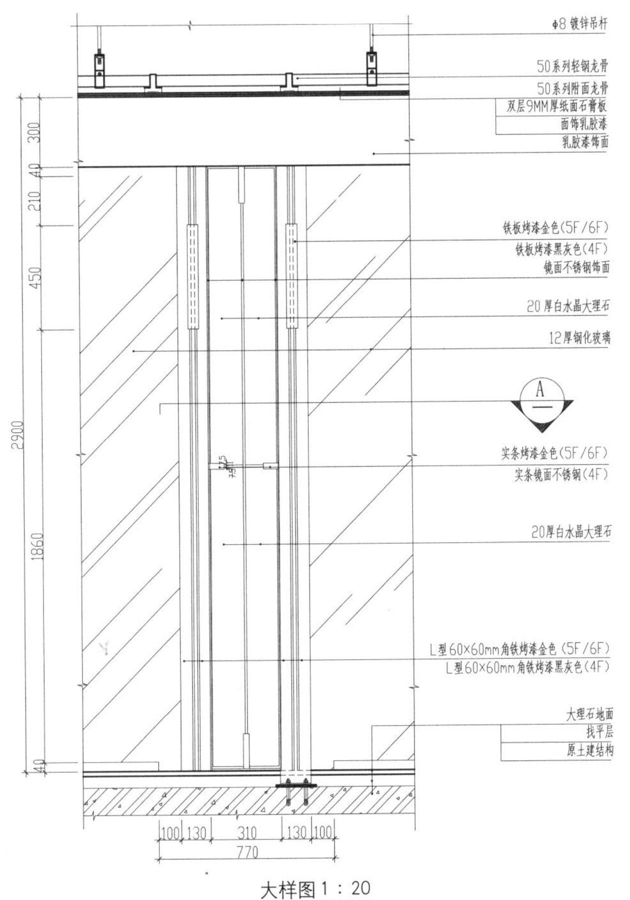

图6-30 虹桥上海城商场灯具设计图及现场照片

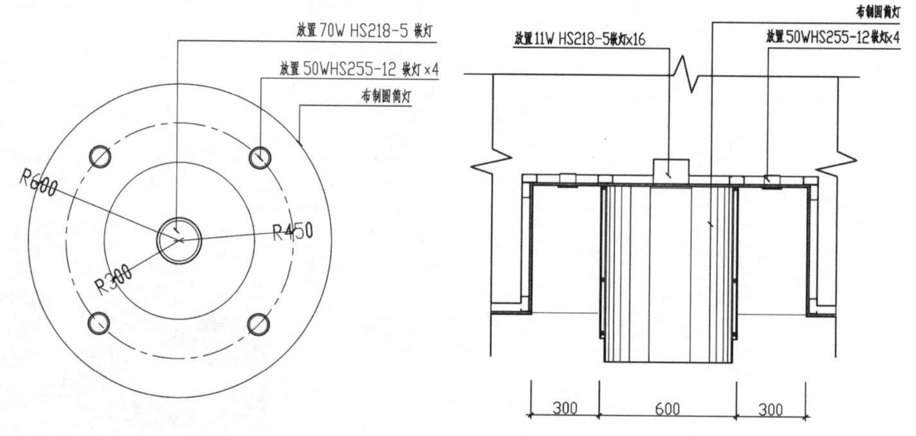

图 6–31　虹桥上海城商场圆形造型灯设计图及现场照片

6.4.3　装饰品的设计与选配

装饰品是室内设计的重要组成部分，是室内设计在空间和界面完成之后装点空间的关键要素。室内装饰品的设计和选用是对室内设计的补充、完善，使室内具有内涵丰富的空间氛围。由于所处环境的差异和地域风俗的不同，室内陈设的展示效果也会有较大的区别，因而其对室内设计的风格将产生重要的影响。但在很多情况下，室内设计师在完成界面装饰设计之后就不再深入，将各种后期陈设和装饰的设计与选配交给甲方自己处理。这往往会造成室内陈设与空间不协调的情况的发生。

有一点老生常谈的是，陈设在室内设计中不仅起到装饰作用，它还具有一定的功能。一个室内空间的性质和用途常常是由这些具有实用功能的陈设来确定的。“在中国的传统建筑中，基本上所有房间都是一样的，只是由于其中所放陈设的不同而知其所具的功能。放张床就知道是卧室；放张案几，加上一张八仙桌，再配上几把椅子，中间背景墙上挂一幅画就知道是厅堂；放上几张课桌椅，就成了学堂……”[20]

人的审美观随着社会的发展不断进步。对生活必需品的要求也从只看重实用性发展到实用与美观相结合，而市场竞争也促使众多生活用品具有十分美丽的外表，这使得陈设的选择范围大大扩展。与此同时，生活空间的局限性又使部分装饰品必须具有实用性。由此可见，装饰品本身就具有双重性，即为艺术性与实用性的综合体。不同之处在于装饰品在室内的直接实用性与间接实用性之间的差别。某些装饰品偏重于艺术性而实用性较弱，只在潜移默化中体现它间接的实用价值；某些装饰品偏重于实用性而艺术性较弱，高度的实用性将艺术美隐藏起来，让人记住的只是它更直接的实用价值。人们在购买家电时既注重实用性，也注重外表与色彩是否能装点环境，这些都明确地告诉人们，无论是直接还是间接的实用性，装饰品都具有双重的身份，它们是艺术与技术、艺术与实用的组合体。

我们在室内设计中所定的家具、灯具、绿化乃至雕塑都是在实用的基础上突出其艺术性的，而装饰画、壁饰、小型装饰品则是在突出其艺术性的基础上显现其实用性。室内装饰品的实用性是我们在选择和布置时要充分考虑的，例如雕塑的大小、手感、色泽，烟灰缸的实用效果，洁具的种类与作用都是室内设计时所要考虑的问题。它们不仅会影响到空间的使用，而且会影响空间的流线、视线的通过、环境的舒适度等实际应用效果，它们的布置与选配甚至会决定室内设计的成败。

1. 装饰品对室内空间感的调节

理想的空间并不是平铺直叙的，它需要有转折、起伏、扩张、递减的运动规则，具有一种明确的秩序感与节奏感的统一，有时还需要有只属于它的氛围。现实空间受到许多因素的制约，如房间过宽、过窄、过高、过低等一系列问题，这就要通过对某些物品的调整和安置来达到理想的空间环境。装饰品的许多特性证明了它是调节室内环境的理想物之一。装饰品对室内空间感的调节的具体作用有：

(1) 柔化空间关系

表现为装饰品对室内空间的柔化作用，使空间与空间，物与物之间产生自然的过渡，在某些室内空间中，由于过多硬质界面装饰材料的应用，容易使建筑、室内、家具及其他物件之间产生生硬、空旷、不自然的感觉，这时，适当的装饰品的点缀会柔化和装点空间。

(2) 强化空间属性

业主往往都需要他所有的建筑或室内有着自身明显的特性。对于室内设计来说，空间与界面装饰都偏重于“硬件”设施，较难突出自身的独特性，而室内陈设则偏重于“软件”设计，有比较多的选择，也容易烘托空间气氛，给它一个标签。

（3）突出空间主体

任何一个室内空间都是由几个界面来构成的，但我们不能否认每个空间都有其自身的主体部分，而这个主体的身份可以通过对界面的装饰和陈设的利用来形成。

案例 6-4-7 在进行宛西博士后工作站室内设计时，从突出企业的文化属性这个角度考虑，在选用室内陈设时就有明确的文化趋向。由于宛西制药厂周边有着优美的自然风景，如八百里伏牛山、龙潭沟、老界岭等，也有一些专业的摄影师拍摄了大量的风景照片，而且当地民间有许多汉代遗留下来的古董。如果将这些先天的优势利用到这个项目的室内陈设中去，既可以不费力气，又能很好地装点空间，同时也能节省一定的经费。正是从这个角度考虑，设计师对这个室内空间的装饰就有了具体的设计思路。要求所有的装饰画都采用厂里的摄影师的摄影作品（包括风景照、药材照、人物照）作素材，经过黑白处理，根据不同的空间大小来装裱，并配上简洁无边的画框。所有的活动的装饰品都是从民间收集过来的，经过适当处理，配上细微的灯光照明，以形成一个个小的趣味中心。甚至所有公共空间的门，都是将药厂最常用的药材——山茱萸，经过艺术处理，以铁艺的形式应用于其中。所有这些动作的目的只有一个，那就是烘托空间的文化属性（图 6-32）。

图 6-32　宛西博士后工作站陈设选配意象

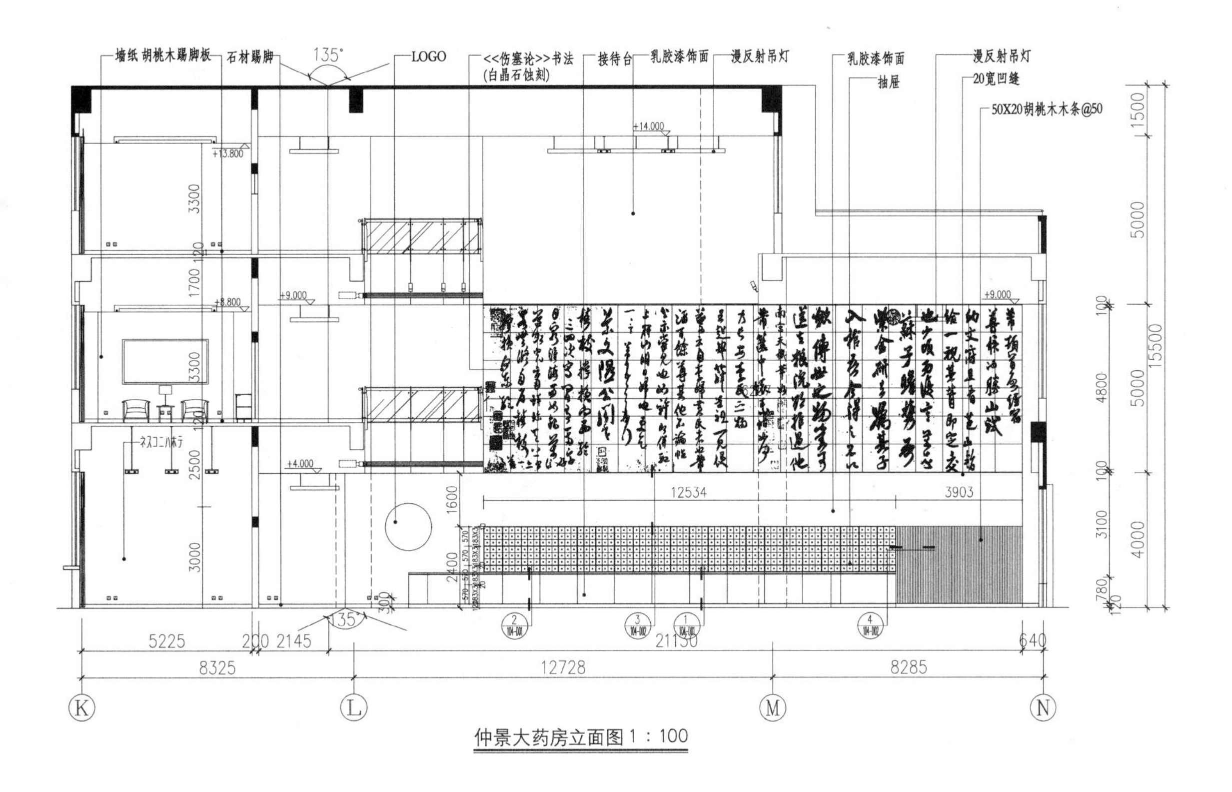

图 6-33 南阳总部多功能厅立面装饰处理

案例 6-4-8 在仲景大药房的室内设计中，设计人员在其接待区的背景墙上做了一个体现医药文化的字刻。为了显示室内空间的文化气息，特地从黑龙江选购了一批用于出口的高级指接板，将其漆成深色，而后在整板上刻上老宋体的《伤寒论序》，并对字体进行着色处理。这样，使其既具古典气息，符合中医药堂的身份，又具有极好的装饰作用，成为空间的视觉中心。也就是这样一些处理手法，使室内空间产生有秩序的主体与辅体，打破室内的呆板，增强空间的活泼性，并赋予其节奏感（图 6-33）。

2. 装饰品对室内空间的划分

利用装饰品分隔空间，已有很久远的历史。在古代，人们就常利用“屏风”对室内空间进行二次划分，但是当时的生活方式使这种划分空间的作用并不明显，装饰的作用大大多于空间划分的作用。现代的生活方式使陈设划分空间的作用日益明显，这是由建筑与人的经济承受力决定的。室内空间是人们居住和工作的场所，人们根据不同的需求，采用砖墙、家具、隔断、装饰物来划分空间。

在室内设计中，装饰品的特性使它在空间划分中处于辅助地位，一般它只在由砖墙或高隔断围合起的空间内实行二次划分或三次划分。划分空间的形式也只集中表现在虚拟空间、流动空间和弹性空间上。

在接待空间的室内设计中，设计人员往往会利用铺设在整个室内的地板（或地毯）上的块毯将会客区与通道不留痕迹地分离成两个空间，形成虚拟空间的格局；有时还会在门厅的入口摆放一个装饰以分隔门厅和其他空间。

图 6–34　江中会所室内陈设现场照片

案例 6–4–9 在江中会所的室内设计中，将二层休息大厅中的陈设、家具和界面联系到一起，通过适当的搭配和点缀，使它们起到很好的空间分隔作用（图 6-34）。

3. 装饰品对意境的营造

"意悦而情行"是现代人所追求的生活空间感受，快节奏的生活带来的是精神紧张和高度疲劳，人们希望借助室内设计，产生"意悦情行"的美感，达到休息的目的。[21]艺术之所以成为艺术的重要原因之一是"悦人"。艺术的美会使人有一种精神上的满足感，从而达到愉悦的境地。室内设计是研究室内空间的艺术，作为室内艺术之一的装饰品就是作为美的代表被引入室内用以装饰环境的。它的艺术性使它成为室内情感的化身和表达体。一束火红的玫瑰能给人以外向的热情，一盆山菊则给人以乡野的朴实，不用说花的语言给室内带来了不同的感受，就是一件普普通通的日用品也会在室内传递情感，古色古香的台灯造型表现了一种历史的久远和凝重；线条简洁的落地灯赋予了人现代的明快与活力，更不用说绘画、雕塑这些浑身上下都散发着情感的艺术品给室内带来的语言了。"举头忽看不似画，低头静听疑有声。"白居易对绘画欣赏的论断也形象地说明了装饰品的美带给人的不仅是感观上的感受，而且由此引发了情感上的联想，使它在室内的意义又超越了美的含义，成为了人的精神和观念的反映。

案例 6–4–10 在江中会所餐饮空间、会客空间和休息空间，室内陈设人员根据不同的空间选配了一些不同的陈设，从而给原本有些冷感的室内环境增添了些许温馨、浪漫的气息，也进一步强调了会所的休闲功能（图 6-35）。

总之，装饰品陈设和布置与人的生活和室内设计的成败休戚相关。在室内环境中，装饰品虽处从属地位，但对室内的影响是不可忽视的。室内空间会因一件陈设而满屋生辉，也会因它成为失败之作。

图 6-35　江中会所室内陈设现场照片

6.5　室内绿化的设计与选配

人类是大自然发展的产物，但几十万年来，人类一直在寻找和营造着一个能与大自然相隔离的空间。从未经砍凿的原始洞穴到泥墙草顶的茅屋，从恢宏壮丽的亭台殿阁到鳞次栉比的高楼大厦，其目的无非就是将人与自然界分离开来。但事物总是按否定之否定规律在不断地螺旋式前进，当人离开自然太远，周围的环境恶化时，他们又想回到历史、回到自然中去，在心灵深处对自然产生眷恋之情，所以人们尽可能利用技术将自然物引入室内，重现自然的风貌。绿色植物的特性使人又将它作为自然物的主要代表，表现在室内设计中就是室内绿化的设计与选配。

1. 室内绿化的作用

室内绿化对室内空间气氛的调节、环境的优化、空间的组织都有一定的作用。绿色植物，不论其形、色、质、味，或其枝干、花叶、果实，所显示出的蓬勃向上、充满生机的力量及它们的形态、色彩、质感可柔化室内沉闷的气氛。同时，室内绿化还能通过植物的光合作用净化空气、调节气候，使室内环境处于一个宜人的状态。有时经过设计师的适当布置，还可起到组织空间、引导空间的作用。具体地说，室内绿化的作用主要体现在以下几个方面：

(1) 净化空气、调节气候

“植物经过光合作用可以吸收二氧化碳，释放氧气，而人在呼吸过程中，吸入氧气，呼出二氧化碳，从而使大气中的氧和二氧化碳达到平衡，同时通过植物的叶子吸热和水分蒸发可降低气温，在冬夏季可以调节温度，在夏季可以起到遮阳隔热的作用，在冬季，据实验证明，有种植阳台的温室比无种植阳台的温室不仅可造成富氧空间，便于人与植物的氧与二氧化碳的良性循环，而且其温室效应更好。”

此外，某些植物，如夹竹桃、梧桐、棕榈、大叶黄杨等可吸收有害气体，有些植物的分泌物，如松、柏、樟、桉、臭椿、悬铃木等具有杀灭细菌的作用，从而能净化空气，减少空气中的含菌量，同时，植物又能吸附大气中的尘埃从而使环境得以净化。

（2）组织空间、引导空间

利用绿化组织室内空间、引导空间，表现在许多方面：

1）分隔空间的作用。在两厅室之间、厅室与走道之间以及在某些大的厅室内需要分隔成小空间的，在某些空间或场地的交界线，如室内外之间、室内地坪高差交界处等，都可用绿化进行分隔。某些有空间分隔作用的围栏，如柱廊之间的围栏、临水建筑的防护栏、多层围廊的围栏等，也可以结合绿化加以分隔。

2）联系、引导空间的作用。利用绿化来联系空间，会较其他方式更鲜明、更亲切、更自然、更惹人注目和喜爱。许多宾馆常利用绿化的延伸联系室内外空间，起到过渡和渗透作用，通过连续的绿化布置，强化室内外空间的联系和统一。因此，大凡在架空的底层，开敞性的大门入口处，常常可以看到绿化从室外一直延伸进来，它们不但加强了入口效果，而且这些被称为模糊空间或灰空间的地方最能吸引人们在此观赏、逗留或休息。绿化在室内的连续布置，从一个空间延伸到另一个空间，特别在空间的转折、过渡之处，更能发挥空间的整体效果。

3）突出空间的重点作用。在大门入口处、楼梯进出口处、交通中心或转折处、走道尽端等处，既是交通的要害和关节点，也是空间中的起始点、转折点、中心点、终结点等的重要的视觉中心位置，是必须引起人们注意的位置，此时，放置特别醒目的、富有装饰效果的甚至名贵的植物或花卉，能起到强化空间、突出重点的作用。有一点要说明的是，位于交通路线上的一切陈设，包括绿化在内，必须以不妨碍交通和紧急疏散时不致成为绊脚石为前提，并按空间大小形状选择相应的植物（图 6-36 ~ 图 6-38）。

（3）柔化空间、增添生气

树木花卉以其千姿百态的自然姿态、五彩缤纷的色彩、柔软飘逸的神态、生机勃勃的生命，恰巧与冷漠、刻板的金属、玻璃制品及僵硬的建筑几何形体和线条形成强烈的对照。例如：乔木或灌木可以以其柔软的枝叶覆盖室内的大部分空间；蔓藤植物，以其修长的枝条，从这一墙面伸展至另一墙面，或由上而下吊垂在墙面、柜、橱或书架上，如一串翡翠般的绿色枝叶可装饰并改变室内空间形态；大片的宽叶植物，可以在墙隅、沙发一角，改变家具设备的轮廓线，从而使人工的几何形体的室内空间得到一定的柔化和生气。这是其他任何室内装饰、陈设所不能代替的。此外，植物修剪后的人工几何形态，以其特殊的色

图 6-36 高大的伞形乔木能使树冠之下形成一个灰空间，并使地面与顶棚之间多了一个空间层次（左）

图 6-37 花坛和灌丛以及列植的植物能起到限定空间区域的作用（中）

图 6-38 人可以通过植物稀疏的枝叶看到其他空间，而这个空间并不是被限定死的，而是连通渗透的（右）

质与建筑在形式上取得协调，在质地上又起到刚柔对比的特殊效果（图 6-39）。

（4）美化环境、陶冶情操

绿色植物，不论其形、色、质、味，或其枝干、花叶、果实，都显示出蓬勃向上、充满生机的力量，引人奋发向上，热爱自然，然爱生活。植物生长的过程，是争取生存及与大自然搏斗的过程，其形态是自然形成的，没有任何掩饰和伪装。不少生长于缺水少土的山岩、墙垣之间的植物，盘根错节，横延纵伸，充分显示了其为生存而斗争的无限生命力，在形式上是一幅抽象的天然图画，在内容上是一首生命赞美之歌。它的美是一种自然美，洁净、纯正、朴实无华，即使被人工剪裁，任人截枝斩干，仍然能显示出其自强不息的顽强的生命力。

一定量的植物配置使室内形成绿化空间，让人们置身于自然环境中，享受自然风光，不论工作、学习还是休息，都能心旷神怡，悠然自得。同时，不同的植物种类有不同的枝叶花果和姿色，例如一丛丛鲜红的桃花，一簇簇硕果累累的金桔，给室内带来喜气，增添欢乐的节日气氛。它们在四季时空变化中形成了典型的四时即景：春花，夏绿，秋叶，冬枝。一片柔和翠绿的林木，可以一夜间变成金黄色；一片布满蒲公英的草地，一夜间可变成一片白色的海洋。因此，不少宾馆设立四季厅，利用植物季节变化，可使室内拥有不同情调和气氛，也使旅客获得时令感和常新的感觉。也可利用赏花时节，举行各种集会，为会议增添新的气氛，适应不同空间使用目的（图 6-40、图 6-41）。

2. 室内绿化的配置

在我们的室内设计中，对于室内绿化的应用与布置往往会根据场所和地域的不同而有所变化，如在酒店宾馆的门厅、大堂、会议室、休息室、餐厅及住

图 6-39　北京中银大厦（左）
屋顶绗架投落的影子，婆娑的竹子，为几何化的空间带来了变化，点染出了生机。竹石、圆洞门等中国园林中的常用元素，表现出了地域特色。
图 6-40　树石组合盆景（右）

图 6-41　江中会所室内绿化现场照片（左）
图 6-42　江中会所室内绿化现场照片（右）

户的居室等不同类型的空间场所中，对室内绿化的配置均有不同的要求，也需要有不同的布置方式，而且室内绿化的作用会因不同的任务和目的，采取不同的布置方式，因处于不同的空间而有着不同的地位和作用。主要有：①处于重要地位的中心位置，如大厅中央；②处于较为主要的关键部位，如出入口处；③处于一般的边角地带，如墙边角隅。总体而言，我们在设计时应根据不同部位，选好相应的植物品色，从平面和垂直两方面来考虑它们的布置，以充分展现植物的风姿和发挥它们的作用（图 6-42、图 6-43）。

图 6-43　江中会所室内绿化现场照片

（1）重点装饰与边角点缀

把室内绿化作为主要陈设并使其成为视觉中心，以其形、色的特有魅力来吸引人们，是许多厅室常采用的一种布置方式。它可以布置在厅室的中央；也可以布置在室内主立面，如某些会场中、主席台的前后以及圆桌会议的中心、客厅中心；或设在走道尽端中央等处，成为视觉焦点。边角点缀的布置方式更为多样，如布置在客厅中沙发的转角处、靠近角隅的餐桌旁、楼梯背部，布置在楼梯或大门出入口一侧或两侧、走道边、柱角边等部位。这种方式是介于重点布置和边角布置之间的一种形态，其重要性次于重点装饰而高于边角布置。

（2）结合家具、陈设等布置绿化

室内绿化除了单独地布置外，还可与家具、陈设、灯具等室内物件结合布置，相得益彰，组成有机整体。

（3）组成背景、形成对比

绿化的另一作用，就是通过其独特的形、色、质，不论是绿叶还是鲜花，不论是铺地还是屏障，集中布置成片的背景，与其他的内含物如家具、陈设等形成对比，从而增添空间的趣味性。

（4）垂直绿化

垂直绿化通常采用顶棚上悬吊的方式，在墙面支架或凸出花台上放置绿化，或利用室内顶部设置吊柜、搁板，布置绿化，也可利用每层回廊栏板布置绿化等。这样可以充分利用空间，不占地面，形成绿色立体环境，增加绿化的体量和氛围，并通过成片垂下的枝叶组成似隔非隔、虚无缥缈的美妙情景。

(5) 沿窗布置绿化

靠窗布置绿化，能使植物接受更多的日照，并形成室内绿色景观，可以采用做成花槽或低台上置小型盆栽等方式。

“幽斋磊石，原非得已。不能现身岩下，与木石居，故以一卷代山，一勺代水，所谓无聊之极思也。”[22]对于一些不能大面积地设计室内景观的空间，适当地布置一些适用的室内植物或小景，是将人引向自然的一个简便易行的设计方法。中国古代上层社会，尤其是文人士大夫阶层，一般都要在自己的厅堂或书房中放置花儿，上置一精致花盆，内或植松柏，或设奇石。其用途不仅仅在于美化室内环境，更多的是作为主人文化修养、身份层次的一种表现和象征。植物在我国也被赋予了一定的含义，如喻荷花为“出淤泥而不染，濯清涟而不妖”，喻竹为“未曾出土先有节，纵凌云霄也虚心”，象征高风亮节，称梅、兰、竹、菊为“四君子”，“松、竹、梅”为“岁寒三友”等。在现阶段，室内设计中对于室内绿化的应用在形式、内容上更加丰富，作用也更为突出。这些都表现了人们虽身处居室之内却对大自然充满了无限的偏爱和向往。然而，毕竟不可能将屋外的世界全部搬到室内来，于是只能移一盆草、一株花、一汪水或一块石，来满足这种渴望。

设计艺术也如同人们寻求向大自然的回归一样，是一个螺旋式上升的过程，它也寻求着一次次的回归，但是，它的每一次回归都会把设计艺术的历史车轮向前推进一程。我们在不断强化室内设计的时候不能忘记室内环境是整个自然环境的一部分，不能忘记在提供给人们舒适、安全的室内环境时也要让他们感受到大自然的关爱。

6.6　交付使用与设计评价

一个完整的室内设计项目的设计系统应包括在所有设计实施完成后交到业主手中付诸使用，并在使用过程中针对使用者对原设计提出的意见和要求采取的相应措施以及所进行的设计评价。设计师在项目完成后继续进行跟踪检查以核实设计方案取得的实际效果是以后进行更好的设计的前提。这种对用户满意度和用户—环境适合度的测定，给了设计师根据需要作出调整或修改的机会，由此可对项目作出改进并为未来的项目设计增进和积累专业知识。

对一个设计项目进行评价，应从更为综合的角度来进行分析，由于室内设计所牵涉的科目非常多，包含了艺术、科学、美学、社会、文化、环境等，所涉及的环节也是错综复杂的，从项目开始到最终完成要经历多个环节。在这种情况下，要想定出一个全面的评价标准实在不容易。对于设计的评价，也一直是极具争议性的问题，究竟具备什么样的设计才能称为是一个好的设计，才是一个成功的设计？

如果以室内设计系统运行的顺畅程度为出发点，就设计过程中所牵涉的室内设计的目标、内容、责任和程序等问题，从使用者、投资者、环境与社会等方面来探讨一个所谓“好”的室内设计，究竟应具备哪些条件，怎样才是一个成功的室内设计系统，如何进行优化，或许能够得到一些量化的结论（表 6-1）。

好的室内设计的要求 表 6–1

设计对象	设计内容	要 求
使用者需求	功能	室内空间的尺度和形式与功能正好合适； 家具等陈设的布置和选择符合使用要求； 室内听觉、视线功能环境令人满意； 室内光线与通风良好
	视觉效果	装饰艺术风格和室内气氛适合用途； 室内设计创意有条理地、明确地表达； 反映时代特点或地域文化特点； 材料及构造的特点和性能是明确的
	方便	室内流线方便，空间安排有计划； 交通通畅，考虑了无障碍设计； 卫生清洁便利
	安全	地面、楼梯、电梯、窗户的细部处理，防止滑倒或跌落发生； 火灾与触电的预防与控制； 材料的安全性处理，结构承重能力达标； 防盗设施的建立，如监控和报警系统等
	价格合理	价格符合不同使用者的不同需求且合理
	……	……
投资者需求	技术问题能解决	材料的选择符合功能要求； 选用材料耐磨损，便于维护； 质量良好的结构、水、电、风等技术； 施工容易
	成本低	结构的成本适当； 装饰投资成本控制合理，装饰效果优良
	达到商业目的	设计需要为投资者创造商业利润着想
	环境适合	考虑了安全性和环境条件
	……	……
环境及社会责任	环境的关注，讲究环保设计	与建筑开发相关的，注重有效的土地利用，防止无计划、滥用土地的设计； 注重节约能源，寻找有效的自然通风、太阳能加热、日光照明等设计方法； 注意水资源的节约； 材料的选用要注意污染少，并节约资源； 合适的资源再回收利用，为古旧建筑的保护和重新利用做出新设计
	社会的责任，改善人类生活与文化承接	改善人类生活的责任，好的室内设计能真正改善人们的生活质量，而非造成人们生存空间的负担； 文化承续的责任，现代文化或地域文化的沟通，使室内设计能与文化环境相符
	……	……

注：转引自张青萍．解读 20 世纪中国室内设计的发展．南京林业大学博士学位论文，2004：152.

6.7 小　　结

通过对室内设计系统在运行过程中所历经的项目立项与信息处理、概念设计与设计表达、方案实施与设计优化、后期陈设与设施选配、投入使用与设计评价等环节的细致分析与探讨，对室内设计系统在运行过程中所出现的问题和所采取的解决方案的阐述和比较，对其中所出现的错误的分析与改正的过程的讨论，使我们可以进一步确认，室内设计不是一件一蹴而就的事情，室内设计系统是一个跨度大、历时长、环节多的复杂体。在室内设计系统运行过程中，任何一个环节处理得不好都有可能破坏系统的顺畅性和完整性。

注释：

① 卢安，尼森等 . 美国室内设计通用教材 [M]. 陈德民等译 . 上海人民美术出版社，2004：16.

② 吴家骅 . 环境艺术设计大全 [M]. 上海师范大学出版社，2004：507.

③ 张青萍 . 解读 20 世纪中国室内设计的发展 [D]. 南京林业大学博士论文，2004：8.

④ 谷彦彬 . 室内设计的重要环节——设计概念的确定和实现 [N]. 内蒙古师范大学学报，05/2004：85.

⑤ 谷彦彬 . 室内设计的重要环节——设计概念的确定和实现 [N]. 内蒙古师范大学学报，05/2004：85.

⑥ 王国骋 . 马克思主义哲学原理 [M]. 河海大学出版社，1996：154.

⑦ 王国骋 . 马克思主义哲学原理 [M]. 河海大学出版社，1996：156.

⑧ 彭吉象 . 艺术学概论 [M]. 高等教育出版社，2002：78.

⑨ 郑曙旸 . 室内设计思维与表达 [M]. 中国建工出版社，2003：124.

⑩ 于习法 . 对装饰业的一点思考：从施工图的地位，作用与现状谈及其他 [J]. 室内设计与装修，5/1994：21.

⑪ 吴家骅 . 环境艺术设计大全 [M]. 上海师范大学出版社，2004：526.

⑫ 胡斌，潘庆伟 . 小谈设计的跟踪服务 [J]. 现代装饰，07/2001：41.

⑬ 张青萍 . 解读 20 世纪中国室内设计的发展 [D]. 南京林业大学博士论文，2004：8.

⑭ 吴家骅 . 环境艺术设计大全 [M]. 上海师范大学出版社，2004：535.

⑮ 吴家骅 . 环境艺术设计大全 [M]. 上海师范大学出版社，2004：540.

⑯ 刘盛璜 . 人体工程学与室内设计 [M]. 中国建筑工业出版社，1999：179.

⑰ 刘树老 . 探寻新的切入点－谈室内设计与家具生产方式的对接 [J]. 家具，01/2005：98.

⑱ 卢安，尼森等 . 美国室内设计通用教材 [M]. 陈德民等译 . 上海人民美术出版社，2004：535.

⑲ 吴家骅 .2004 年南京室内设计论坛 [J]. 室内设计与装修，11/2004：98.

⑳ 张修齐 . 室内设计意境漫谈 [M]. 室内设计，8/2003：36.

㉑ 夏云，夏葵 . 生态建筑与建筑的持续发展 [N]. 建筑学报，06/1995：65.

㉒ （明）李渔 . 闲情偶记 [M]. 山水部 .

第7章　室内设计系统的商务运作

室内设计的商务活动犹如舞台演戏，必须在统一的指挥调度下，让导演、演员和各种舞台工作人员密切协作，演出一台有声有色的戏，当某个环节发生故障，戏就不能顺利上演。为了保持室内设计系统正常有序地运行，就要求室内设计系统的商务能正常运作，要求每个商务参与者都必须严格遵守商务运作规则。室内设计的商务运作是需要我们研究和总结的。

7.1　室内设计的市场运作

7.1.1　室内设计的市场概念

我们在研究一个行业的商务运作之前，首先要对其所处市场的内容、特点有一个了解。中国当代的室内设计行业有它自己特有的市场，就是“室内设计供给者（卖方）与需求者（买方）进行买卖活动、发生买卖关系的场合，即室内设计市场。”[①]室内设计作为室内工程项目装饰活动的一个重要环节，是装饰施工前的准备阶段，是室内装饰的龙头和灵魂。设计产品包括设计图纸、设计文件等全部成果，在市场经济条件下，它属于知识产品，受知识产权法的保护，和有形的物质产品一样具有商品性质。由于设计在建筑装饰活动中的重要作用，在现代建筑装饰市场体系中，设计市场自然成为了重要的专业市场。在这个设计市场中，“买方主要是中央和地方各级政府、各种企业、学校、社会团体和居民等，他们根据各自不同的需要，对装饰工程提出各自的要求，这就需要首先进行设计；而在我国，卖方主要是各种专业的或综合的设计机构、设计院、个人开业的专业设计单位以及依附于施工企业的设计部门等。”[②]

7.1.2　室内设计的市场主体

在市场上从事交易活动的组织和个人，称为市场主体。市场主体包括自然人，也包括以一定组织形式出现的法人，既包括非营利机构，也包括一些中介机构，而企业是最重要的市场主体。建筑装饰行业的市场主体包括了参与建筑装饰产品市场交易的需求者和供给者，即买方和卖方。作为市场主体的买卖双方，即甲、乙双方都必须具有市场准入资格才能合法存在，这是进入市场最基本的原则。

1. 市场的需求者——甲方

室内设计市场的需求者就是意欲获得某种室内设计产品且有相应支付能力的用户，在市场上处于买方地位，是室内设计市场的驱动力量。他们对室内设计产品的需求量的大小直接影响市场交易量的多少，并表现为建筑装饰行业产值的多少。

进入 21 世纪，我国建筑装饰行业年均发展速度为 18%，2000 年为 5500 亿元，2001 年为 6600 亿元，2002 年为 7200 亿元，2003 年约为 8500 亿元。年均行业总产值约占当年我国 GDP 的 6% 左右。其中，家装占全国建筑装饰行业年总产值的 45%、50% 和 55%，占我国 GDP 的 3% 左右。2004 年我国建筑装饰行业的产值约为 10030 亿元，突破了一万亿元大关。[3]这一方面说明了市场资源的丰富，另一方面也说明了市场需求者的众多。众多的市场需求者可分为两大类：企业法人和自然人，包括了政府机构、工商企业、文教机构、城乡居民等。

以一定组织形式出现的法人在进入室内设计市场中购买它所需要的室内设计产品时，必须具备一定的市场准入资格，通常包括企业法人营业执照、法人代码和税务登记，装饰工程项目批准文件，资金到位证明。

2. 市场的供给者——乙方

室内设计市场的供给者即设计单位，在市场上处于卖方地位。

中国建筑装饰协会的统计数据显示：1999 年，我国现有在工商登记注册的有装饰工程设计资质等级的单位占全国 2000 多家装饰设计单位的 45%，共 900 多家，占全国 1.23 万家勘察设计单位的 7%。其中甲级装饰工程设计单位有 184 家，同时具有一级装饰施工和甲级装饰设计“双资质”的企业有 118 家，同时具有一级幕墙施工和甲级装饰设计“双资质”的企业有 7 家。[4]

在我国，建筑装饰企业在进入建筑装饰市场从事建筑装饰活动前，必须具备市场准入资格，它包括企业法人营业执照、法人代码和税务登记，装饰设计企业等级证书（分一、二、三级），投标资格证明，有了这一资格，才能从事相应的装饰活动，才能成为真正意义上的市场主体。

7.1.3 室内设计的市场特征

正如室内设计是建筑业的一个分支一样，室内设计市场也是建筑产品市场的一部分。它具有与建筑产品市场类似的特点：

1. 市场交易是通过买卖双方直接订货实现的

在室内工程项目设计中，卖方为设计方，而买方为甲方。对于一栋房子的装修设计，设计公司，即卖方，不可能像制造机床、汽车、拖拉机、家用电器及其他日用百货一样预先将产品生产出来，再通过批发、零售环节进入市场，等待用户来购买，它必须按照具体用户的需求，双方直接见面，经谈判成交，然后再进行设计。

2. 招投标是市场交易的基本方式

一般商品，也就是有具体形态的商品，由工厂生产，通过流通渠道走向市场，消费者直接到商场用货币购买，这项交易便算完成，而室内设计的市场交易远比一般投资和消费产品的交易复杂得多，它是由招标投标方式来进行的。需求者通过招标的方式提出具体的购买要求，向潜在的供给者说明：他的工程项目在哪里，需要达到一个什么样的装饰效果，规模多大，希望多长时间交出成品等。对此有兴趣的供给者以投标的方式对需求者的购买意图和具体要求作出响应，表明要以什么样的设计和什么样的表达方式和同行开展竞争。需求者可以从众多的投标者中选择满意的供给者，双方达成订货交易，签订承包合同，供给者才开始进行设计的深化工作，直到设计按合同要求完成，经业主认可接收，结算价款，交易全过程才最终完成。此外，建筑装饰工程的市场交易还有其他的方式，如邀请协商、比价等，它们在特殊的情况下，运用于那些不适于采用招投标的方式的工程中。

3. 市场具有独特的定价方式

在室内设计市场中，根据需求者对特定产品的具体要求和生产条件，供给者在规定的时限内以标书的方式提供产品（设计方案），需求者在约定的时间和地点公布所收到的投标文件并评标，从中选择满意的供给者，和他达成订货交易（即决标或定标）。

4. 市场有严格的行为规范

在市场经济下，市场是一切经济活动的中心，而所有的市场参与者都必须共同遵守一定的行为规范，才能使这个市场良性发展。室内设计行业虽然是一个新兴的行业，但它也需要有一套严格的行为规范，包括国家及各级地方政府、行政主管部门、行业协会等颁布的法律、规范、规定等。这些行为规范对市场的每一个参加者都具有法律或道义的约束力，这样才能保证建筑装饰市场健康、有序地运行。

7.2 室内设计的法规体系

室内装饰活动在中国已存在了几千年，尤其是改革开放以来，它得到了飞速的发展，但在20世纪80年代以前，建筑装饰一直作为土木工程建筑业中的一个分项，直到改革开放以后，1989年5月建设部颁布了《建筑装饰施工企业资质等级标准》，才标志了建筑装饰作为一个新兴行业的正式确立。1995年建设部颁布的《建筑装饰装修管理规定》，为整个行业的规范化、法制化管理进一步奠定了基础。前建设部部长汪光焘在“2004年全国建设工作会议”上题为“开拓进取　推动建设事业持续健康发展”的讲话中指出要重视建筑装饰装修业的发展，并提出要“健全装饰装修产品开发、设计、施工，产品生产、管理和服务的产业系统，建立和完善生产、供给、销售和服务一体化的生产组织方式……加强对建筑装饰装修市场的监督，规范装饰装修企业行为，严格市场准入和清出。”⑤

室内装饰业的发展、壮大与国家的法规建设密切相关，没有严格的法规体系，室内装饰市场就无法达到有序的状态，所以建立完善的法规体系是整个室内装饰市场运作的保障。

7.2.1　现行的有关建筑装饰工程的法规

目前住建部尚未对室内设计提出专门的法规，室内装饰的法规主要集中于装饰工程管理和工程技术上的规定，但这些法规也从各方面影响着室内设计市场的动作。

1. 现行的有关建筑装饰工程管理上的法规

(1)《中华人民共和国建筑法》(中华人民共和国主席令第 91 号) 由第八届全国人民代表大会常务委员会第二十八次会议于 1997 年 11 月 1 日通过，自 1998 年 3 月 1 日起施行。

(2)《中华人民共和国招标投标法》(中华人民共和国主席令第 21 号) 由中华人民共和国第九届全国人民代表大会常务委员会第十一次会议于 1999 年 8 月 30 日通过，自 2000 年 1 月 1 日起施行。

(3)《中华人民共和国合同法》(中华人民共和国主席令第 15 号于 1999 年 3 月颁布)。

(4)《建筑业企业资质等级标准》(建设部令第 87 号)。

(5)《建筑装修装饰工程专业承包企业资质等级标准》(建 [2001]82 号) 于 2001 年 7 月颁布，它的颁布同时废止了 1989 年、1995 年建设部颁布的《建筑装饰施工企业资质等级标准》。

(6)《建筑装饰设计资质分级标准》(建设 (2001) 9 号文) 于 2001 年 1 月颁布，原建设 (1992) 786 号文《建筑装饰设计单位资格分级标准》、建设部 [90] 建设字第 610 号文的附件《建筑装饰设计单位资格分级标准》同时废止。

(7)《建筑工程设计招标投标管理办法》(2000 年 10 月建设部令第 82 号)。

(8)《房屋建筑和市政基础设施工程施工招标投标管理办法》(建设部令第 89 号) 于 2001 年 6 月颁布。

(9)《工程建设项目施工招标投标办法》(2003 年 5 月国家七部委联合发布的第 30 号令)。

(10)《住宅室内装饰装修管理办法》(自 2002 年 5 月 1 日起施行)。

(11)《建筑装饰装修管理规定》(建设部第 46 号令于 1995 年 8 月 7 日颁布)。

(12)《商品住宅一次到位实施细则》(建设部住宅产业化促进中心编制) 于 2002 年 6 月 18 日开始推行装修一次到位。

(13)《建筑工程施工许可管理办法》(建设部令第 71 号) 于 1999 年 10 月 14 日经第十六次部常务会议通过，自 1999 年 12 月 1 日起施行。

2. 现行的有关建筑装饰工程技术的法规

(1)《建筑装饰装修工程质量验收规范》(GB 50210—2001) 自 2002 年 3 月 1 日起施行，原《装饰工程施工及验收规范》(GBJ 210—83)、《建筑装饰工程施工及验收规范》(JGJ 73—91) 和《建筑工程质量检验评定标准》(GBJ 301—

88）中第十章、第十一章同时废止。

（2）《建筑内部装修设计防火规范》（2001 年局部修订）（GB 50222—95）。

（3）《住宅装饰装修工程施工规范》（GB 50327—2001）。

（4）《民用建筑工程室内环境污染控制规范》（GB 50325—2001）。

（5）《外墙饰面工程施工及验收》（JGJ 126—2000）。

（6）《全国统一建筑装饰装修工程消耗量定额》（GYD—901—2002）。

以上法规可能还会进行修订和完善，以适应不断变化发展的建筑装饰活动。室内设计和施工单位应遵守以上国家规定的有关法规和执行各级地方主管部门所规定的有关法规，如南京的装饰公司还要执行《江苏省工程建设管理条例》、《江苏省建设工程招标投标管理办法》、《南京市装饰装修管理规定》、《南京市住宅装饰管理规定》等。只有遵循了一系列的法规规范，才能建立起良好有序的市场秩序。

7.2.2 室内设计的市场准入制度

"所谓市场准入，是指政府对企业或个人进入市场人为设置障碍，可以限制有关行业的竞争程度……我国自 1989 年起对建筑装饰企业实行市场准入制度。"⑥

2001 年 10 月《国务院办公厅关于进一步整顿和规范建筑市场秩序的通知》中指出："继续完善并严格执行建筑市场准入清出制度。""所有工程勘察、设计、施工、监理、招标代理企业，都必须依法取得相应等级的资质证书，并在其等级许可的范围内从事相应的工程建设活动。禁止无相应资质的企业和无职业资格的人员进入工程建设市场。"⑦

20 世纪 90 年代初，各类大型公共建筑建设的增加以及人们对建筑物室内、外环境质量要求的提高，加快了建筑装饰设计专业化发展的进程，与此同时，专门从事建筑装饰设计的各类单位迅速发展。为了加强对此类设计单位的资质管理，建设部制定了《建筑装饰设计单位资质分级标准》。建筑装饰设计活动是建筑装饰活动的两个重要活动之一，设计市场是建筑装饰市场体系中的一个必不可少的内容。对从事建筑装饰设计的单位的市场准入问题，国家作了相应的规范。

由于室内设计行业的不断发展，原建设部也相应地对规范作了一系列的修改，在十多年的发展过程中，分级规范就有三个版本，它们分别是：

（1）1990 年《建筑装饰设计单位资格分级标准》（建设字 [1990] 第 610 号文）。

（2）1992 年修订后的《建筑装饰设计单位资格分级标准》（建设字 [1992]786 号文）。

（3）2001 年新的《建筑装饰设计资质分级标准》（建设字 [2001]9 号文）。

三次标准的制定，其内容比较见表 7-1。

从表 7-1 中可以分析出以下几点主要变化：

（1）对企业资历的要求越来越严格。要求企业从事装饰设计的年限变长了，对所设计的建筑装饰工程规模逐渐有了明确的数量标准，按工程造价划分设计

建筑装饰设计单位资质分级标准比较　　表 7–1

		1990 年的标准	1992 年的标准	2001 年的标准
单位资历	甲级	5 年以上专业设计经历，独立承担过 5 项特、一级建筑工程中的建筑装饰设计	5 年以上专业设计经历，独立承担过 5 项特、一级建筑工程中的建筑装饰设计	6 年以上建筑装饰设计经历，独立承担过 5 项单位工程造价在 1000 万元以上的高档建筑装饰设计，无设计质量事故
	乙级	3 年以上专业设计经历，独立承担过 5 项二级建筑工程中的建筑装饰设计	3 年以上专业设计经历，独立承担过 5 项二级建筑工程中的建筑装饰设计	4 年以上建筑装饰设计经历，独立承担过 3 项单位工程造价在 500 万元以上的建筑装饰设计，无设计质量事故
	丙级	2 年以上专业设计经历，独立承担过 5 项三级建筑工程中的建筑装饰设计	2 年以上专业设计经历，独立承担过 5 项三级建筑工程中的建筑装饰设计	2 年以上建筑装饰设计经历，独立承担过 3 项单位工程造价在 250 万元以上的建筑装饰设计，无设计质量事故
技术人员人数	甲级	不少于 25 人	不少于 20 人	不少于 15 人
	乙级	不少于 15 人	不少于 12 人	不少于 10 人
	丙级	不少于 10 人	不少于 8 人	不少于 6 人
其他条件	甲级	单位内部建立一套有效的全面质量管理体系，有比较先进的技术装备和固定的工作场所	单位内部建立一套有效的全面质量管理体系，有比较先进的技术装备和固定的工作场所	单位有较好的社会信誉并有相适应的经济实力，工商注册资本不少于 100 万元；有完善的质量保证体系，技术、经营、人事、财务、档案等管理制度健全；达到国家建设行政主管部门规定的技术装备及应用水平考核标准；有固定工作场所，建筑面积不少于专职技术骨干每人 15m^2
	乙级	有健全的技术、质量、财务等管理制度，有良好的装备和固定的工作场所	有健全的技术、质量、财务等管理制度，有良好的装备和固定的工作场所	单位有较好的社会信誉并有相适应的经济实力，工商注册资本不少于 50 万元；有完善的质量保证体系，技术、经营、人事、财务、档案等管理制度健全；达到国家建设行政主管部门规定的技术装备及应用水平考核标准；有固定工作场所，建筑面积不少于专职技术骨干每人 15m^2
	丙级	有较健全的技术、质量、财务管理制度，有必要的技术装备和固定的工作场所	有较健全的技术、质量、财务管理制度，有必要的技术装备	单位有较好的社会信誉并有相适应的经济实力，工商注册资本不少于 25 万元；推行质量管理，有必要的质量保证体系，技术、经营、人事、财务、档案等管理制度健全；计算机数量达到专职技术骨干人均一台，计算机施工图出图率不低于 75%；有固定工作场所，建筑面积不少于专职技术骨干每人 15m^2

限额范围，使评估更加透明化。

（2）弱化了企业内技术人员人数、职称等要求，但强调装饰设计负责人的作用及其个人从业资格、资历学历、职称、从业年限、业绩、市场评价，强调装饰设计单位的市场评价、专业技术人员的配套、注册资金、办公场所面积、设备程度。突出市场经济和装饰设计行业的特点。

7.2.3　室内设计的执业资格注册制度

执业资格的产生是社会主义市场经济条件下对人才评价的手段，是政府为保证经济的有序发展、规范职业秩序而对事关社会公众利益、技术性强、关键岗位的专业实行人员的准入控制，是政府对从事某些专业的人员提出的必须具备的条件，是专业人员独立执行业务、面向社会服务的一种资质条件。执业资格制度的作用主要是解决两方面的问题：一是执业水准，二是执业道德。目前，我国许多专业的执业水准和执业道德都存在着不少问题，为了提高管理水平，国家开始实行执业资格制度，但对执业资格的设置和管理刚刚起步，基本属于政府行为。随着时间的推移，这项制度对提高专业人士的整体水平，规范职业行为将起到十分重要的作用。在社会主义市场经济体制不断完善，中国加入 WTO 以及各行业人才市场运行机制逐步规范的情况下，这项制度的作用将更加明显。

但是，对于室内设计师来说，长期以来都没有合法的从业资格。“据不完全统计，中国目前专业室内设计师已达到 50 万人之多，相当于世界总专业人数的三分之一，人数众多，却得不到规范管理。艺术院校毕业后，从事本专业十五年，到现在还有很多同事连政府承认的室内建筑师资格还没得到解决。”[⑧]直到 2004 年 4 月，中国建筑装饰协会颁布《关于开展全国室内建筑师技术岗位能力评审认证试点工作的通知》（中装协 [2004]16 号），对全国范围内从事室内设计的相关人员评定设计资格和等级作出具体的评价标准，才解决了全国 50 多万室内建筑师从业资格个人行业准入的问题。

7.3 室内设计的招投标

一般商品，也就是有具体形态的商品，往往是由工厂生产后通过流通渠道走向市场，由消费者直接到商场用货币购买，这项交易便算完成。在我国，室内设计的市场交易主要是由招标、投标的方式来进行。

改革开放以来，随着社会的全面进步和国家经济的快速发展，我国建筑装饰业迅速发展壮大，建筑装饰业在建筑业中占有日益重要的地位，装修质量、档次不断地提高，提高了人们对空间环境艺术的审美情趣和鉴赏力。伴随着建筑装饰需求的扩大、市场供求关系的变化影响、人们对室内设计要求的提高和室内设计单位的不断增加，规范室内设计交易行为、加强室内设计的招投标管理也日益重要起来。这就要求招投标管理机构进一步加强对室内设计市场的管理，达到规范室内工程项目设计市场交易行为的目的，确保市场运行机制健康有序地发展，坚持装饰装修工程美观、经济、实用的原则，进而发挥应有的经济效益和社会效益。

7.3.1 招投标的内容

招标是：“招标人在采购货物、发包工程项目或购买服务之前，以公告或邀请书的方式提出招标的项目条件、价格和要求，由愿意承担项目的投标人按照招标文件的条件和要求，提出自己的价格和产品，填好标书进行投标的过程。”[⑨]投标是：“投标人响应招标人的要求参加投标竞争的行为。”[⑩]招投标是在市场经济条件下进行大批货物的买卖、工程建设项目的发包与承包以及服务项目的采购与提供时所采用的一种交易方式。

1. 招投标形式

对于室内设计招投标，国际上通行的方式主要有公开招标、选择性招标、两阶段招标和议标四种。

其中，公开招标是“通过招标单位在国内外主要报纸或有关刊物上刊登招标广告，凡是对该项目感兴趣的所有合格投标者，都有同等的机会了解投标要求，进行投标，以形成尽可能广泛的竞争局面。”[⑪]这种操作方式透明度高，可从众多的投标单位中选出设计好的设计作品，但是这种操作方式会造成招标单位审查工作和准备工作的工作量大、投标单位投入费用大、投标风险高的负面影响。

选择性招标也叫邀标，是“由招标单位向经过预先选择的 3 ～ 5 家承包商发出，而不是公开发布广告，邀请其参加工程项目设计的投标竞争。”[⑫]这种操作方式由于参加投标单位的数量有限，不仅节约了招标费用而且也提高了投标单位的中标机率。但是，这种操作方式由于限定了投标单位的范围，被认为不符合公平竞争的要求，国家规定只在一些限定的条件下才可采用。

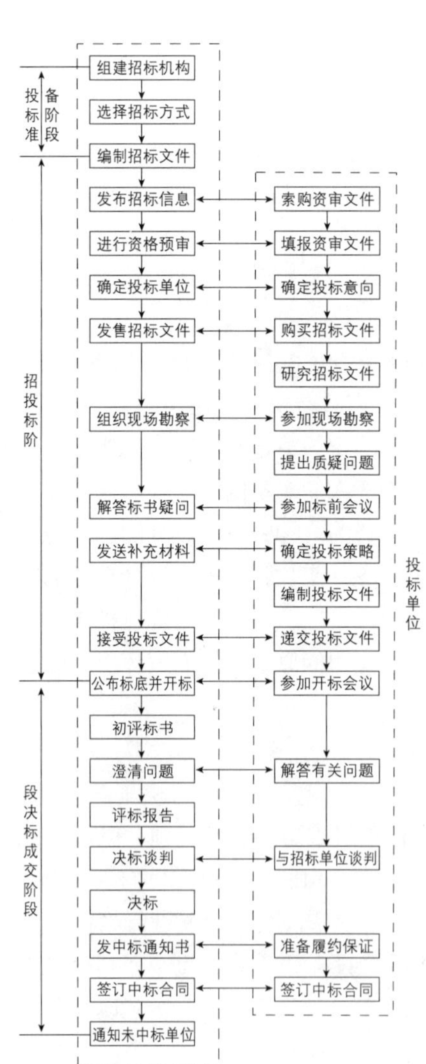

图 7-1　室内设计招投标程序（陈恒超 . 装饰装修工程项目管理 . 北京：中国建材工业出版社，2002）

两阶段招标是一种公开招标和选择性招标结合起来的招标方式，它是先按公开投标方式进行招标，再按选择性招标方式来一轮，最后确定中标者。这种操作方式兼具公开招标和选择性招标的优点，既符合公平竞争的原则，又可限制不合格单位的盲目竞争，既有利于提高投标质量，又减少了招标单位审评投标书的工作量。

议标是“由甲方邀请自己熟悉的、信誉好的一家，最多不超过两家设计单位来直接协商谈判，达成协议后将设计工作委托给这家设计单位去完成。”[⑬]这实际上是一种合同谈判的形式，它容易节省时间，达成协议，并迅速开展工作，但无法获得有竞争力的设计。

2. 招投标程序

室内设计招投标的全过程为：招标—投标—开标—评标—决标（图 7-1）。

（1）招标文件的编制

在这个过程中，由业主根据要求发布招标信息，提供招标文件给投标方。招标文件主要有：设计任务书及有关文件的复印件；项目说明书，包括工程内容、设计范围和深度、图纸内容、图幅和份数以及建筑周期和设计进度的要求等；设计依据、工程项目应达到的技术指标和项目所在地的基本资料、合同的主要条件；提供设计资料的内容、方式和时间以及设计文件的审查方式等。

（2）投标文件的编制

投标的设计单位要在规定的时间内，按照标书的格式报送投标书。投标文件应包括：设计单位的名称、性质；单位简况，包括成立时间、近期主要工程的情况、技术人员数量和专业情况；项目的效果图和设计图、文字说明、投资估算、设计进度和设计费的报价等。

（3）评标

评标小组根据效果是否满意、功能是否符合使用要求、技术是否先进来确定设计方案的优劣，并根据设计进度快慢、设计费用报价高低、设计资历和社会信誉等条件，提出综合评标报告，推荐候选的中标单位。

（4）决标

在决标前，建设单位要和候选中标设计单位就原方案的改进和补充等方面的内容进行谈判。建筑单位会根据评标报告和谈判的结果自主地决定中标单位，向中标单位发出中标通知书，并按规定在一个月内由双方签订设计合同。

7.3.2 招投标的相关法规

《房屋建筑和市政基础设施工程施工招标投标管理办法》（建设部第89号令）中指出："本办法所称房屋建筑工程，是指各类房屋建筑其他附属设施和与其配套的线路、管道、设备安装工程及室内外装修工程。"[14]由此可见，装饰工程的市场交易，发包与承包必须通过招标、投标来进行，而室内设计也是隶属于装饰工程的一个部分。

对于必须实行招投标的建筑装饰工程，在不同的时期，国家有不同的规定。

（1）1992年12月建设部颁布的建设部令第23号《工程建设施工招标投标管理办法》中规定："凡政府和公有制企业，事业单位投资的新建、改建、扩建和改造工程项目的设计和施工，除某些不适宜招标的特殊工程外，均应按本办法实行招标投标。"[15]

（2）2001年6月建设部令第89号《房屋建筑和市政基础设施工程施工招标投标管理办法》中规定："房屋建筑和市政基础设施工程（包括建筑装饰工程）的施工单项合同估算价在200万元人民币以上，或者项目总投资在3000万元人民币以上的，必须进行招标；省、自治区、直辖市人民政府建设行政主管部门报经同级人民政府批准，可以根据实际情况，规定本地区必须进行工程施工招标的具体范围和规模标准，但不得缩小本办法确定的必须进行施工招标的范围。"[16]

（3）2003年5月国家七部委联合发布的第30号令《工程建设项目施工招标投标办法》，规定了必须招标的工程范围参照国家发展计划委员会第3

号令《工程建设项目招标范围和规模标准规定》规定的范围和标准：在规定范围内的各类工程建设项目，"包括项目的勘察、设计、施工、监理以及与工程建设有关的重要设备、材料等的采购，达到下列标准之一的，必须进行招标：①施工单项合同估算价在 200 万元人民币以上的；②重要设备、材料等货物的采购，单项合同估算价在 100 万元人民币以上的；③勘察、设计、监理等服务的采购，单项合同估算价在 50 万元人民币以上的；④单项合同估算价低于第①、②、③项规定的标准，但项目总投资额在 3000 万元人民币以上的。"⑰

由此可见，新的招投标管理办法中把原先按体制划分"必须招标"范围的规定改为按投资额的大小来确定"必须招标"的范围，这样更符合市场经济发展的规律，有利于市场的监督管理。

对于室内设计项目，也要建立完善的招投标管理制度。按照国家规定应当进行招投标的建筑工程项目的装饰设计都要实行设计招标，招标的原则可参照《建筑工程设计招投标管理办法》执行。建设单位应当按照有关规定对参加投标的单位进行资质预审，重点审查其是否具备建设行政主管部门颁发的相应等级的建筑装饰设计资质证书以及单位的信誉、业绩等。要组成评标小组，对装饰设计投标方案进行评审，评标小组的组成人员应当以建筑装饰设计专家为主。评审工作的重点是方案设计、效果图设计和施工图设计，包括理念、创意、技术实施方案等综合评价。

社会主义市场经济，要求按照价值规律，摒弃那些与公平竞争相背离的规定。建筑装饰市场全方位地实施招标、投标是社会主义商品经济发展的必然结果，招投标制就是要鼓励竞争，防止垄断，打破壁垒，从中优选工期短、造价低、质量好、社会信誉高的企业承包工程。

7.4　目前室内设计市场存在的问题

我国的室内设计经过几代人的努力，无论是在设计理念、艺术风格还是在文化品位、审美情趣方面，都取得了长足的进步。但是，我国建筑装饰业实际的发展历程毕竟还很短，受诸多因素的制约，在很多方面还有待提高，我们在享受这些进步带给我们喜悦的同时，还应当看到目前室内设计市场仍存在一系列的问题并积极探寻可行的解决办法和方案。

从目前国内的现状来看，室内设计主要依附于施工企业，缺乏对原创设计的激励机制。很多业主将设计视为施工的附庸，把设计当成"免费的午餐"。施工企业为了获取参与施工投标的机会，不得不投入大量的资金去参加所谓的"设计招标"。由于这种"设计招标"中标率很低，投标企业又难以获得合理的费用补偿，企业为了保证工程利润，只好压低设计费，从而导致设计水平难以提高。建筑装饰设计的从业人员大多以特定的设计项目为中心，三五成群，临时组合，设计水平良莠不齐，设计人员流动性大，相互之间缺乏配合和交流，因而在规模上无法发挥优势，在创作上难以形成特色，也就无法从根本上改变目前这种总体设计水平较低和设计现场服务质量不高的局面。目前，全国从事设计工作的人员有50多万，其中20%集中在大专院校或设计院，80%服务于民营企业。国家虽然早已颁布了《建筑工程装饰设计单位资格分级标准》和《工程勘察设计收费标准》，但在实际操作中往往不按标准执行。在一项中、高档的装饰工程中，建设单位为了降低投资成本，将设计部分的费用降到最低，甚至不付设计费，而承包方为了能取得这个工程的施工，也愿意免除设计费。在家装行业，很多公司为了抢到客户，更是以"免费设计"为"诱饵"。设计费用的低廉，必然导致设计水平的下降。此外，设计人员的专业技术职称一直空缺，这导致了设计人员的水平参差不齐，一些只会画效果图的人却自称为设计师。

细分来说，目前室内设计市场主要存在的问题有多头管理问题、进入市场的主体资格问题和招投标活动中的问题。

7.4.1 多头管理问题

1. 市场现状

建筑装饰业毫无疑问是建筑业的一个分支，归建设行政部门管理，而室内装饰业作为建筑装饰业的一个分类，曾出现由建设行政部门和轻工部门共同管理的情况。由于两个部门工作关系不顺，并同时颁发政策法规、审批企业资质和查处装饰工程中的这种多头管理，就造成了企业无所适从，市场管理混乱，并给室内设计的操作和装饰工程施工质量带来了不少隐患。

造成这一问题的原因是：室内装饰业乃至整个建筑装饰业在我国形成的时间不长，属于新兴行业，我们对室内装饰装修活动的性质理解不够，有些人甚至认为室内设计与装饰、建筑无关，从而使其行业归属问题不明确。

2. 解决办法

目前我们已经认识到了这种多头管理是要不得的，必须统一管理。1998年，国家建设部在对江苏省建议委员会《关于明确建筑装饰装修归口管理的紧急请示》的复函中已明确指出"家庭居室装饰"及除其以外的装饰装修"应全部归建设行政主管部门管理"。

自2004年7月1日起正式施行的《中华人民共和国行政许可法》要求政府退出行业管理，只进行市场管理，即只对市场失灵进行行政干预。原轻工业部历经时代变迁，相继改为中国轻工总会、国家轻工业局、中国轻工业联合会。中国室内装饰协会为社团组织，故原来轻工部门对装饰市场和行业的管理演变为只有行业管理的职能，而装饰市场管理的职能，自然而然地统一由建设行政主管部门归口管理。黄白先生在《2004年中国建筑装饰行业发展》一文中指出："《行政许可法》引起的最大变革是，政府以前是市场和行业都管，现在是政府管理市场，协会管理行业。给建筑装饰带来的最大实惠是，始于1986年，历经18年，深遭业内痛绝，屡经国务院历届领导、中央编制委员会、国务院办公厅协调的装饰市场和行业多头管理的大问题，竟在 2004 年发生质的变化。”[18]建筑装饰市场的多头管理在《行政许可法》的实施后有可能在全国得到彻底地解决。

7.4.2　进入市场的主体资格问题

1. 市场现状

在建筑装饰行业的市场中，任何一个从事建筑装饰工程设计、施工或监理的企业必须持有进入市场的“许可证”才能进行市场交易，即是市场准入制。目前，在我国都有相应的资质管理标准对从事装饰工程活动的企业进行资质认证。在 1995 年颁布的《建筑装饰装修管理规定》中，第十一条明确规定：“凡从事建筑装饰装修的企业，必须经建设行政主管部门进行资质审查并取得资质证书后，方可在资质证书规定的范围内承担工程和设计工作。建设单位不得将建筑装饰装修工程发包给无资质证书或不具备相应资质条件的企业。”[19]这种管理对于规模较大的公共建筑装饰活动具有一定的约束作用。目前的市场现状是：一方面，在公装市场中，一些具有资质证书的装饰企业在承接建筑装饰工程时超越资质等级，低资质甚至是无资质的企业挂靠高资质等级的企业来承接室内设计和工程施工任务；另一方面，规模小、利润少的家庭装饰市场的大部分份额被那些没有资质甚至是没有营业执照的“路边游击队”占领着，这就造成了家庭装饰装修工程质量的无法保证，家庭装饰的室内设计工作处于无序状态。

由于公共建筑装饰多属于中高级甚至是特级装饰，它要求的工艺技术、质量水平、管理经验都比较高，加之一些业主不顾装饰工程的实际情况，连 100 万左右的工程也要一级资质等级的企业承担，这就使得低资质企业失去了市场竞争的空间，只好到处寻找挂靠单位。此外，由于家庭装饰的规模小，不需要太多的资金运转，它的需求者多是对装饰工程不太了解的老百姓，他们在选择装饰队伍时多以价格为依据，这就使运行成本小的“游击队”有了市场优势。

2. 解决办法

加强市场主体资格的审核，是解决这一问题的根本途径。对于公装市场，在进行招投标行为前应严格审查投标人是否具有相应的资质证书，证书是否真实，严格按照国家规定的范围选择承包单位，选择真正有实力的装饰装修企业。对于家装市场，目前我国各个地区都制定了有关家装市场管理的规定，并根据各地区的经济发展情况设置了家装市场准入的标准。以南京市为例，在 2001 年颁布的《南京市装饰装修管理规定》中明确规定，“注册资金不低于 10 万元”，“工程技术、施工人员不少于 10 名，其中专业技术、经济管理人员不少于 3 名”的装饰公司才能申请领取《南京市住宅装饰装修资格证书》，在取得证书后方可进入家装市场从事家庭装饰装修活动。[20]这就杜绝了那些“打一枪换一炮”的“游击队”进入家装市场搅乱市场秩序。同时，适当地提高现有的市场准入门槛并制定市场清出制度，动态地管理装饰企业的资质对一些不具备相应资质的企业要坚决予以取缔或降级。

7.4.3 招投标活动中的问题

1. 市场现状

虽然国家颁布《中华人民共和国招标投标法》已有四年多了，招标、投标制在建筑装饰行业的市场运作中起到了一定的市场规范作用，但是在建筑装饰行业的招投标活动中仍存在着一些不规范的问题。

在我国，室内设计招投标源起于有着悠久历史的建筑设计竞赛“比图”。对于重要地段，反映重要历史时期的重大建筑，设计竞赛不仅成为了一个时期的建筑里程碑，而且竞赛本身也成为了公众和传媒津津乐道的趣谈。设计竞赛要投入非凡的精力，集中个人和集体的智慧和能力，它与通常的生产性的建筑设计和出图在劳动形式上有着本质的不同。当这种劳动形式演变成设计公司的一种长年累月的活动或是生存手段时；当一个总造价约 50 万的室内设计项目都需要设计投标时，设计公司难免不处于奔命之中。再者，设计招投标制度的实施不是一蹴而就的，有缺陷在所难免，就目前国内招投、标实际情况来说，室内设计招投标主要在这几个环节仍有尚待完善之处：

（1）专家评委

进行招投标时，请相关专业的专家担任评委是确保设计质量的一个环节，但是，在操作时经常碰到一些问题。其一，尽管考虑到了应有的回避，但有时评审团内仍会出现参赛单位专家的评审不公正的情况，有时候，即使评委与投标人无直接关系，但出于地方保护主义的心理，多数被选评委为本省、本地区的专家，这对其他省、市的投标人来说无疑有些不平等。其二，“有的业主请专家只不过是为了遮人耳目，实际上在背后搞私下交易，专家的意见对他们也没有什么作用。更有甚者，早买通了一些评委，串通一气，让某一个方案中标。”[21]其三，评委的水准也应重视。个别评委对竞赛项目不熟悉、没研究，对新的设计理念和方法知之甚少，观念僵化，难以理解和接受竞赛方案中的新创意，这在很大程度上会阻碍设计水平的提高。

于是，有专家提出：“招标前应该把评委的名单公布出来，这样投标人可以有选择地投；另一方面，也使得评委更有责任心，会比较慎重地投出自己的一票。”[22]建立评委专家库，可减少不公平局面的出现。以上海市为例，市招投标办于 2000 年开始建立专家库，设计方面的评委按专业需要由招标单位在市招投标办的监督下，在市交易中心管理的评委专家库中随机抽定，这样可提高设计招投标的公平性。

（2）领导评委

对于一些大型政府工程，评审除了有一个专家组外，还有一个领导组。专家小组在评审之后，选出几个方案向领导小组汇报，由最高领导裁决。诚然，最终决定权属于领导小组本是合理的，因为领导小组是代表政府、国家的利益来进行最后决策的，但由于有着不同的审美观，出于不同的考虑等，领导组的意见可能与专家组的意见不同，这时领导可以推翻专家的意见，选择自己满意的方案，于是容易出现因某些领导的一家之言而导致的失败。以上海国际会议中心（1999 年）为例。从外观看，这个建筑不像出自专业人士之手，事实正是如此。“除了方案投标体现了建筑师的构思外，到后来一轮一轮的修改都有一种提线木偶般的机械。工程的设计已经完全失控，开始是被要求如何如何地改，设计师作为描图员，到后来甚至于发展到看到一个部位在施工了，建筑师才知道原来又有了改动。比如那些巨柱，开始是没有柱头的，看到工人在凿石头了，才知道原来领导亲自确定的柱子形式而且亲自选定了石头。有关专家评论‘实际建成的连 10% 的（建筑师的）想法都没有实现’。”[23]

（3）评审方式

除了评委，对评审方式，业界也有不少疑议。有时，开标后业主会认为提交的方案“虽各有优点，但均无法通过少量修改，达到满意的标准”，判定没有一家单位可以中标。为了获取更好的方案，业主事先也不作有关约定，就让各单位在不追加任何设计费的情况下回去修改，再进行第二轮评标，美其名曰再给大家一次“公平的机会”，甚至邀请各个设计者开个方案介绍会，互相取长补短，让设计人的创意完全公开化，并且提出一堆让人无所适从的意见，请大家回去对号入座。为了让大家出优化方案，业主对每个人都暗示了其有中标的可能，陷投标者于两难的境地，而最终的中标方案却是一个融合了几家创意的混合物。

对此，有关管理人认为，这些业主自行组织的招投标，未到管理部门办理监督管理手续，因此会出现有失公允的现象。设计单位在参加招投标的时候应该先了解业主是否办了合法手续。经过管理监督的招投标中一般不会存在很多问题，因为招投标办会对业主拟定的标书进行审核，保护投标人的合法利益。

（4）知识产权

常听到不少投标人抱怨，自己的知识产权得不到保护，毫无商业机密可言。的确，法规上并没有关于如何保护投标人的设计创意不被盗用的规定，因此业主可以随意使用设计人的创意。比如，在开标时，有的招标单位会声明，只要用到的未中标方案的内容不超过 50%，就不算侵权。有的方案尽管评分为最高，可是却不中标，或是中标了但方案又不让中标方做。更有甚者，实施方案就是在未中标方案的基础上改出来的，一分钱不付不说，业主还不承认，辩称是“不谋而合”。显然，这已不只是侵权了。业主的这些操作方式被投标人俗称为“骗方案”（有时无偿侵占设计成果的还有投标人的同行，方案雷同、互相抄袭已成为业界的“顽症”）。

关于“骗方案”等知识产权的问题，有关管理部门曾设想采用以下三种方案解决：“第一，如果工程需要，业主肯花代价，就以高价买断的方式，支付给所有投标单位超过成本价的费用，买断方案版权，以后随便怎么使用都不会产生异议。第二，当选定一家为中标单位以后，其他几家的方案如有可用之处，就要付给相应的方案费。如果选中了一个方案而由另外的单位做施工图，就要签订两份设计合同，一份是方案设计和初步设计合同，一份是施工图设计合同。第三，在许可的条件下采用定向议标的方式，找一家单位做几个方案，请专家来评审。”㉔

（5）投标人的资质

在《中华人民共和国招标投标法》中明确规定：“投标人以他人名义投标或者以其他方式弄虚作假，骗取中标的，中标无效……”㉕一些单位在投标活动中的弄虚作假、骗取中标的行为主要表现为：

1）以他人名义投标：在实践中多表现为一些不具备法定的或者投标文件规定的资格条件的单位或者个人，采取“挂靠”甚至直接冒名顶替的方法，以其他具备资格条件的企业、事业单位的名义进行投标竞争。

2）提交虚假的营业执照：提交虚假的资格证明文件，如伪造资质证书、虚报资质等级，虚报曾完成的工程业绩等情况。需要指出的是，具备资格的设计单位由于管理不严，出图口子较多，容易被人“挂靠”，于是在投标验资时，会出现两家投标人出具的设计单位与资质一模一样的尴尬场面。这类行为过去一直没有得到严肃的惩处。

也有专家指出，方案设计阶段不需要苛求投标人有一定资质，这样可将投标人的范围扩展到学生范围内，以求获得更多、更好的创意。比如在设计竞赛中，如果获胜的是在校的学生，那么有关部门可指定够资格的公司与之配合来完成这项工程。在这方面，中外国家其实都是早有先例了。

（6）“枪手”

说到投标人，就不得不提到“枪手”。多数的“枪手”都是由设计院校的在读本科生、研究生及青年教师和因嫌待遇差而离开设计院的自由职业者担当的，他们应该算作“业余枪手”，也有注册了设计咨询有限公司，拥有方案设计资格的“职业枪手”。

“枪手”的活儿多来自朋友的介绍，也有慕名而来的，而最终这些投标都是为某个设计和施工单位而做的。因为投标是目前多数设计和施工单位获得项目的主要途径，而他们无法安排出人力和时间来完成高质量的投标方案，于是在招投标体制下就游离出了这么一群“枪手”，设计和施工单位就只负责中标方案的扩初和施工图等后续设计。

虽然“枪手”机制不符合有关法规，但在实践中，对设计单位而言，找到得力的“枪手”就意味着生存与壮大。即使有一两次的失利，也无大碍，大不了再换个“枪手”。“枪手”们为了自己的声誉，为了获得更长久地委托，一般也会倾全力而为之，因此“枪手”机制日益稳固。

为了中标，“枪手”们一味标新立异，重形式、轻功能，强调个性，忽视环境关系，片面追求渲染图和模型的虚假效果，常常导致选出一些华而不实、玩弄形式的浮夸之作。招投标方案的评审随意性很大，往往不是最好的方案中标，要么是一些有特定关系的中标，要么就是包装炫耀的中标，真正简洁而有想法的方案却很少能被认可，中标机制的不合理使得“枪手”队伍不断地发展壮大。

(7) 设计报酬、时间和深度

“枪手”队伍的壮大，还同不合理的设计报酬有关。目前的法规只对投标时间作了规定。《建筑工程设计招标投标管理办法》(以下简称《办法》) 方案第十一条规定：“招标人要求投标人提交投标文件的时限：特级和一级建筑工程不少于 45 日；二级以下建筑工程不少于 30 日；进行概念设计招标的，不少于 20 日。”[26]《办法》仅在第九条规定了招标文件中应约定对“未中标方案的补偿办法”，但没有具体数值规定，于是出现了各种各样的补偿标准。

工程规模不同，规定的补偿也很不一样，即便是性质相同的工程，由于各个地区的物价指数不一样，补偿也会有差别。有的地区每个项目的补偿仅 5000 元，甚至更少，连方案设计的成本都不够，甚至还有不给补偿费的。

低补偿，使得规模较小的设计单位不可能花足够的时间，配备足够的人力来投标，于是造成设计成果粗糙，达不到设计深度，而业主又反过来觉得设计单位是来“混补偿费”的，于是不愿支付更多的补偿费，如此恶性地循环，造成室内设计招标出来的作品难以提高。

(8) 与业主的沟通

除了上述的缺陷外，招投标制度还直接挑战了室内设计的一个本质问题：沟通。设计师通过设计为业主提供良好的专业服务，从方案设计开始就需要不断与业主交流，听取业主的需求，为业主出谋划策。如此，才可能出现好方案。然而在招投标体制下，受竞赛规则的限制，设计师很难和业主有充分的沟通，通常只能凭借有限的招标文件和发标会粗浅地了解项目内容，揣摩业主的意图和领导的指示，做方案时不得不花大量的时间与精力去关注如何才能中标，专家喜欢什么样的方案，业主又如何挑选方案。这样，方案只能做一些表面的形式，比如标书做得漂亮些，表现图画得好看一些，其实那都是用来骗骗外行业主的，真正是不是这么回事，其实根本来不及想明白。其结果具中标方案未必真能满足实际使用要求，或者大量修改，甚至不能实施、推倒重来的情况也时有发生。超过预算、超周期是经常的事，很多项目不是业主自己掏钱，而是公家掏钱，当然不心疼，这在私有制和市场经济下简直不可想象。因此，有时不得不怀疑缺乏沟通的投标是不是能得到一个好方案，并最终得到好的室内环境。

(9) 中标方案的实施

竞赛的机制往往使人们过多地关注方案本身，似乎选出了好方案就会有设计精品，其实不然。

其一，中标单位历经艰辛，辛劳一场，即使中了标也不一定能获取全部设计权。这主要是由于设计收费的地区性差异悬殊（可相差 4 ~ 5 倍）及地方保护主义思想等原因，业主一开始就规定了中标单位没有后续设计权，扩初或施工图另外选择设计单位完成。为获得后续设计权，实力较弱的本地设计单位会采用压价竞争或靠关系等不正当手段揽活儿，后续设计往往成了狗尾续貂。其二,一些实力不够的设计单位雇佣“枪手”为其竞标，中标后自己承揽设计，由于水平有限，人员配备严重不齐，其结果可想而知。

这也可用来解释为什么不少设计方案的效果图如此动人，而建成后却差强人意了。

2. 解决办法

以上列举了目前室内设计招投标中的种种弊端，结合国内外经验和现已经出现的一些局部新现象，笔者特此归纳、提出一些或许可行的建议：

（1）业绩投标

参照国外的做法，“把现在进行的设计招标提前到项目立项或者建设计划审批之后，在方案的预可行性阶段搞项目的技术提案书竞赛。参赛提供的材料主要有以下几项：设计单位的资质、工程业绩；设计主持人的资格、能力、经验证明；设计小组的人员结构及成员业绩。这三个方面体现了对投标单位资质和设计人员资格的两方面管理。接着要提供的是设计人对该项目的理解、设想，设计师对该项目的构思：草图以及简单的技术说明。最后一项是设计周期、造价概算及设计费报价。”[27]此方法在香港政府工程项目上实行多年，效果不错。

（2）概念投标

前建设部副部长叶如棠在 2001 年第七届首都建筑设计汇报展上透露了新的建筑设计招投标办法：“设计单位在投标时，只需为招标者提供创作构思，即概念设计方案,而业主对投标单位只能采取一对一的招标方式。过去那种‘一网打尽’、相互压价的招投标方式将被淘汰。”“原来的招投标办法造成设计单位与招标单位的不平等交易，招标单位对投标方案是‘一网打尽’，无偿占有设计者的模型、图纸、设计构思和建筑物材料的选择方案，导致知识产权、设计单位的设计成本都要‘付之东流’，造成资源的极大浪费。”在即将公布的新办法中规定：“投标单位只需向招标单位提供概念设计方案，不再提供整套设计方案……”[28]

对于室内设计招投标，这种操作方式一样可行，实践证明，概念投标比较适用于规模大、设计周期长的项目。其优点是：投标人出图深度较浅、设计周期较短，业主可相应支付较少的补偿费，有利于减少人力、物力的投入。其缺点是：实际操作有难度。原因有三点：①项目紧迫，大多业主希望能一步到位；②概念设计的评标标准很难定位；③设计单位不敢冒风险。

（3）先概念后深化

目前在一些招投标中兴起了分两步走的做法，即概念设计来自境外，可不经过投标，深化设计则在境内组织招投标。

由于内地不少业主对境外设计单位颇感兴趣纷纷青睐他们的设计概念，在一些项目设计中，业主往往在第一轮邀请一家或几家境外设计单位提交概念性方案设计，一般来讲，这一轮设计可不经过政府部门而私下进行。选定一个方向后，业主再邀请几家境内设计单位进行第二轮深化方案投标，并邀请提交概念设计的设计师做评委。这种做法有如下特点：①举行概念方案征集，业主可避开国家有关规定的限制，获得较新颖独特的设计概念；②减少了设计费用的支出，业主仅需按境外标准支付境外设计单位方案费，而无需支付全部的高额工程设计费，因为境内设计单位收取的设计费相对是较低的；③可少经过一些部门的审批，例如外汇支出一项，业主可以同境外设计单位协商，只支付其人民币或少量外汇，这样就不必经过外经贸委的批准，既减少了手续，又缩短了周期；④若业主只邀请一家境外设计单位做概念性方案设计，政府也不能说他没有进行设计招投标，违反《建筑工程设计招标投标管理办法》（中华人民共和国建设部令第 82 号），因为业主还有第二轮深化方案投标。

（4）社会的持续“设计素质教育”

群众的“喜闻乐见”应该受到尊重，但室内设计对社会欣赏趣味的引领作用亦不能忽视。“室内业界和社会都应弘扬高雅的品位和符合大众利益的优秀设计作品，对粗制滥造、堆砌炫耀的设计则应有批评的声音，有关专业媒体可以选择一些优秀的设计招投标项目作较详细的报道，介绍方案、业主、评委、设计人。”[29]这将有利于公众监督、抵制暗箱操作等不正当竞争的出现，并且可以不断推出新人，有效地促进我国室内设计水平的普遍提高。国外的这类经验值得借鉴，德国有一份名为“设计竞赛”的月刊，专门介绍境内的建筑设计投标与竞赛，每期会推出 5 ~ 6 个项目的所有获奖作品。涉及的项目的规模既有几十万平方米的，也有几百平方米的；参与并获奖的既有世界级建筑大师，也有名不见经传的初出茅庐者，甚至是学生；既有寥寥几笔的概念设计，也有从模型到图纸一应俱全的实际工程。此外，它还报道了业主、评委及其对每个方案的意见、各个获奖等级的金额等。无疑，这对公众、使用者、业主、设计师和政府官员都能起到一种持续的“素质教育”作用。

当新的室内设计招投标规定出来之后，建设单位和室内设计单位应严格依法行事，对不按规章办事的单位和个人，必须依法惩处。必须加大执法力度，建立舆论监督体制，让招投标在公平、公正的环境下进行。

以上提出的一些问题是在实践过程中常常出现的问题，是我国当代室内设计市场所存在的，也是比较容易忽视的问题，但这部分问题是关系到整个室内设计市场是否有序、整个室内装饰行业是否能持续繁荣的关键问题。这些问题解决好了，整个室内装饰行业的市场运作将更加顺畅，室内设计系统的商务运作将更加顺利。

7.5　小　　结

本章对室内设计系统在商务运作过程中所牵涉的相关知识、理论体系进行了深刻的剖析和广泛的讨论。通过对室内设计市场的概念、主体和运作进行大体的分析，对室内设计的法规体系进行系统的归类和总结，对室内设计的招投标进行细致的阐述，对室内设计市场目前所存在的问题展开深入的剖析并力图找出可行的解决方法，从而使我们进一步认识到室内设计不仅是一项艺术性与技术性的活动，更是一项蕴涵经济性的活动，室内设计系统是一个融经济性、艺术性和技术性为一体的综合体系。

注释：

① 杨树清等．工程招投标与合同管理 [M]. 重庆大学出版社，2003：1.

② 杨树清等．工程招投标与合同管理 [M]. 重庆大学出版社，2003：4.

③ 黄白 .2004 年中国建筑装饰行业发展．中国建筑装饰协会（www.ccd.com.cn）

④ 黄白 .1999 年我国建筑装饰行业发展与立法．中国建筑装饰，3/2003：13.

⑤ 汪光焘．开拓进取 推动建设事业持续健康发展 .2004 年全国建设工作会议，2004.

⑥ 黄燕．初探中国当代建筑装饰行业的市场发展 [D]. 南京林业大学硕士学位论文，2004：37.

⑦ 国务院办公厅关于进一步整顿和规范建筑市场秩序的通知 [S].2001.

⑧ 李孝义．关于“建筑装饰装修专项工程设计—施工企业资质等级标准”的看法．中国建筑装饰协会（www.ccd.com.cn）

⑨ 杨树清等．工程招投标与合同管理 [M]. 重庆大学出版社，2003：79.

⑩ 杨树清等．工程招投标与合同管理 [M]. 重庆大学出版社，2003：80.

⑪ 陈恒超．装饰装修工程项目管理 [M]. 中国建材工业出版社，2002：40.

⑫ 陈恒超．装饰装修工程项目管理 [M]. 中国建材工业出版社，2002：41.

⑬ 陈恒超．装饰装修工程项目管理 [M]. 中国建材工业出版社，2002：42.

⑭ 房屋建筑和市政基础设施工程施工招标投标管理办法（建设部第 89 号令）[S].2001.

⑮ 工程建设施工招标投标管理办法（建设部令第 23 号）[S].1992.

⑯ 房屋建筑和市政基础设施工程施工招标投标管理办法（建设部第 89 号令）[S].2001.

⑰ 工程建设项目招标范围和规模标准规定（国家发展计划委员会第 3 号令）[S].2003.

⑱ 黄白 .2004 年中国建筑装饰行业发展．中国建筑装饰协会（www.ccd.com.cn）

⑲ 建筑装饰装修管理规定（建设部第 46 号令）[S].1995.

⑳ 南京市装饰装修管理规定 [S].2001.

㉑ 李武英．也谈建筑工程设计中的招投标 [J]. 时代建筑，3/2000：27.

㉒ 李武英．也谈建筑工程设计中的招投标 [J]. 时代建筑，3/2000：27.

㉓ 李武英，彭谏．一波三折双珠落盘——评上海国际会议中心．时代建筑，1/2000：45.

㉔ 李武英．也谈建筑工程设计中的招投标 [J]. 时代建筑，3/2000：27.

㉕ 中华人民共和国招标投标法（中华人民共和国主席令第 91 号令）[S].2000.

㉖ 建筑工程设计招标投标管理办法（建设部第 82 号令）[S].2000.

㉗ 薛求理，史巍．建筑设计招投标选优还是负累 [J]. 建筑师，4/2003：32.

㉘ 同济大学建筑设计研究院．技术简报，2001.

㉙ 薛求理，史巍．建筑设计招投标选优还是负累 [J]. 建筑师，4/2003：33.

第8章　结　　语

本书通过对室内设计系统理论基础的探讨，试图架构室内设计系统的理论体系，并紧密结合笔者学习和工作过程中的设计案例，从室内设计系统的外部条件、技术体系、运行轨迹和商务运作等方面对室内设计系统进行系统、全面、深刻的探讨，并对系统运行过程中所出现的问题和所采取的解决方案展开分析和评述。由此我们可以提出：

1. 通过对系统论、设计方法论、经济学、人体工程学等方面的知识和研究成果及其对社会发展所作出的贡献进行阐述和分析，可使室内设计系统具备一定的理论基础。

2. 通过对室内设计的内涵、内容、目标、责任的阐述和探讨，对系统设计概念和范畴的分析与论述，从室内设计的内容和程序等方面出发，可以构建一个较为完善的室内设计系统，并可以从横向和纵向设计系统及室内设计系统的特征等方面进行研究。

3. 通过对室内设计系统与社会、经济、技术、人文和环境等因素关系的探讨，我们发现室内设计系统并不是一个孤立的系统，受着多种因素的影响和制约，只有当众多外部条件具备并能起到综合作用时，室内设计系统才能顺利地运行和发展。

4. 通过对室内设计系统中所牵涉的细部处理、材料选择、光环境与声环境的设计与处理、水电风的专业协调等问题的分析和讨论，对处理这些问题的不同案例的分析，我们发现，技术问题对室内设计系统有相当程度的影响，对这些技术问题的处理决定着室内设计系统能否顺畅运行。

5. 室内设计系统在运行过程中所历经的项目立项与信息处理、概念设计与设计表达、方案实施与设计优化、后期陈设与设施选配、投入使用与设计评价等环节是一个跨度大、历时长、环节多的复杂体系，室内设计系统在运行过程中的任何一个环节处理得不好都有可能破坏系统的顺畅性和完整性。

6. 室内设计是一项蕴涵经济性的活动，系统在商务运作过程中所牵涉的室内设计市场、法规体系、招投标活动和目前我国室内设计市场存在的问题是一个融经济性、艺术性和技术性为一体的综合体系。

参考文献

[1] John F. Pile. Interior Design[M].Prentice Hall Inc, 1992.

[2] S. C. Reznikoff. Interior Graphic and Design Standards[M]. New York：Whitney Library of design, 1986.

[3] Melanie & Johnaves. Interior Designers’ Color[M].Rockport Publishers Inc,1994.

[4] No.1 Riley. World Furniture[M].Octopus Books Limited,1980.

[5] Nelson Hammer. Interior Landscape Design[M].McGraw-Hill Architectural & Scientific Publications Inc, 1991.

[6] C.Alexander.A pattern Language[M].Oxford University Press，1977.

[7]（美)雷·福克纳．美国室内设计通用教材 [M]. 陈德民译．上海:上海人民美术出版社，2004.

[8]（美）约翰·派尔．世界室内设计史 [M]. 刘先觉译．北京：中国建筑工业出版社，2003.

[9]（美）舍伍德．系统思考 [M]. 邱昭良译．北京：机械工业出版社，2004.

[10]（美）威诺·麦思．工作空间设计 [M]. 北京：中国轻工业出版社，2001.

[11]（美）程大锦．室内设计图解 [M]. 陈冠宏译．大连：大连理工大学出版社，2003.

[12]（英）荷边兹．西方美学家论美和美感．北京：商务印书馆，1980.

[13]（英）里斯．室内水景园林设计 [M]. 李路明译．天津：天津大学出版社，2003.

[14]（英）费伊·斯威特．室内细部 [M]. 北京：北京科学技术出版社，2003.

[15]（日）中岛龙兴．照明灯光设计 [M]. 马卫星译．北京：北京理工大学出版社，2003.

[16]（日）田口玄一．设计方法论 [M]. 戚昌滋译．北京：中国建筑工业出版社，1995.

[17]（日）相马一郎，佐古顺彦．环境心理学 [M]. 周畅译．北京：中国建筑工业出版社，1979.

[18]（日）伊东忠彦．美国第三代建筑师与方法论 [M]. 蔡柏锋译．台北：尚林出版社，1978.

[19]（古罗马）维特鲁威．建筑十书 [M]. 高履泰译．北京：知识产权出版社，2004.

[20] 张青萍．解读 20 世纪中国室内设计的发展．南京林业大学博士学位论文 .2004.

[21] 胡剑虹．面向大规模定制的家具设计与制造——住宅家具系统设计 [D]. 南京林业大学博士学位论文 .2002.

[22] 王福云．公共厅堂的室内设计的系统观 [D]. 南京林业大学硕士论文 .2000.

[23] 黄燕 . 初探中国当代建筑装饰行业的市场发展 [D]. 南京林业大学硕士学位论文 .2004.
[24] 周波 . 当代室内设计教育初探 [D]. 南京林业大学硕士学位论文 .2004.
[25] 刘树老 . 铝及铝合金在室内设计中的应用研究 [D]. 南京林业大学硕士学位论文 .2002.
[26] 王黎 . 现代公共建筑室内自然景观设计 [D]. 南京林业大学硕士学位论文 .2003.
[27] 金勇 . 室内设计中的技术表现研究 [D]. 同济大学硕士学位论文 .2002.
[28] 吴家骅 . 环境艺术设计 [M]. 上海 ：上海书画出版社，2003.
[29] 梁思成 . 凝动的音乐 [M]. 天津 ：百花文艺出版社，1999.
[30] 刘敦桢 . 中国古代建筑史 [M]. 北京 ：中国建筑工业出版社，1997.
[31] 刘锡良 . 现代空间结构 [M]. 天津 ：天津大学出版社，2003.
[32] 方汉中 . 世界建筑材料发展水平趋势 [M]. 北京 ：科学普及出版社，1989.
[33] 刘吉昆 . 设计艺术概论 [M]. 北京 ：清华大学出版社，2004.
[34] 贾衡 . 人与建筑环境 [M]. 北京 ：北京工业大学出版社，2001.
[35] 林焰 . 意象园林 [M]. 北京 ：机械工业出版社，2004.
[36] 朱小平 . 中国建筑与装饰艺术——现代环境艺术设计丛书 [M]. 天津 ：天津人民美术出版社，2003.
[37] 符芳 . 建筑装饰材料 [M]. 南京 ：东南大学出版社，1994.
[38] 贾民权 . 建筑装饰施工技术 [M]. 北京 ：中央广播电视大学出版社，2000.
[39] 赵樱 . 建筑声学——原理和实践 [M]. 北京 ：机械工业出版社，2005.
[40] 张玉明 . 建筑装饰材料与施工工艺 [M]. 济南 ：山东科学技术出版社，2004.
[41] 王培铭 . 绿色建材的研究与应用 [M]. 北京 ：中国建材工业出版社，2004.
[42] 陈力军，刘丽 . 建筑装饰构造与施工——建筑环艺教学丛书 [M]. 石家庄 ：河北美术出版社，2003.
[43] 靳玉芳 . 房屋建筑学 [M]. 北京 ：中国建材工业出版社，2004.
[44] 连添达 . 中央空调工程施工组织 [M]. 北京 ：机械工业出版社，2004.
[45] 叶霏，张寅 . 装饰装修工程预算 [M]. 北京 ：中国水利水电出版社，2004.
[46] 金卫华 . 商业空间装饰设计 [M]. 杭州 ：浙江科学技术出版社，2004.
[47] 顾小玲 . 景观设计艺术 (设计篇) [M]. 南京 ：东南大学出版社，2004.
[48] 姬长武，袁静 . 室内外环境艺术设计 [M]. 济南 ：济南出版社，2004.
[49] 项端祈，王峥 . 演艺建筑声学装修设计 [M]. 北京 ：机械工业出版社，2004.
[50] 冯美宇 . 建筑装饰装修构造 [M]. 北京 ：机械工业出版社，2004.
[51] 赵思毅 . 室内光环境 [M]. 南京 ：东南大学出版社，2003.
[52] 李沙，冯安娜 . 室内设计参考教程 [M]. 天津 ：天津大学出版社，1998.
[53] 蔡颖佶，徐鹏 . 家庭装修设计与施工 [M]. 成都 ：四川科学技术出版社，2003.
[54] 章锦荣，王倩 . 室内设计与装修工程 [M]. 天津 ：天津人民美术出版社，2003.
[55] 瘳耀发 . 建筑物理 [M]. 武汉 ：武汉大学出版社，2003.
[56] 林振，曾杰 . 建筑装饰装修工程项目管理概论 [M]. 北京：中国劳动社会保障出版社，2003.
[57] 吴泽宁 . 工程项目系统评价 [M]. 郑州 ：黄河水利出版社，2002.

[58] 唐定曾，康海 . 建筑电气技术 [M]. 北京：机械工业出版社，2004.
[59] 郭永亮 . 装饰装修施工组织设计 [M]. 北京：中国建材工业出版社，2002.
[60] 宋广生 . 室内环境质量评价及检测手册 [M]. 北京：机械工业出版社，2003.
[61] 周浩明，方海 . 现代家具设计大师—约里奥，库卡波罗 [M]. 南京:东南大学出版社，2002.
[62] 刘忠伟，马眷荣 . 建筑玻璃在现代建筑中的应用 [M]. 北京：中国建材工业出版社，2000.
[63] 鲍家声 . 高校图书馆建筑设计 [M]. 南京：东南大学出版社，2003.
[64] 杨健 . 室内空间徒手表现 [M]. 辽宁：辽宁科学技术出版社，2003.
[65] 王建国，张彤 . 安藤忠雄 3[M]. 北京：中国建筑工业出版社，2004.
[66] 张青萍 . 室内环境设计 [M]. 北京：林业出版社，2003.
[67] 胡延利，陈宙颖 . 世界建筑大师系列作品集（罗杰斯）[M]. 北京：中国科学技术出版社，2004.
[68] 华怡建筑工作室 . 黑川纪章 [M]. 北京：中国建筑工业出版社，1997.
[69] 马克思恩格斯全集（第三卷）[M]. 广州：中国文艺出版社，1976.
[70] 霍维国，霍光 . 中国室内设计史 [M]. 北京：中国建筑工业出版社，2003.
[71] 黄亮宜 . 邓小平理论 [M]. 北京：九州出版社，1999.
[72] 王静 . 现代市场调查 [M]. 北京：首都经济贸易大学出版社，2001.
[73] 杨健 . 室内空间徒手表现法 [M]. 辽宁：辽宁科学技术出版社，2003.
[74] 黎志涛 . 室内设计方法入门 [M]. 北京：中国建筑工业出版社，2004.
[75] 刘先觉 . 现代建筑理论 [M]. 北京：中国建筑工业出版社，1999.
[76] 何强，井文涌，王翊亭 . 环境学导论 [M]. 北京：清华大学出版社，2004.
[77] 陆震纬，来增祥 . 室内设计原理 [M]. 北京：中国建筑工业出版社，1997.
[78] 刘盛璜 . 人体工程学与室内设计 [M]. 北京：中国建筑工业出版社，1997.
[79] 屠兰芬 . 室内绿化与内庭 [M]. 北京：中国建筑工业出版社，1996.
[80] 吴硕贤，夏清 . 室内环境与设备 [M]. 北京：中国建筑工业出版社，1996.
[81] 许柏鸣 . 家具设计 [M]. 北京：中国轻工业出版社，2002.
[82] 夏云，夏葵，施燕 . 生态与可持续建筑 [M]. 北京：中国建筑工业出版社，2002.
[83] 杜汝俭，李恩山，刘管平 . 园林建筑设计 [M]. 北京：中国建筑工业出版社，1986.
[84] 陈从周 . 说图 [M]. 上海：同济大学出版社，1994.
[85] 同济大学城市规划教研室 . 中国城市建筑史 [M]. 北京：中国建筑工业出版社，1982.
[86] 周维权 . 中国古典园林史 [M]. 北京：清华大学出版社，1999.
[87] 傅信祁，广士奎 . 房屋建筑学 [M]. 北京：中国建筑工业出版社，1990.
[88] 徐化成 . 景观生态学 [M]. 北京：中国林业出版社，1996.
[89] 罗小未，蔡琬英 . 外国建筑历史图说 [M]. 上海：同济大学出版社，1986.
[90] 张绮曼 . 室内设计的风格样式与流派 [M]. 北京：中国建筑工业出版社，2000.
[91] 李朝阳 . 室内空间设计 [M]. 北京：中国建筑工业出版社，1999.

[92] 潘吾华 . 室内陈设艺术设计 [M]. 北京 ：中国建筑工业出版社，1999.
[93] 刘建荣 . 建筑构造 [M]. 北京 ：中国建筑工业出版社，2000.
[94] 齐康 . 城市建筑 [M]. 南京 ：东南大学出版社，2001.
[95] 刘先觉，武云霞 . 历史，建筑，历史——外国古代建筑史简编 [M]. 徐州 ：中国矿业大学出版社，1994.
[96] 沈玉麟 . 外国城市建筑史 [M]. 北京 ：中国建筑工业出版社，1989.
[97] 徐永吉 . 木材学 [M]. 南京 ：南京林业大学木材学教研室，2000.
[98] 孙攸祥 . 园林艺术以及园林设计 [M]. 北京 ：北京林业大学城市园林系，1986.
[99] 南京林业大学木材工业学院设计艺术教研组 . 设计制图 .
[100] 宋永昌，由文辉，王祥荣 . 城市生态学 [M]. 上海 ：华东师范大学出版社，2000.
[101] 颜宏亮 . 建筑构造设计 [M]. 上海 ：同济大学出版社，1999.
[102] 刘芳，苗阳 . 建筑空间设计 [M]. 上海 ：同济大学出版社，2001.
[103] 刘文军，韩寂 . 建筑小环境设计 [M]. 上海 ：同济大学出版社，1999.
[104] 张为诚，沐小虎 . 建筑色彩设计 [M]. 上海 ：同济大学出版社，2000.
[105] 沈福煦 . 建筑设计手法 [M]. 上海 ：同济大学出版社，1999.
[106] 钱健，宋雷 . 建筑外环境设计 [M]. 上海 ：同济大学出版社，2001.
[107] 支文军，徐千里，体验建筑——建筑批评与作品分析 [M]. 上海：同济大学出版社，2000.
[108] 陈易 . 建筑室内设计 [M]. 上海 ：同济大学出版社，2001.
[109] 彭一刚 . 建筑空间组合论 [M]. 北京 ：中国建筑工业出版社，1998.
[110] 徐岩，蒋红蕾等 . 建树群体设计，2000.
[111]《中国建筑史》编写组 . 中国建筑史 [M]. 北京 ：中国建筑工业出版社，1993.
[112] 陈志华 . 外国建筑史 [M]. 北京 ：中国建筑工业出版社，1996.
[113] 陈有明 . 园林树木学 [M]. 北京 ：中国林业出版社，1990.
[114] 同济大学等 . 外国近现代建筑史 [M]. 北京 ：中国建筑工业出版社，1982.
[115] 张绮曼，郑曙旸 . 室内设计资料集 [M]. 北京 ：中国建筑工业出版社，1991.
[116] 霍维国，霍光 . 中国室内设计史 [M]. 北京 ：中国建筑工业出版社，2003.
[117] 朱钟炎，王耀仁，王邦雄，朱保良 . 室内环境设计原理 [M]. 上海：同济大学出版社，2003.
[118] 郑曙旸 . 室内设计思维与方法 [M]. 北京 ：中国建筑工业出版社，2003.
[119] 郑曙旸 . 室内设计程序 [M]. 北京 ：中国建筑工业出版社，1999.
[120] 刘云月，马纯杰 . 建筑经济 [M]. 北京 ：中国建筑经济出版社，2004.
[121] 杨永生 . 建筑百家言（续编）[M]. 北京 ：中国建筑工业出版社，2003.
[122] 张启人 . 通俗控制论 [M]. 北京 ：中国建筑工业出版社，1992.
[123] 陆谷孙 . 英汉大词典 [M]. 上海 ：上海译文出版社，1993.
[124] 辞海编辑委员会，辞海，1999 版普及本 [M]. 上海 ：上海辞书出版社，1999.
[125] 李喜先等 . 技术系统论 [M]. 北京 ：科学出版社，2005.
[126] 苗东升 . 系统科学精要 [M]. 北京 ：中国人民大学出版社，1998.

[127] F · 拉普 . 技术哲学导论 [M]. 刘武等译 . 辽宁：辽宁科学技术出版社，1986.
[128] 伊东忠彦 . 美国第三代建筑师与方法论 [M]. 蔡柏锋译 . 台北：台北尚林出版社，1978.
[129] 虞和锡 . 工程经济学 [M]. 北京：中国计划出版社，1999.
[130] 王小波 . 投入产出分析 [M]. 北京：中国统计出版社，1998.
[131] 邓卫 . 建筑工程经济 [M]. 北京：清华大学出版社，2000.
[132] 刘月云 . 建筑经济 [M]. 北京：中国建筑工业出版社，2004.
[133] 张卓明，康荣平 . 系统方法 [M]. 辽宁：辽宁人民出版社，1987.
[134] 马立成 . 控制方法论 [M]. 辽宁：辽宁人民出版社，1987.
[135] 胡延利，陈宙颖 . 世界建筑大师系列作品集（罗杰斯）[M]. 北京：中国建筑工业出版社，1999.
[136] 明斯克 . 民用建筑室内设计 [M]. 北京：中国建筑工业出版社，1995.
[137] 马克思恩格斯全集（第三卷）[M]. 广州：中国文艺出版社，1976.
[138] 陈从周 . 说园 [M]. 上海：同济大学出版社，2000.
[139] 春秋谷梁传 · 庄公二十三年 .
[140] 墨子 [M].
[141]（明）李渔 . 闲情偶记 [M].
[142] 华怡建筑工作室 . 黑川纪章 [M]. 北京：中国建筑工业出版社，1997.
[143] 张枫丹 . 细节决定命运 [M].1996.
[144] 金长铭 . 阅读贝聿铭 [M]. 台北：田园城市出版社，1992.
[145] 陈镌，莫天伟 . 建筑细部设计 [M]. 北京：中国建筑工业出版社，2002.
[146] 陈世霖 . 建筑装饰材料 [M]. 北京：中国建筑工业出版社，1999.
[147] 王国骋 . 马克思主义哲学原理 [M]. 南京：河海大学出版社，1996.
[148] 彭吉象 . 艺术学概论 [M]. 北京：高等教育出版社，2002.
[149] 杨树清等 . 工程招投标与合同管理 [M]. 重庆：重庆大学出版社，2003.
[150] 陈恒超 . 装饰装修工程项目管理 [M]. 北京：中国建材工业出版社，2002.
[151] 同济大学建筑设计研究院 [N]. 技术简报 .2001.
[152] 王连成 . 工程系统论——一门工程元学科 [J]. 系统工程与电子技术 .19/1997.
[153] 王连成 . 工程　工程系统　工程系统论与工程科学体系 [J]. 中国工程科学 .6/2001.
[154] 王连成 . 总体部的历史经验与工程系统论 [N]. 中国航天报 .09/1998.
[155] 白林 . 设计方法论 [J]. 中国建筑装饰装修 .9/2003.
[156] 王大勇 . 室内设计的涵义与意义新探 [N]. 内蒙古民族师范学院学报 .5/2004.
[157] 吴家骅 .2004. 南京室内设计论坛 [J]. 室内设计与装修 .11/2004.
[158] 曹明钊 . 浅谈建设项目的投资控制 [J]. 西部探矿工程 .6/2004.
[159] 黄白 . 我国装饰行业存在的 10 个问题及成因 [J]. 室内设计与装修 .2/2000.
[160] 刘建新 . 建筑设计中的技术与艺术 [J]. 山西建筑 .2/2004.
[161] 郑刚强 . 室内装饰工程集成装配化研究 [N]. 武汉理工大学学报 .12/2001.
[162] 王大勇 . 室内设计的涵义与意义新探 [N]. 内蒙古民族师范学院学报 .05/2000.

[163] 夏万爽 . 室内设计中自然因素的引入 [J]. 装饰装修天地 .09/1997.
[164] 毕留主 . 当代室内设计的情感关注 [N]. 天津城市建设学院学报 .09/2003.
[165] 高祥生 . 建筑设计中室内设计的早期介入 [J]. 室内设计与装修 .06/1998.
[166] 沈志勤 . 建筑装饰材料与室内环境质量 [J]. 江苏建材 .2/2003.
[167] 易沙 . 分离与联系——浅议室内布光方式的层次化原则 .2003 年室内设计年会学术论文集 .2003.
[168] 行淑敏 . 室内光环境设计：以人为本 [J]. 家具与室内装饰 .10/2002.
[169] 王丹龄 . 室内设计中的吸音降噪设计 [N]. 甘肃师范学报 .8/2003.
[170] 王丹龄 . 室内设计中的吸音降噪设计 [N]. 甘肃师范学报 .8/2003.
[171] 高祥生 . 建筑设计中室内设计的早期介入 . 室内设计与装修 .06/1998.
[172] 谷彦彬 . 室内设计的重要环节——设计概念的确定和实现 [N]. 内蒙古师范大学学报 .05/2004.
[173] 于习法 . 对装饰业的一点思考：从施工图的地位，作用与现状谈及其他 [J]. 室内设计与装修 .5/1994.
[174] 胡斌，潘庆伟 . 小谈设计的跟踪服务 [J]. 现代装饰 .07/2001.
[175] 刘树老 . 探寻新的切入点－谈室内设计与家具生产方式的对接 [J]. 家具 .01/2005.
[176] 吴家骅 .2004. 南京室内设计论坛 [J]. 室内设计与装修 .11/2004.
[177] 张修齐 . 室内设计意境漫谈 [J]. 室内设计 .8/2003.
[178] 夏云，夏葵 . 生态建筑与建筑的持续发展 [J]. 建筑学报 .06/1995.
[179] 黄白 .2004 年中国建筑装饰行业发展 . 中国建筑装饰协会 (www.ccd.com.cn)
[180] 黄白 .1999 年我国建筑装饰行业发展与立法 [J]. 中国建筑装饰 .3/2003.
[181] 李武英，彭谏 . 一波三折双珠落盘——评上海国际会议中心 [J]. 时代建筑 .1/2000.
[182] 李武英 . 也谈建筑工程设计中的招投标 [J]. 时代建筑 .3/2000.
[183] 薛求理，史巍 . 建筑设计招投标选优还是负累 [J]. 建筑师 .4/2003.
[184] 同济大学建筑设计研究院 . 技术简报 .2001.
[185] 汪光焘 . 开拓进取　推动建设事业持续健康发展 .2004 年全国建设工作会议 .2004.
[186] 国务院办公厅关于进一步整顿和规范建筑市场秩序的通知 [S].2001.
[187] 房屋建筑和市政基础设施工程施工招标投标管理办法（建设部第 89 号令）[S].2001.
[188] 工程建设施工招标投标管理办法（建设部令第 23 号）[S].1992.
[189] 房屋建筑和市政基础设施工程施工招标投标管理办法（建设部第 89 号令）[S].2001.
[190] 中国建筑建筑内部装修防火规范 [S].
[191] 工程建设项目招标范围和规模标准规定（国家发展计划委员会第 3 号令）[S].2003.
[192] 建筑装饰装修管理规定（建设部第 46 号令）[S].1995.
[193] 南京市装饰装修管理规定 [S].2001.
[194] 中华人民共和国招标投标法（中华人民共和国主席令第 91 号令）[S].2000.
[195] 建筑工程设计招标投标管理办法（建设部第 82 号令）[S].2000.

图 4-1　人民大会堂外景及万人大礼堂内景（张绮曼．室内设计经典集）

图 4-2　上海科技城外景及室内现场照片（一）

图 4-2　上海科技城外景及室内现场照片（二）

图 4–3　江中会所室内平面与内景

图 4–4　宛西博士后工作站内景

图 4–5　南阳总部室内设计一层平面及大厅效果

图 4–6　虹桥上海城室内设计现场照片

图 4–7　中医学院留学生楼建筑与室内照片

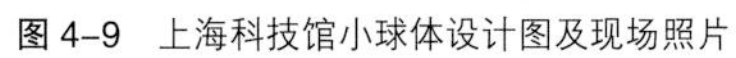

图 4-9　上海科技馆小球体设计图及现场照片

图 4-10　上海科技馆大球体地面现场照片

图 4-12　南阳总部室外效果及现场照片

图 5-3　虹桥上海城现场效果

图 5-15　中医学院留学生楼餐饮区空调系统处理

图 6-23　江中会所室内家具现场照片

图 6-24　江西中医学留学生楼室内家具设计效果

图 6–32　宛西博士后工作站陈设选配意象

图 6–34　江中会所室内陈设现场照片

图 6–35　江中会所室内陈设现场照片

图 6–36　高大的伞形乔木能使树冠之下形成一个灰空间，并使地面与顶棚之间多了一个空间层次

图 6–37　花坛和灌丛以及列植的植物能起到限定空间区域的作用

图 6–39　北京中银大厦（左）
屋顶绗架投落的影子，婆娑的竹子，为几何化的空间带来了变化，点染出了生机。竹石、圆洞门等中国园林中的常用元素，表现出了地域特色。
图 6–40　树石组合盆景（右）

图 6–41　江中会所室内绿化现场照片

图 6–42　江中会所室内绿化现场照片

图 6–43　江中会所室内绿化现场照片